涂装工程

刘小刚　主编

机械工业出版社

本书共有6章，从前处理技术、涂料技术、涂装技术、管理技术、推广技术、解决方案等6个板块对整个涂装工程进行全方位立体式的解读和指导。本书是一本面向全国涂料、涂装行业的技术指导性图书；是一本属于涂装专业人员自己的图书；是一本涂装技术专家智慧集结碰撞的图书；是一本解决技术难题的图书。本书是涂装人的良师益友，也是涂装作业单位需备的手册。本书是以专家指导组强大的技术力量为后盾，是在专家组全体成员的紧密协作下，广大涂装同仁的参与下编写而成的，力图使先进的涂装工程技术得到更广泛的普及与推广。

本书内容与实际工作相结合，可作为从事汽车、农机、工程机械、轻工、家电、建材和其他工业涂装领域工作人员、技术人员、科研人员的工具书和参考书，也可作为大专院校和涂装专业培训班教材。

图书在版编目（CIP）数据

涂装工程/刘小刚主编. —北京：机械工业出版社，2014.6
ISBN 978-7-111-47147-9

Ⅰ.①涂… Ⅱ.①刘… Ⅲ.①涂漆-基本知识 Ⅳ.①TQ639

中国版本图书馆CIP数据核字（2014）第136944号

机械工业出版社（北京市百万庄大街22号 邮政编码100037）
策划编辑：连景岩 责任编辑：连景岩 程足芬
版式设计：霍永明 责任校对：佟瑞鑫
封面设计：张 静 责任印制：李 洋
三河市国英印务有限公司印刷
2014年9月第1版第1次印刷
184mm×260mm·15.5印张·378千字
0001—2500册
标准书号：ISBN 978-7-111-47147-9
定价：49.00元

凡购本书，如有缺页、倒页、脱页，由本社发行部调换
电话服务 网络服务
社服务中心：(010)88361066 教材网：http://www.cmpedu.com
销售一部：(010)68326294 机工官网：http://www.cmpbook.com
销售二部：(010)88379649 机工官博：http://weibo.com/cmp1952
读者购书热线：(010)88379203 **封面无防伪标均为盗版**

涂装工程编委会成员名单

前　言

随着工业技术的飞速发展，对涂装工程的要求也越来越高，新的涂装材料的应用、新的工艺设备的实施都为涂装质量提供了更可靠的保证。但新的技术、新的材料与工艺设备尤其是国外的这些技术、材料、工艺设备在国内企业的普及应用还是难度很大，信息渠道也比较有限。为了使国内外的先进技术、工艺设备、管理经验应用到急需飞速发展的涂装工程企业中，编者邀请了林鸣玉、陈慕祖、孔繁龙、李金标、李文峰、刘冰扬、宋世德、王德忠、王一建、赵光麟、赵金榜、周师岳等专家参与编写，同时很多专家也为本书的编写提供了宝贵的经验与资料，林鸣玉先生对全书进行了校审。

本书从前处理技术、涂料技术、涂装技术、管理技术、推广技术、解决方案等6个板块对整个涂装工程进行全方位立体式的解读和指导，集结了工作四五十年老专家们的毕生经验。本书有为企业涂装质量把关掌舵的专家们的实践经验介绍，也有当今学者的科研分析实验结果分享，有国内的先进工艺，也有国外的超前科技。本书内容专业与系统共存、实用与超前同具，是广大专家同仁们技术与智慧的结晶，希望能推动我国涂装工程事业的进步，对涂装从业人员有所帮助。本书可作为涂装工作人员、技术人员、科研人员的参考读物，也可作为大专院校和专业培训班的教材。

在此对为本书提供技术稿件的作者表示深深的感谢！由于时间紧以及编写水平所限，很多技术未能收录编排进来，我们将在网络或下次出版时进行适当增补。望广大同仁继续多提宝贵意见，批评指正。

刘小刚

目　录

前言

第 1 章

前处理技术

1.1 Oxsilan 表面处理技术实际应用及管理

陈慕祖（上海凯密特尔化学品有限公司）

1.1.1 前言

磷化处理是目前应用最为广泛的涂装前处理工艺，但由于磷化液中含有锌、镍、锰等重金属离子以及磷酸盐和亚硝酸钠等被限制排放的物质，且由于处理温度较高、废水和废渣的无害化转化过程较为复杂等原因，该工艺正面临着日益加大的环保压力。而绿色节能环保的 Oxsilan 表面处理技术则克服了上述缺点，为涂装前处理领域带来了一场革命性的变革。Oxsilan表面处理技术的处理效果已经与锌系磷化效果相当。Oxsilan 表面处理技术全面吸取了硅烷技术和锆系技术的优点，克服了使用过程中出现的各种问题，技术上已经完全成熟，可以适应各种条件下的涂装前处理，并可以取得良好的效果。

从第一条家电生产线使用 Oxsilan 表面处理工艺以来，Oxsilan 表面处理工艺已经从实验室研究阶段走向了工业大生产阶段，至 2012 年年底，全球已有几百条前处理生产线使用 Oxsilan表面处理工艺，我国也有几十条生产线在使用 Oxsilan 工艺，包括家电、汽车零部件、普通工业、货车、功能车、轿车等。在车身涂装中已经逐步进入整车生产阶段，目前使用 Oxsilan表面处理作为前处理工艺的轿车整车线已经有几十万台车下线，分别在美国、法国、西班牙、巴西、俄罗斯、中国等多个国家。我国第一条大型整车涂装线已于 2013 年 1 月在武汉投产。整车涂装是耐蚀性和装饰性要求最高的涂装，Oxsilan 工艺可以满足轿车涂装要求，自然可以很好地满足其他工业的涂装要求。

Oxsilan 处理技术和磷化处理是有相同的要求的，也有一些不同的要求。下面就 Oxsilan 技术在涂装实际应用过程中的工艺、设备和管理方面的具体要求作一些简介。

1.1.2 Oxsilan 技术的优点

1）Oxsilan 技术形成的薄膜可以替代传统的磷化膜，磷化膜的质量通常为 2 ~ 3g/m^2，Oxsilan 涂层膜重仅为 0.1g/m^2，相差 20 倍左右。

2）Si—O—Me 共价键分子间的结合力很强，所以产品很稳定，从而可以提高产品的耐蚀能力。Oxsilan 处理后的耐蚀性与锌系磷化的耐蚀性相当，优于铁系磷化的性能。与锆系产品相比，其性能明显优越。

3）使用方便，便于控制。槽液由双组分液体配成，仅需要控制 pH 值、活化点和电导率，无需像磷化液那样，要控制游离酸、总酸、促进剂、锌、镍、锰的含量和温度等许多参数。

4）节约能源，可在室温或低温下操作，能源费用降低。

5）节省电能，由于泵的减少和功率的降低，可节省 40% 的电能。

6）处理时间短，只有磷化处理时间的一半，因此可以提高产量。

7）优异的环保性能。无有害的重金属，无渣，废水排放少，处理容易，如果安装过滤器及离子交换器，可以做到封闭循环使用。

8）多金属处理工艺。冷轧板、热镀锌板、电镀锌板、涂层板、铝等不同板材可混线处理，且无比例限制。

9）工艺简单，流程短。可以减少维修量，不需要维护表调、钝化设备，也不需要定期对磷化槽及管路和喷嘴等进行除渣清理。

10）综合成本低，产品消耗量低，三废处理成本低。欧洲 Proposal 工厂生产线使用磷化液时每年的费用为 73 万欧元，改用 Oxsilan 技术后为 39 万欧元/年，节省了 34 万欧元/年，节约成本 47%。

11）与原有涂装工艺和涂装设备相容，不需进行设备改造，只需更换磷化液，即可投入生产。

12）系统长度缩减。无需表面调整和钝化工序，可缩短处理时间，新建生产线可减少投资和占地面积。欧洲汽车线使用 Oxsilan 与使用磷化在设备投资上可以节省 220 万欧元。

13）Oxsilan 处理后，可不用烘干，直接进行电泳。Oxsilan 处理后的泳透力与锌系磷化相当。

1.1.3 Oxsilan 技术处理工艺

在普通工业中以 Oxsilan 处理取代铁系和锌系磷化处理已开始广泛应用。原磷化处理生产线只要将磷化槽清洗干净，直接投入 Oxsilan 材料就可以生产了。磷化槽及其管道内通常结有磷化渣，需要用专门的清渣剂彻底清洗干净，否则影响产品质量。

1）一般工业 Oxsilan 预处理工艺流程如图 1-1 所示。

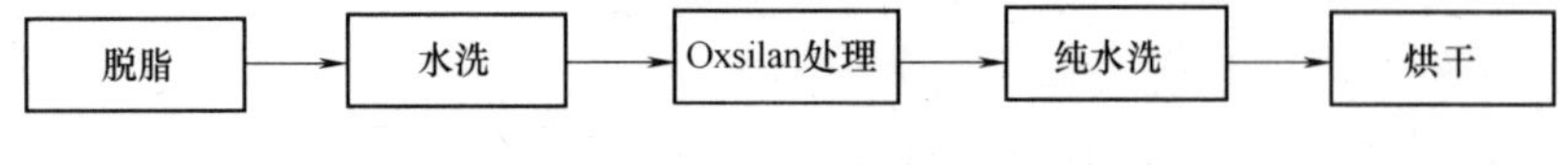

图 1-1　一般工业 Oxsilan 预处理工艺流程

Oxsilan 预处理取代了传统的表面调整、磷化和钝化工艺，工艺简化了许多，Oxsilan 处理后烘干（除去水分），直接进行喷粉或喷漆，硅烷涂层固化过程与喷粉或喷漆的烘烤同时完成，烘烤温度在 140℃ 以上，时间在 20min 以上。Oxsilan 处理后也可以不用水洗直接烘干后喷粉。

2）车身 Oxsilan 预处理主要工艺过程见表 1-1。

Oxsilan 处理后不烘干，直接进行阴极电泳。车身 Oxsilan 前处理工艺过程是一个很完整的工艺，其他工业可以适当精减，例如 Oxsilan 处理后的水洗就可以减少一些。

表 1-1 车身 Oxsilan 预处理主要工艺过程

序号	工序名称	工艺方法	工艺参数		备注
			温度/℃	时间/min	
1	预脱脂	喷淋	40～60	1～2	用主脱脂槽液更换
2	脱脂	浸渍	40～60	3	新脱脂剂加入主脱脂槽
3	水洗一	喷淋	室温	0.5	使用 2 号水洗槽溢流水
4	水洗二	浸＋喷	室温	1	使用 3，4 号水洗槽溢流水
5	纯水洗三	浸＋喷	室温	1	出槽新鲜纯水喷淋
6	Oxsilan 处理	浸渍	20～30	1～2	出槽小流量新鲜水喷淋
7	纯水洗四	喷淋	室温	0.5	使用 5 号水洗槽溢流水
8	纯水洗五	浸＋喷	室温	1	出槽新鲜纯水喷淋

1.1.4 Oxsilan 与磷化处理之间的区别

1）磷化与 Oxsilan 处理技术方面的区别见表 1-2。

表 1-2 磷化与 Oxsilan 处理技术方面的区别

项目	磷化	Oxsilan
温度	35～55℃	室温
时间	3min	1～2min
成渣量	3～12g/m^2	0～0.5g/m^2
耗水量	4L/m^2	2L/m^2
膜重	2～3g/m^2	0.04～0.2g/m^2
膜厚	1～2μm	0.04～0.2μm
晶型	晶体	无定形
槽液循环次数	3 次/h	1～2 次/h
检测参数	游离酸、总酸、促进剂、氟硅酸含量、锌、镍、锰含量等	pH、活化点、电导率

2）Oxsilan 技术应用过程中的一些技术问题

① 脱脂。德国表面处理专家指出：虽然 Oxsilan 工艺非常简单稳定，但是在应用过程中还是需要专业的技术支持才能达到规定的防腐效果、油漆结合力及工艺适应性。

Oxsilan 工艺应用过程中首先要注意的就是脱脂。由于以往磷化是在较高的温度（50℃）和较低的 pH 值（pH＝3.0）条件下进行，车身表面的污物及油脂在这种温度和 pH 值条件下还可被进一步清洗除去。但是 Oxsilan 的工艺条件非常温和（室温，pH 值为 4.5 左右），这种条件基本上不具备进一步清洗的可能性。这就意味着，Oxsilan 工艺对脱脂的要求比较高。选择高效环保的脱脂剂是可以达到优异的脱脂效果的。

② 水洗。水洗效果对涂装质量影响非常大。水洗工艺中可以使用特殊的化学药剂，对防止闪锈非常有效。

③ Oxsilan 工艺中需要使用纯水，脱脂水洗后最好加一道纯水洗，以减少对 Oxsilan 槽液的污染损耗。Oxsilan 配槽和以后的水洗都需要用纯水。

④ Oxsilan 处理后电泳的泳透力与磷化有所不同。由于 Oxsilan 膜层厚度明显低于磷化膜层厚度，Oxsilan 膜层的电阻就明显低于磷化膜层，从而阴极电泳的表面成膜厚度也必将较厚。车身内腔的有效电压由于法拉第效应会下降，所以电泳在内腔表面就有可能较难上膜。德国舒巴赫博士解释说："意识到车身内腔获得足够的电泳膜厚和车身表面获得同样电泳膜厚一样重要，凯密特尔通过研究 Oxsilan 槽内部的化学机理而开发出了这一问题的解决方案。"这一方案的成功还给了电泳供应商新的灵感：研发出专门为新型薄膜前处理技术配套的电泳产品，两者配合达到了更好的泳透力效果。所以选用 Oxsilan 工艺时必需考虑与电泳漆是否相配套。目前 PPG、BASF、DuPont、Nippon 等大公司都有电泳漆与 Oxsilan 技术相配套。Oxsilan 处理后电泳的泳透力与磷化可以做到完全相当。

1.1.5 Oxsilan 工艺处理设备

Oxsilan 工艺与磷化工艺在设计新的涂装生产线时还是有一些区别，其特点是流程短、设备少、槽子小、循环低。这样可以节省制造费用和运行费用。具体设计生产线时可以参考如下原则：

1）不需设计表调和钝化工艺。

2）Oxsilan 处理槽的设计。Oxsilan 槽液的 pH 值为 4.2 ~ 4.8，偏酸性，槽体材质选用耐酸不锈钢为好，如 316 或 304（美国牌号）不锈钢，也可选用塑料材质的材料，如偏聚二氟乙烯（PVDF）或聚丙烯（PP）等。冷轧普通钢板不能用于制作槽体，除非内腔涂覆防酸材料、如耐酸塑料、不锈钢薄板等。

工艺要求反应时间为 1 ~ 2min，槽体的长度可按通过时间 2min 计算。循环次数要求 1 ~ 2次，设计循环次数也按每小时 2 次计算。设计加热系统可按最高槽液温度 35℃ 计算，实际运行温度为 20 ~ 30℃。Oxsilan 槽液清彻透明，反应时也不产生渣，但工件碰到酸性槽液会有铁离子溶出，工件上也会携带颗粒物。所以建议系统中安装袋式过滤器，选用孔径为 20μm 的过滤袋或配制板框压滤机系统。

由于化学品消耗量小，Oxsilan 加料量少，可以使用滴加泵滴加化学品。

Oxsilan 槽出口安装小流量雾化喷嘴，喷淋纯水润湿，使处理表面状态均一，获得最佳电泳效果。小流量不会增加槽液溢流量。

3）节水溢流管路设计。采用合理的溢流管路设计和管理可达到节水的目的，也可保证清洗效果。节水溢流管路设计如图 1-2 所示。

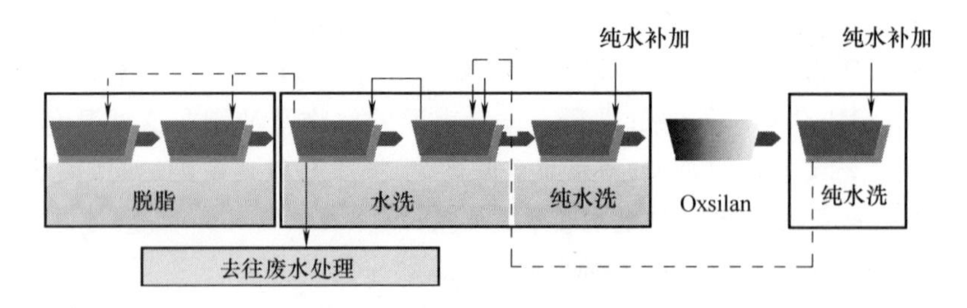

图 1-2 节水溢流管路设计

使用后道向前道溢流的方式即逆工序供水清洗，按照 Kushener 近似公式：

$$最终稀释倍数 = (X_n + 1 - 1)/(X - 1)$$

式中，n 为水洗次数，X 为供水量/带出水量。

可计算出同样达到 500 倍稀释倍数，使用后道向前道溢流方式水洗，可比不使用该方式的生产线节约 55% 的耗水量。

1.1.6　工艺管理

1. 脱脂工序

要求使用更有效的脱脂方式，例如喷浸结合、使用破乳型活性剂等方式，提高脱脂效率及效果，为后道 Oxsilan 处理打下良好基础。日常管理中应经常注意检查脱脂效果。

2. Oxsilan 槽日常管理

Oxsilan 技术的工艺管理比较简单，控制的参数比磷化少，控制容易。

① 槽液日常控制参数：

槽液温度：　20 ~ 30℃（最大范围为 15 ~ 45℃）

pH：　3.8 ~ 4.8

活化点：　4.1 ~ 6.8

电导率：　<4500μS/cm

② 使用手提仪器 XRF 可以直读的方式对涂层进行检测、ICP 对槽液进行分析，并可提高检测的准确度。

③ Oxsilan 槽保留了加热设备，一般情况下不需要加热。

Oxsilan 最佳处理温度为 20 ~ 30℃。日常工作时该温度可由脱脂载带满足，但周一或节假日后恢复生产时，还需要将槽液加热到该温度获得最佳前处理效果。

④ 有些生产线夏季为预防细菌滋生，需添加杀菌剂。

选择优质的涂装材料和良好的涂装设备，做到精心的现场管理一定可以获得优良的涂装结果。

Oxsilan 技术经过了十多年的发展，已经积累了丰富的经验，工艺和技术已经成熟。这项绿色节能环保并节约成本的新技术必将迅速代替磷化工艺得到大规模的推广。

1.2　硅烷及磷化处理与电泳漆配套后性能对比

赵冉　宋华（中国第一汽车股份有限公司技术中心）

1.2.1　前言

近年来，硅烷复合膜处理技术由于具有环保、节省工序等优点，在涂装行业中已得到迅速发展，已经成功地应用在汽车零部件及家电领域。目前正致力于在整车涂装线上应用，并引起了众多涂料厂和汽车厂的共同关注。

为了更直观地对比硅烷材料和磷化材料与电泳配套后的耐蚀性能及力学性能，本文中通过在同一块样板上进行两种处理方式，然后进行电泳，来比较性能的差异，如图 1-3、图 1-4所示。这种试验方法可以更好地减小试验误差，使同一块样板两侧同一垂直高度上获得完全相同的电泳条件。然后在一块样板两侧同一垂直高度进行相同的性能试验，对试验结果进行对比分析，更加清晰明了。

1.2.2 试验样板的制备

1. 试验样板的底材及涂装材料

（1）样板材质　冷轧板和镀锌板。

（2）样板规格　70mm×150mm×（0.8～1.0）mm。

（3）前处理材料　硅烷材料和磷化材料及配套材料。

（4）电泳涂料　车身用普通无铅灰色阴极电泳涂料及配套材料。

2. 试验样板的制作过程

（1）前处理样板的制作　硅烷处理和磷化处理采用同种脱脂剂，样板一半先进行磷化处理，另一半再进行硅烷处理，需制作若干块样板。如图1-3所示，样板中间有比较明显的界线。磷化和硅烷处理工作液控制参数见表1-3和表1-4。

表1-3　磷化处理工作液控制参数

控制参数	游离酸/点	总酸/点	工作液温度/℃	反应时间/s
实测值	1.0	23.0	37	180

表1-4　硅烷处理工作液控制参数

控制参数	pH值	工作液温度/℃	电导率/(μS/cm)	锆离子浓度/点	反应时间/s
实测值	4.5	常温	690	8.4	120

（2）电泳样板的制作　样板前处理后直接进行电泳，电泳后的样板如图1-4所示，电泳工作液控制参数见表1-5。电泳处理后按电泳涂料的烘干规范进行烘干。

表1-5　电泳工作液控制参数

控制参数	pH值	电导率/(μS/cm)	固体的质量分数（%）	槽液温度/℃	工作电压/V	工作时间/s
实测值	5.63	1670	20.3	30	190钢板/170镀锌板	150

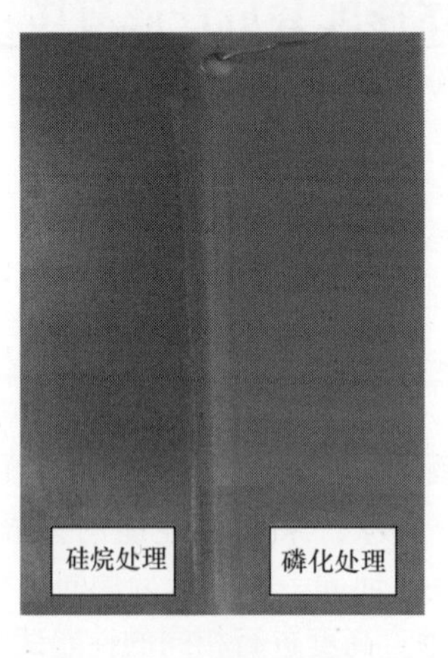

图1-3　前处理后的样板

图1-4　电泳后的样板

1.2.3　试验项目及检测方法

试验项目及检测方法见表 1-6。

表 1-6　试验项目及检测方法

序　号	试验项目	标准名称	标准号
1	表面粗糙度	油漆性能试验方法　第 11 部分：表面粗糙度	Q/CAM-64.11—2010
2	膜厚	色漆和清漆　漆膜厚度的测定	GB/T 13452.2—2008
3	划格试验	色漆和清漆　漆膜的划格试验	GB/T 9286—1998
4	杯突试验	色漆和清漆　杯突试验	GB/T 9753—2007
5	耐冲击性	漆膜耐冲击性测定法	GB/T 1732—1993
6	抗石击	油漆性能试验方法　第 3 部分：抗石击	Q/CAM-64.3—2010
7	耐盐雾性	色漆和清漆　耐中性盐雾性能的测定	GB/T 1771—2007
8	耐湿性	色漆和清漆　耐湿性的测定　连续冷凝法	GB/T 13893—2008
9	循环交变腐蚀	漆膜腐蚀性能试验方法　第 2 部分：循环交变腐蚀试验	Q/CAM-62.2—2010
10	耐温变性	油漆性能试验方法　第 8 部分：耐温变性	Q/CAM-62.8—2010
11	涂层损坏程度评价	涂层材料损坏程度评价方法	ISO 4628—2003

1.2.4　试验结果

电泳样板的力学性能见表 1-7，电泳漆膜的耐蚀性能见表 1-8。

表 1-7　电泳样板的力学性能

性　能	冷轧板		镀锌板	
	磷　化	硅　烷	磷　化	硅　烷
底材表面粗糙度值/μm	0.66		0.74	
前处理后样板表面粗糙度值/μm	0.89	0.76	1.06	0.87
转化膜外观	深灰，均一	浅黄，均一	浅灰，均一	浅蓝，均一
电泳漆膜表面粗糙度值/μm	0.19	0.21	0.26	0.26
电泳漆膜外观	平整、无漆膜弊病	平整、无漆膜弊病	平整、无漆膜弊病	平整、无漆膜弊病
电泳漆膜膜厚/μm	16～17	18～19	16～17	18～20
划格试验/级	1	1	1	1
杯突试验/mm	7.7	8.9	7.5	8.3
耐冲击性/(N·cm)	490	490	490	490
抗石击性/级	2	2	2	2
耐温变性	Rtc1	Rtc1	Rtc1	Rtc1

1.2.5　数据分析及总结

根据试验结果，进行了以下分析和总结。

（1）表面粗糙度　表面粗糙度的试验参数见表 1-9。

表 1-8　电泳漆膜的耐蚀性能

	冷轧板		镀锌板	
	磷化	硅烷	磷化	硅烷
耐盐雾性（图 1-5、图 1-6）	600h 后 划痕腐蚀量 $C=1$mm 锈蚀程度 Ri0 起泡程度 0（S0） 开裂程度 0（S0） 剥落程度 0（S0）	600h 后 划痕腐蚀量 $C=1.5$mm 锈蚀程度 Ri0 起泡程度 0（S0） 开裂程度 0（S0） 剥落程度 2（S1）	360h 后 划痕腐蚀量 $C=1.8$mm 锈蚀程度 Ri0 起泡程度 0（S0） 开裂程度 0（S0） 剥落程度 0（S0）	360h 后 划痕腐蚀量 $C=2.9$mm 锈蚀程度 Ri0 起泡程度 0（S0） 开裂程度 0（S0） 剥落程度 2（S2）
耐湿性（504h）	锈蚀程度 Ri0 起泡程度 0（S0） 开裂程度 0（S0） 剥落程度 0（S0）	锈蚀程度 Ri0 起泡程度 0（S0） 开裂程度 0（S0） 剥落程度 0（S0）	锈蚀程度 Ri0 起泡程度 0（S0） 开裂程度 0（S0） 剥落程度 0（S0）	锈蚀程度 Ri0 起泡程度 0（S0） 开裂程度 0（S0） 剥落程度 0（S0）
循环交变腐蚀（30 循环）（图 1-7、图 1-8）	划痕腐蚀量 $C=1$mm 锈蚀程度 Ri0 起泡程度 0（S0） 开裂程度 0（S0） 剥落程度 0（S0）	划痕腐蚀量 $C=1$mm 锈蚀程度 Ri0 起泡程度 0（S0） 开裂程度 0（S0） 剥落程度 1（S1）	划痕腐蚀量 $C=1.5$mm 锈蚀程度 Ri0 起泡程度 0（S0） 开裂程度 0（S0） 剥落程度 0（S0）	划痕腐蚀量 $C=1.6$mm 锈蚀程度 Ri0 起泡程度 0（S0） 开裂程度 0（S0） 剥落程度 1（S1）

表 1-9　表面粗糙度的试验参数

控制参数	L_t/mm	V_t/(mm/s)	L_c/mm
设定值	4.8	0.5	0.8

图 1-5～图 1-8 四块样板中，每一块样板左侧为硅烷＋电泳，右侧为磷化＋电泳。

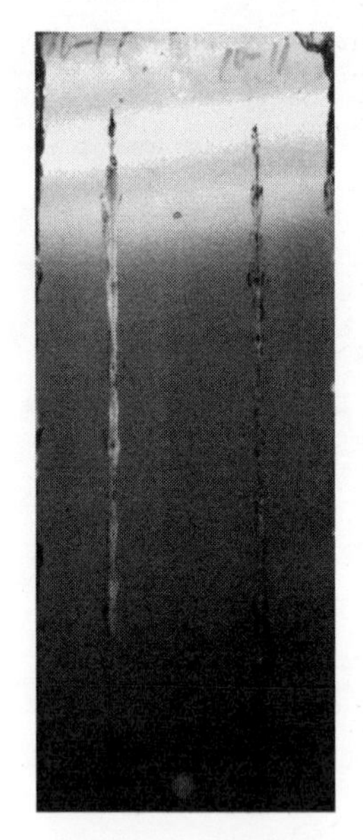

图 1-5　冷轧板

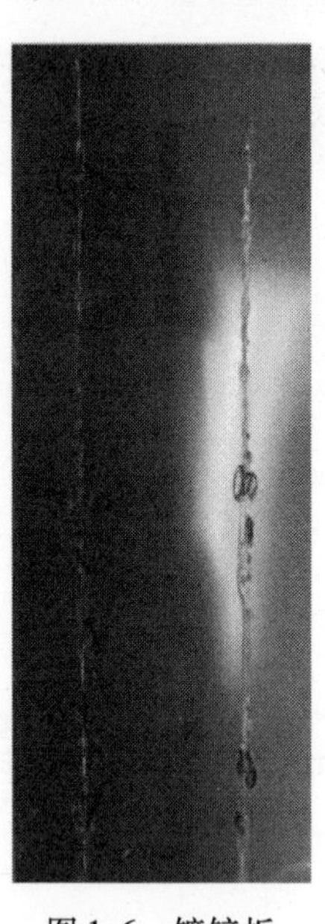

图 1-6　镀锌板

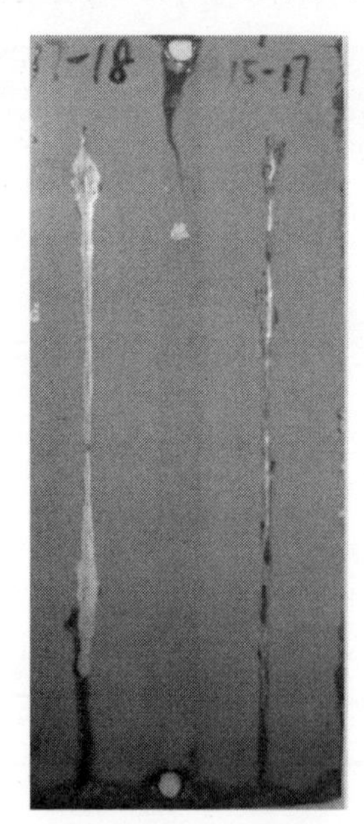

图 1-7　冷轧板

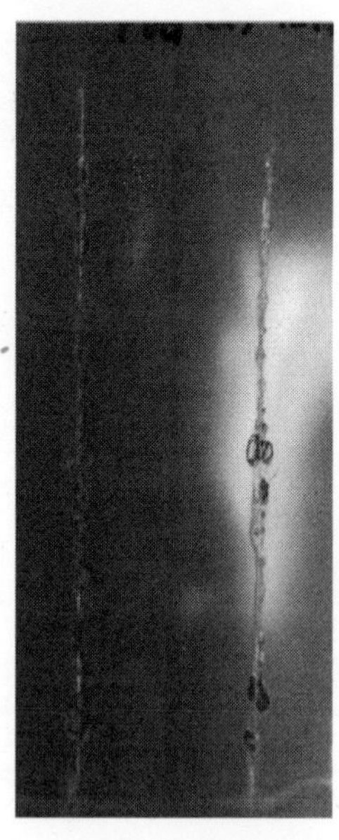

图 1-8　镀锌板

不同底材及不同处理膜层的表面粗糙度对比如图 1-9 所示。根据表 1-7 中的试验结果及图 1-9，可以看出无论是采用硅烷处理还是磷化处理，转化膜的表面粗糙度与底材相比增大，而电泳后的漆膜表面粗糙度与底材相比降低。这种现象在冷轧板上体现得更加明显。

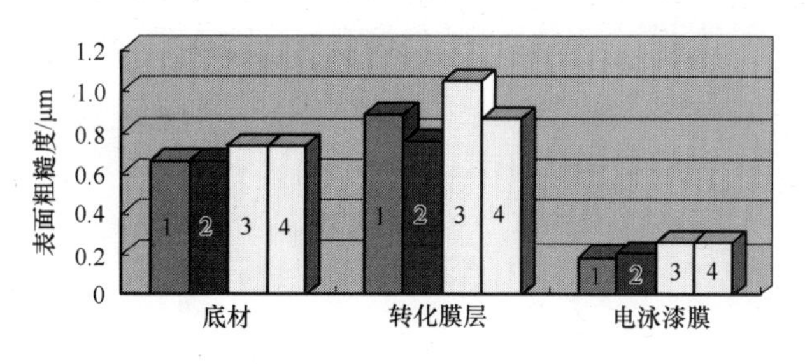

图 1-9　表面粗糙度对比图

1—冷轧磷化　2—冷轧硅烷　3—镀锌磷化　4—镀锌硅烷

在底材表面粗糙度相同的情况下，磷化膜的表面粗糙度要高于硅烷膜的表面粗糙度，这种特点与两种膜层自身结构差异相吻合。磷化膜是多孔的磷酸锌晶体结构，硅烷膜是无定形氧化物混合物及有机网状结构混合的皮膜，是非晶态薄膜。硅烷膜的厚度仅为磷化膜的1/10左右，这也使得硅烷转化膜对底材缺欠的遮盖能力较差，所以硅烷转化膜与底材的表面粗糙度接近。

电泳涂装后所有样板的漆膜表面粗糙度均有显著下降，并且低于底材的表面粗糙度。转化膜层表面粗糙度的规律并没有延续到电泳涂层，这说明底材与转化膜层对电泳漆的表面粗糙度影响不是很大，电泳漆膜的表面粗糙度主要取决于电泳涂料本身的特性。

（2）耐蚀性　从表 1-7 中的数据看出，无论采用哪种前处理方式，耐温变性和耐湿性的试验结果均相同，而耐盐雾性和循环交变腐蚀试验，电泳漆膜的划痕腐蚀量和剥落程度差异很大，如图 1-10 所示。因此，磷化 + 电泳的划痕腐蚀量和剥落程度明显优于硅烷 + 电泳，这同样是由磷化膜和硅烷膜的结构决定的。磷化膜的多孔结构与电泳漆膜紧密结合，而硅烷膜很薄而且较光滑，盐水渗入电泳层和硅烷层之间，容易在其间扩散，进而对电泳漆膜产生剥离作用。这也说明了如果前处理采用硅烷技术，与之配套的电泳涂料也必须进行相应的配方改进，来适应新型前处理技术，采用目前生产线的电泳涂料耐蚀性能不能满足标准要求。

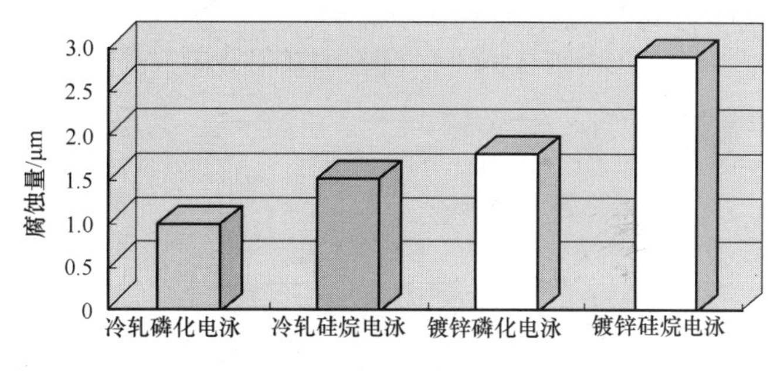

图 1-10　盐雾试验腐蚀量对比图

（3）电泳漆膜厚度　由表1-7可知，在电泳条件完全相同的情况下，无论是冷轧板还是镀锌板，硅烷转化膜上的电泳层比磷化膜上的电泳层厚 1 ~ 3μm，如图 1-11所示，可以判断出硅烷转化膜的电

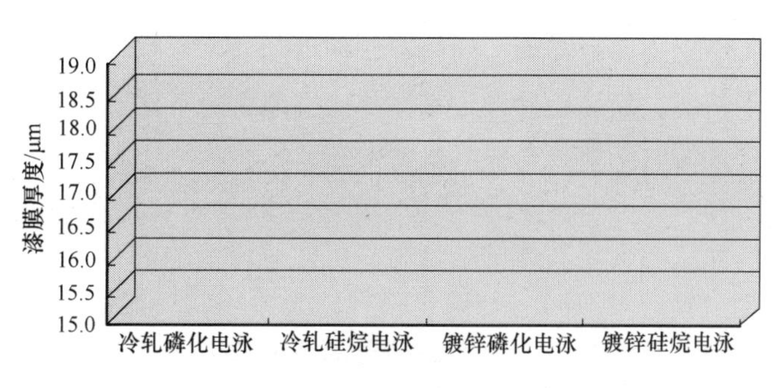

图 1-11　电泳漆膜厚度对比图

阻小于磷化膜的电阻。另外硅烷转化膜的厚度仅为100～500nm，所以想要得到与磷化膜上同样的电泳漆厚度，就需要改变电泳条件，如适当降低施工电压等。

（4）力学性能　两种转化膜层电泳后的力学性能基本一致，见表1-7及图1-12～图1-15。

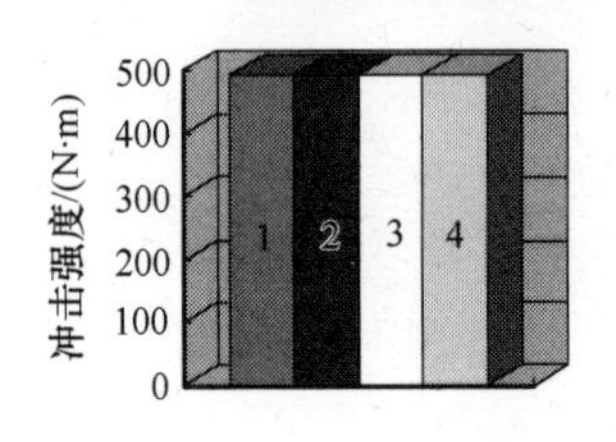

图1-12　冲击强度对比图

1—冷轧磷化电泳　2—冷轧硅烷电泳

3—镀锌磷化电泳　4—镀锌硅烷电泳

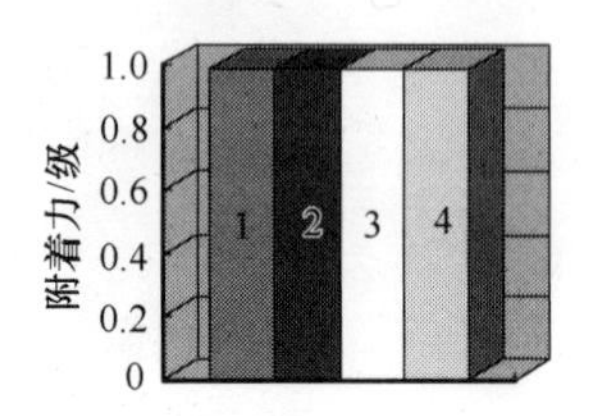

图1-13　附着力对比图

1—冷轧磷化电泳　2—冷轧硅烷电泳

3—镀锌磷化电泳　4—镀锌硅烷电泳

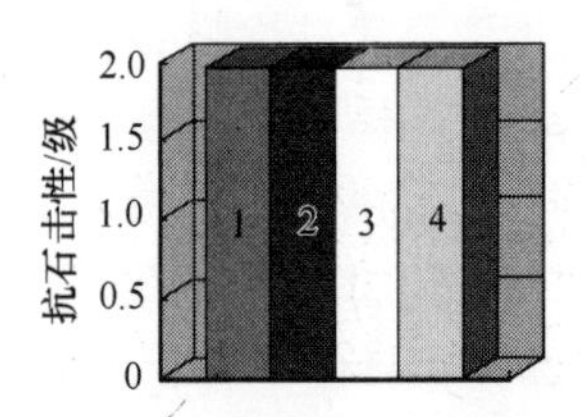

图1-14　抗石击对比图

1—冷轧磷化电泳　2—冷轧硅烷电泳

3—镀锌磷化电泳　4—镀锌硅烷电泳

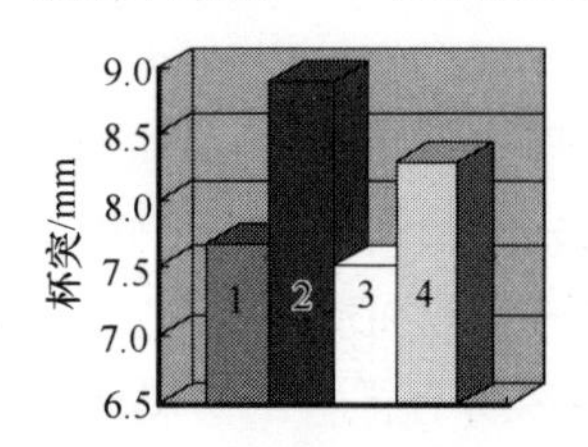

图1-15　杯突对比图

1—冷轧磷化电泳　2—冷轧硅烷电泳

3—镀锌磷化电泳　4—镀锌硅烷电泳

1.2.6　结束语

节能和环保理念渐渐深入人心，硅烷技术展露出更多的优势，具有更可观的发展前景。硅烷技术替代磷化技术是一个“革命”，但要把硅烷处理技术进一步推广，还有很多工作要做，如在整车上应用、硅烷处理与电泳配套后的泳透力问题等。所以对硅烷技术的研究任重而道远，相信未来硅烷技术一定和磷化技术一样成熟地应用于汽车涂装领域。

1.3　钢铁工件涂装前处理工序间暂时防锈技术探讨

杨岩　钟金环　黄本元　王一建（杭州五源公司表面工程研究所）

1.3.1　引言

金属涂装过程中，间歇式生产涂装前工序加工周期长等因素容易造成表面返锈、二次污染等情况，涂装后易导致基体与涂层附着力下降、鼓泡等。因此，金属工件在涂装前处理的工序间暂时防锈具有极其重要的意义。

涂装前的Oxsilan处理是一种新兴的表面处理技术，经过Oxsilan处理后的工件，能有效提高涂层与金属基体的结合力，可代替传统的磷化工艺。由于硅烷转化膜厚度≤200nm，防锈能力差（≤24h），与磷化膜有较大差异，较难满足间歇涂装工业化生产的需求。为了提高硅烷防锈性能，采用了在纳米陶瓷硅烷复合体系中的活性硅羟基（—SiOH），可以在洁净的金属表面上反应，干燥后可以获得一层厚度为20～200nm的网状结构的锆盐硅烷复合的无定形膜，具有化学共价键桥功能，但在温度≥35℃，相对湿度≥85% RH 的工况中，其防锈性能仍不能满足生产要求。应用气相缓蚀剂与硅烷复合膜可以解决上述问题。本文拟采用 Cleano Spector 金属清洁度仪测定表面清洁度，现场监控膜层质量，可以满足间歇式生产涂装前工序间防锈的技术要求。

1.3.2　试验

（1）仪器与材料　GDJS-225A 高低温交变湿热试验箱（上海林频仪器股份有限公司）、RG-90 盐雾试验箱（杭州日晋检测仪器设备厂）、金属清洁度仪（德国 SITA Cleano Spector）、静电喷粉系统（德国瓦格纳 PrimaSprint-C）。

本试验使用的材料有聚酯改性有机多元胺、γ-氨丙基三乙氧基硅烷、酒精以及环氧-聚酯混合粉末涂料。

（2）试验方法与检测

1）试验方法：模拟间歇式涂装生产工艺。本文采用的工艺方案：无磷脱脂（5min，RT）→水洗（1min，RT）→水洗（1min，RT）→硅烷与防锈（浸渍，1min，RT）→自然晾干→恒温恒湿试验（90% RH，72h，35℃）→静电喷粉→固化（25min，180℃）→中性盐雾试验（NASS）。

其中防锈处理采用聚酯改性有机胺复合的 γ-氨丙基三乙氧基硅烷水解溶液。恒温恒湿试验（72h）模拟为间歇生产时工件存放时间为三天后，处理试样采用环氧-聚酯混合粉末涂料喷涂。

2）金属试板与粉末涂层的耐蚀性能采用中性盐雾试验检测（NASS），按照 GB/T1771—2007 规定的方法测试。恒温恒湿按照 GB/T 2423.1—2008 规定的方法测试。表面清洁度采用金属清洁度仪测定。待测表面的有机物（包含有机硅）由于受到发光二极管产生的 UV 光照射而受激产生荧光，传感器记录荧光程度，有机物含量越高，则荧光程度就越高，以百分比形式表示的清洁度值就越低，当表面清洁度 <95% 时，表明待测表面存在一层有机物。

1.3.3　结果与讨论

1. 硅烷转化膜与气相缓蚀剂的影响

本试验采用的气相缓蚀剂为一种聚酯改性有机多元胺，它可以嵌入有机硅烷膜的三维网状结构中，从而增强硅烷膜的耐蚀性，以满足生产要求。图 1-16 所示为不同处理液含量对防锈时间的影响。经过缓蚀处理后放入恒温恒湿箱中，温度为 35℃，湿度为 95% RH。由图 1-16可知，复合体系溶液与改性有机胺含量提高，则耐湿热防锈时间增强，当质量分数≥2% 时，防锈时间可达三天以上（≥72h），远远大于硅烷的防锈时间，复合体系防锈时间也优于单一的改性有机胺，符合工件加工生产工序间防锈技术要求；如需进一步提高其防锈性能，可考虑提高复合溶液的有效浓度。

图 1-17 所示为处理液含量对涂层耐蚀性能的影响情况。由图 1-17 可知，单一硅烷处理后涂层的耐蚀性最高可达 320h，单一的改性有机胺处理后涂层的耐蚀性仅为 200 ~ 240h，但这两者仍不能满足涂装生产要求，需要进一步提高；经过复合处理后的涂层耐蚀性随有效含量提升而延长，当处理液质量分数≥4% 时，涂层耐盐雾性能趋向稳定，可达到 500h 或更高，完全符合生产技术要求，为降低生产处理成本，硅烷质量分数一般取 2% ~ 3% 为宜。

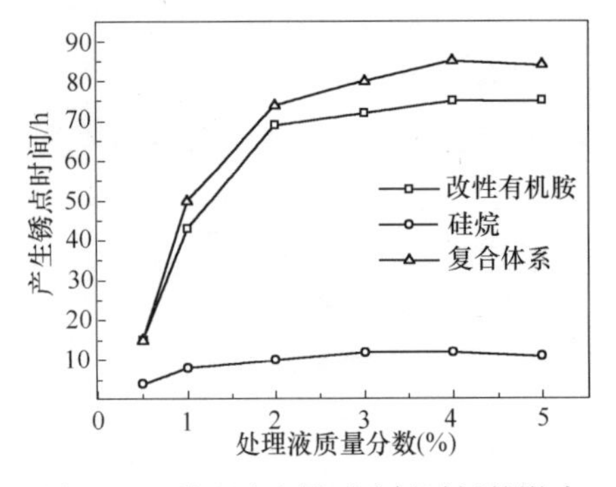

图 1-16　处理液含量对防锈时间的影响

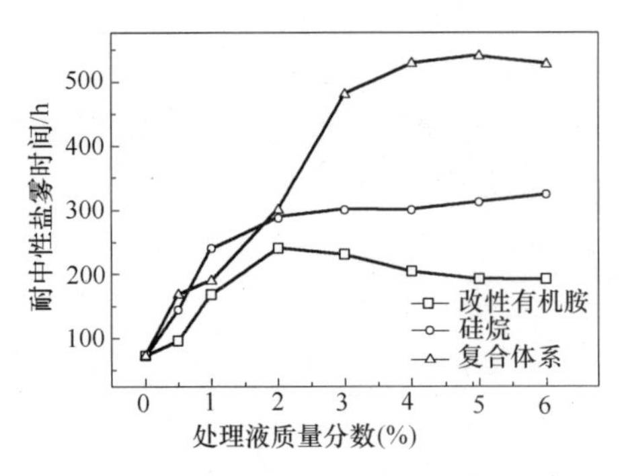

图 1-17　处理液含量对涂层耐蚀性的影响

2. 复合膜的防锈性能讨论

经过复合处理后，复合膜为无色透明膜，现场无法监控膜层的质量。改性有机胺与硅烷进行等比例复配后，采用不同浓度的溶液处理工件，采用金属清洁度仪检测工件表面清洁度，同时与恒温恒湿试验进行对比。图 1-18 所示为不同浓度下的金属表面清洁度与防锈时间的关系。由图 1-18 可知，复合处理后，当表面清洁度≤65%时，防锈时间为 72h。因此表面清洁度检测可以作为一种现场检验缓蚀剂与硅烷复合膜的有效手段。

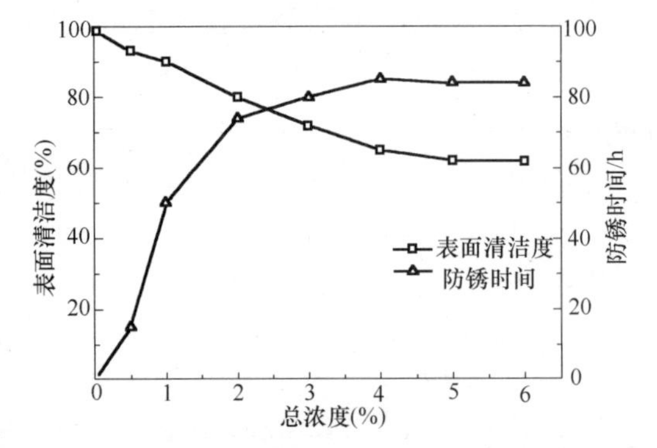

图 1-18　金属表面清洁度、防锈时间与浓度的关系

改性有机胺与硅烷的复合体系与其他常见缓蚀处理或表面处理方法进行了比较，如亚硝酸钠、三乙醇胺、普通锌系磷化及纳米陶瓷锆化等处理方式，表 1-10 比较了各种处理方法的防锈性能、粉末涂装后涂层的耐蚀性能。硅烷复合体系处理后裸膜防锈性能与普通锌系磷化相当，明显优于纳米陶瓷锆化膜，略低于亚硝酸钠、三乙醇胺等处理，但硅烷复合体系处理的粉末涂层的耐中性腐蚀试验远远超过亚硝酸钠、三乙醇胺等处理，与普通锌系磷化、纳米陶瓷锆化处理结果相当。由于亚硝酸钠、磷化处理所采用的处理材料对环境与健康具有不同程度的危害，并综合以上各项指标，可以认为，改性有机胺与硅烷的复合体系处理金属工件不仅是一种有效的工序间防锈的处理方法，还可以替代钢铁工件涂装前磷化处理。

表 1-10　钢铁工件经不同处理方式的性能比较

处 理 方 法	裸膜恒温恒湿试验（35℃，90% RH）	粉末涂层耐中性腐蚀试验
硅烷①	8 ~ 12h	300 ~ 320h
改性有机胺①	36 ~ 48h	200 ~ 240h
硅烷复合体系（质量分数为 4%）	≥72h	500 ~ 600h
亚硝酸钠（质量分数为 10%）	≥72h	<96h
三乙醇胺（质量分数为 3%）	≥72h	<96h
普通锌系磷化	≥72h	500 ~ 600h
纳米陶瓷锆化①	24h	500 ~ 600h

① 试样进行恒温恒湿试验，表面出现较多锈点，耐中性盐雾试验采用新制试板喷粉。

1.3.4 结论

1）经硅烷防锈复合膜工艺处理的钢铁工件，其表面清洁度≤65%，在温度为35℃、湿度为90% RH的湿热环境条件下，其防锈时间可达72h及以上。

2）经硅烷复合膜处理的工件，粉末涂装后涂层耐中性盐雾试验*NASS*≥500h或更高（单边扩散≤2mm），适满足粉末涂装技术要求，适用于钢铁工件涂装前的工序间暂时防锈。

1.4 磷化生产过程中磷化渣的控制

王伟　刘长清（南京汽车集团有限公司涂装生产部）

1.4.1 前言

磷化这个传统工艺已经过了一个多世纪的发展，由于磷化膜与基体结合牢固，具有微孔结构，吸附性能良好，所以可大大提高涂装质量。另外，磷化膜还有良好的润滑性、绝缘性和耐蚀性。因而广泛应用于汽车、机械制造、航空航天和家用电器等领域。

近年来，虽然有硅烷偶联成膜技术的兴起，但磷化工艺在钢铁防腐工程中举足轻重的地位，在短时间内很难动摇。

磷化工艺固然有诸多优点，但也存在很多其自身无法克服的弊端，如磷化处理液中都含有磷酸盐及重金属等有害物质，特别是在处理过程中产生的沉渣是最困扰各工厂的问题。

1.4.2 磷化渣的分类及成因

磷化的种类很多，无论是高温、中温、低温的磷化，还是锌系、锰系、锌钙系等磷化，磷化液在正常使用的情况下，都会积累不溶性的沉渣。

磷化液沉渣的组成因磷化液的种类不同而异，通常使用的磷化槽主要是由磷酸铁组成的沉渣，通常称为正常渣（可称为铁磷化渣）；另外还含有其他成分的金属盐类，如锌、锰等成分的沉淀，此种渣称为异常渣（可称为成分渣）。

（1）正常渣　正常渣即在工艺控制条件下产生的一定量的沉渣，换句话说，只要有磷化膜的形成，就必然有磷化渣的产生（沉渣含水率为50%~60%）。此类渣不会吸附于零件表面，正常的清洗工艺完全可以去除，也不影响磷化的效果。同时正常渣的析出也是槽液长期运行的一个必要保证。

正常渣是磷化时溶解下来的Fe^{2+}，除一部分参与成膜外，另一部分则被氧化为Fe^{3+}，与磷酸根结合形成不溶性磷酸铁（$FePO_4$）从溶液中析出，是具有显著结晶特性的单斜晶系或斜晶性结构。

$$Fe + 2H^+ \longrightarrow Fe^{2+} + H_2\uparrow$$

$$6Fe^{2+} + 2NO_2^- + 8H^+ \longrightarrow 6Fe^{3+} + N_2 + 4H_2O$$

$$Fe^{3+} + H_2PO_4^- \longrightarrow FePO_4\downarrow + 2H^+$$

（2）异常渣　异常渣是由于外界条件的影响而使工艺条件变化或由于磷化过程中自身

的消耗导致槽液成分变化所产生的沉渣（含水率80%~90%），其主要以磷酸锌盐为主。

$$Zn(H_2PO_4)_2 \rightleftharpoons ZnHPO_4 + H_3PO_4$$

$$3ZnHPO_4 \rightleftharpoons Zn_3(PO_4)_2\downarrow + H_3PO_4$$

异常渣不仅影响磷化膜的形成和促进剂去极化作用，还会吸附于磷化膜，不易水洗掉，使磷化膜挂灰，影响涂层的耐蚀性和装饰性；会过多地消耗磷化槽液的有效成分，缩短使用寿命，增加磷化的生产成本；并会堵塞喷淋磷化的喷嘴和管道，影响磷化的正常进行。

1.4.3 影响沉渣量的因素及控制

各种磷化液生成沉渣的量也是相差很大的。通常用磷化每单位表面积沉渣的干重（g/m^2）来表示，目前使用最广泛的低温三元锌系磷化，正常的沉渣量只有1~2g/m^2。沉渣的干重与湿重比约为1:4。

（1）正常渣和异常渣的区分鉴别　正常渣和异常渣的主要成分分别是磷酸铁和磷酸锌盐，这两种成分在磷酸中的溶解度相差较大，可以通过以下方法来鉴别：

① 取1L含磷化渣的磷化液，用定量滤纸过滤，并用水冲洗后烘干称重。

② 将上述磷化渣用10~15mL磷酸溶解后，再用定量滤纸过滤，并用水冲洗后烘干称重。

③ 对比两次的重量，两次相差越小表明异常渣越少，反之亦然。

通常工艺参数控制好的条件下异常渣占总磷化渣量小于5%，如果工艺控制不好，异常渣占总磷化渣量会大于50%以上。

（2）磷化渣的控制　不论磷化渣为正常渣或异常渣都是需要控制的，正常渣应控制在合理的范围内，异常渣应尽量控制在极少的范围内。

严格控制工艺参数是减少磷化渣的最好方法，不管是正常渣还是异常渣都会因工艺参数的异常而增加。

1）工艺温度。由于$H_2PO_4^-$和HPO_4^{2-}属于弱酸弱碱性离子，温度升高，水解反应加剧，促进$H_2PO_4^-$和HPO_4^{2-}离解为PO_4^{3-}，加速沉渣的形成。另外，温度高，铁的溶解加速，界面处pH急剧上升，加剧了$Zn_3(PO_4)_2$与$FePO_4$沉渣。可见当温度超过产品指定的工艺温度时，温度越高，沉渣越多。

2）槽液成分浓度。

① 总酸度：总酸度指H_3PO_4和$H_2PO_4^-$的总含量，间接反映了槽液中成膜阴离子PO_4^{3-}的总含量。当游离酸度一定时，总酸度大，PO_4^{3-}离子浓度高，成膜速度快，相应的渣也较多；总酸度小，PO_4^{3-}浓度小，成膜速度慢，膜稀疏，相应地渣也较少。若总酸度过小，成膜速度过慢，Fe^{2+}来不及转化为磷化膜，大量地被促进剂氧化成Fe^{3+}生成富铁磷化渣。这时虽然渣的生成量较小，但是渣膜的比例大，PO_4^{3-}以更大的比例转化为磷化渣，造成槽液中成膜物质利用率降低，生产成本增大。

② 游离酸度：游离酸度指槽液中的游离H^+的含量，用于控制磷酸二氢盐的离解度，决定PO_4^{3-}的含量。当总酸度一定时，游离酸度小的槽液，磷酸二氢盐的离解度大，PO_4^{3-}离子浓度高，会造成异常渣较多；而游离酸度大的槽液，工件与H^+的置换反应加快，反应界面达不到磷化膜沉积的pH值，成膜反应反而很慢，生成的大量Fe^{2+}来不及形成磷化膜，就被

促进剂氧化成 Fe^{3+} 转化为富铁磷化渣。

促进剂的作用是消除铁元素与 H^+ 置换反应生成的附在工件表面的氢，保证反应以正常的速度进行。它的另一作用是把 Fe^{2+} 氧化成 Fe^{3+}，生成富铁磷化渣。促进剂浓度过低，成膜速度慢，由于 Zn^{2+} 和 PO_4^{3-} 浓度决定 $Zn_3(PO_4)_2$ 生成速度是一定的，从而导致富锌磷化渣的过多生成。这时生成的磷化渣不一定很多，但是渣/膜的比例高，槽液中成膜物质的利用率低，增大了生产成本。促进剂浓度过大，会把 Fe^{2+} 大量地氧化成 Fe^{3+}，生成富铁磷化渣。

当硝酸根与磷酸根的比值升高，由于盐效应相当于降低了磷酸根的浓度，从而减少了沉渣的生成量，对成膜无影响。

实践表明，硝酸根与磷酸根比值由 0.3 依次提高到 1.6 时，沉渣量呈现减少趋势，但硝酸盐不宜过量，否则，沉渣量反而增多，见表 1-11。

表 1-11　硝酸根与磷酸根的比值对沉渣量和膜重的影响

硝酸根/磷酸根	沉渣量/(g/m^2)	膜重/(g/m^2)
0.3	7.2	8.6
0.8	4.1	6.1
1.2	2.6	5.1
1.6	2.3	4.9

总之，影响磷化沉渣量的因素非常复杂，有些因素是具有两面性的。例如促进剂浓度减少，既能减少富铁磷化渣，又会使富锌磷化渣增多；又如游离酸升高，会降低磷酸根的浓度，有利于减少磷化渣的生成量，同时，工件溶解加快，又会使沉渣增加。

（3）异常渣的特殊控制

1）改进工艺配方降低磷化液原料的浓度。通常情况下，供应商提供的磷化液是以浓缩液的形式到现场配制的，为了节约物流成本供应商会尽量配制高浓度的磷化液到现场。有些磷化液在加入槽中之前已经有了沉淀物，这种沉淀物多半是由于磷化液浓度过高析出的锌盐结晶，其可以溶解在磷酸之中，但是一旦配入正常的槽中就会破坏磷酸二氢盐的离解平衡，从而变成富锌渣沉淀。因此，在磷化浓缩液随着浓缩比例提高的前提下，相应地也需要提高游离酸的比例，这样才能保证锌盐的正常溶解；但有些供应商为了保证现场游离酸的稳定不愿意提高游离酸的比例，从而造成锌盐的无法正常溶解。

一般情况下，磷化浓缩液的浓缩比最好控制在 20～40 倍，最高不能超过 50 倍（体积比：20mL 配 1L）。

2）严格操作降低游离酸的量。一般在磷化液新配制或经过倒槽后补加了较多材料的情况下，均需采取措施降低磷化液游离酸的量。降低游离酸的量是一个酸碱中和过程，使用的碱液必须充分稀释并使用滴加的方式加入已在循环的磷化液中，滴加一段时间后应停止一段时间，保证碱液和游离酸的充分搅拌反应，特别在磷化液温度较低的情况下更应如此操作。因为一旦造成槽液局部 OH^- 的浓度过高，即会引起磷化液中 H^+ 过度消耗，溶液中原有的离子平衡将受到破坏，磷酸根浓度增加，导致大量锌盐沉渣产生。

3）注意促进剂的补加方法。对于不能 24h 连续开线的生产线，其每天开始生产前都必须补充一定量的促进剂。由于促进剂是碱性的，其直接消耗游酸，补加时，应使用滴加泵，同时事先将浓缩促进剂稀释至10%溶液，然后缓慢逐滴加到槽液湍流处，使之迅速扩散。正常生产中促进剂也应少加勤加，切忌一次性加入过多，防止因碱性过大而导致富锌渣析出。

4）改进加热方式。传统的磷化加温方式如图1-19所示。各大汽车厂已不再使用蒸汽或蒸汽加热管以及电热管直接加热磷化液了，而使用比磷化高20～25℃的热水进行间接加热。但是这种方式无论磷化液起始温度多少其二级水的温度始终维持在60～70℃之间。特别在冬季磷化液和二级换热水介质的温差最高可达50℃以上，在这种情况下由于换热器中的磷化液局部过热同样会加速富锌磷化渣的生成。

目前较好的间接加热方式是将原来的二级换热水介质的温度以人为设定改为以槽液温度为基准设定，设定值仅比槽液高10℃，这样水介质温度由槽液控制，水介质再对槽液加热，使加热过程中介质与槽液以10℃的温差逐渐上升，直至达到规定的槽液温度值，整个过程由PLC根据温度传感器采集的温度数据自动控制，从而防止介质与槽液温差过大导致的局部过热形成沉渣。改进后的磷化加温方式如图1-20所示。

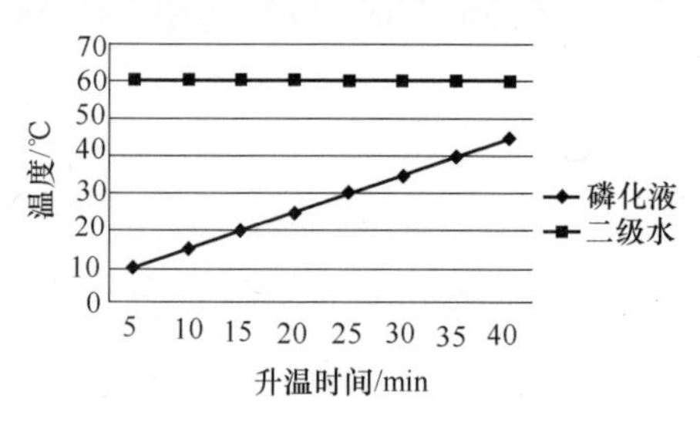

图1-19　传统的磷化加温方式

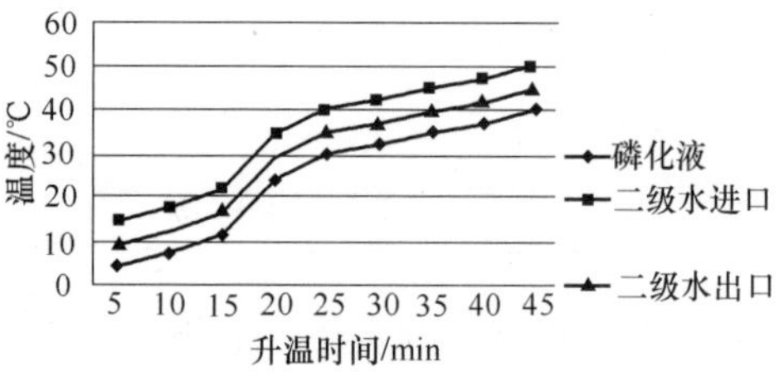

图1-20　改进的磷化加温方式

虽然采用了新的换热控制方式，但在换热器中的磷化液停留时间过长也会造成局部过热，因此在正常生产中如果循环泵出现故障应及时关闭加热泵，在生产结束时也应先关闭加热泵再关闭循环泵。

1.4.4　总结

虽然，磷化过程中磷化渣的产生是不可避免的，但只要了解了各类磷化渣产生的影响因素，充分掌握各生产过程的工艺参数、设备参数等的控制方法，就能很好地将磷化渣控制在合理的范围内。

1.5　节能环保纳米涂装工程技术现状与展望

王一建　钟金环　杨岩　贾伟　施国颖（杭州五源公司表面工程研究所）

1.5.1　前言

涂装是机械制造业中污染和能耗大户，例如汽车涂装行业。随着汽车产量的迅猛增长（据统计我国2009年产1379万辆，成为世界第一大汽车生产国；2010年产1810万辆，预计2015年产将达到2500万辆，将占全球汽车产量的30%），汽车涂装对环境污染将越来越严重，如果不能进行有效的预防和治理，这将严重影响国家的环境友好型社会、资源节约型社会的创建。而且，涂装行业是各行各业的共性技术，如何研究节能减排涂装技术是涂装工程师十分重要的课题，也是有待于解决的难题。

1.5.2　概述

1. 涂装的目的与意义

由于腐蚀环境的存在，材料遭到腐蚀介质与环境的影响而产生破坏，即为材料的腐蚀。据报道，世界钢材和设备腐蚀造成的损失占钢铁年产量的1/4，为了防止材料的腐蚀，通常采用各种防护的方法与手段，如表面覆盖层保护（有机或无机涂层）、电镀、防锈材料（气相或液相）、电化学保护等保护方式，其中，涂料涂装占防护方法的60%以上。

涂装是将涂料等材料采用某种施工工艺涂覆在工件表面，通过常温或加温后干燥固化，在工件表面形成一层粘附牢固、坚韧连续的固态薄膜，达到工件表面防护装饰的目的。1962年 Maitland 和 Mayne 根据涂层钢板的电化学性质的研究，提出了涂层极化电阻控制论，并结合菲克（Fick）扩散定律，提出了涂层寿命公式：

$$L=\frac{\delta^2}{6D}+\Phi p_s\sigma_n$$

式中，L 为涂层的寿命；δ 为涂层的厚度；D 为涂层的离子扩散系数；Φ 为常数；p_s 为涂层的附着力；σ_n 为施加在涂层下钢表面的压力。

由以上公式分析可知，涂层寿命主要取决于金属表面涂层厚度、附着力和涂层的离子扩散系数等影响因素。

2. 涂装工程技术的四要素

由于洁净的金属表面通常是在特定的环境介质和加工条件下获得的，往往很难制备，通常金属的实际表面如图 1-21 所示。

早在 1936 年，西迈尔兹把实际表面分为两部分：

① 内表面，包括基体材料层和加工硬化层等。

② 外表面，包括吸附气体层和氧化层等。

对于给定条件的表面，其实际组成及各层的厚度与表面制备过程、环境介质及材料本身的性质有关。而且，实际表面的结构及性质在其生产加工中变得尤为复杂。

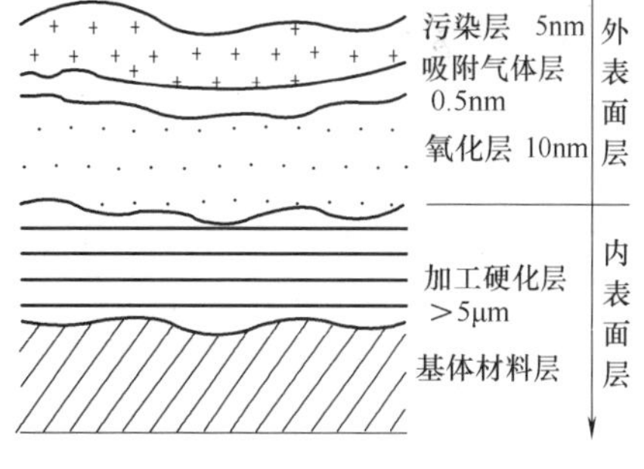

图 1-21　金属实际表面结构示意图

根据涂装质量技术要求，金属表面涂装前必须是清洁的表面，无油污、无锈蚀及与基体表面附着结合良好的转化膜。因此提出了涂装工程技术的四要素：涂装材料（基础）、涂装工艺（关键）、涂装装备（保证）、涂装管理（核心）。

标准 HJ/T 293—2006《清洁生产标准　汽车制造业（涂装）》中规定，汽车涂装的污染物产生指标有废水、COD、总磷、有机废气（VOC）产生量，具体指标见表 1-12。在涂装生产中，为达到节能减排的环保目的，从源头上对污染因子进行控制，可以从材料、工艺、装备和管理这四要素入手解决，用新型环保材料或工艺技术替换与控制源头；改进设备，确保新工艺的实施，保证产品质量；加强运行和维护等日常管理工作，严格控制工艺，节约消耗与成本，促进效益，这对全面提升涂装行业的清洁生产和可持续发展将有极大的推进作用。

表 1-12 汽车制造业涂装清洁生产的污染物产生指标

污染物产生指标		一级：国际清洁生产先进水平	二级：国内清洁生产先进水平	三级：国内清洁生产一般水平
废水产生量/(m^3/m^2)		≤0.09	≤0.18	≤0.27
COD 产生量/(g/m^2)		≤100	≤150	≤200
总磷产生量/(g/m^2)		≤5	≤10	≤20
有机废气（VOC）产生量/(g/m^2)	2C2B 涂层	≤30	≤50	≤70
	3C3B 涂层	≤40	≤60	≤80
	4C4B 涂层	≤50	≤70	≤90
	5C5B 涂层	≤60	≤80	≤100

根据节能环保的清洁生产要求，提出以下建议：

① 金属件涂装前处理纳米级转化膜技术，取代磷化/六价铬化工艺。

② 纳米镜面喷镀技术替代装饰性电镀。

③ 纳米氧化钛光催化降解有机废气技术，成为一项新兴产业，构成了节能环保的纳米涂装工程技术。

1.5.3 金属涂装前纳米级转化膜处理技术

1. 技术原理

Biestek 和 Weber 提出，化学转化膜的形成可由下式来定义：

$$mM + nA^{z-} \rightarrow M_mA_n + nze$$

式中，M 为金属表层原子；A^{z-} 为介质中价态为 z 的阴离子。由此可知，化学转化膜的形成可认为是金属的腐蚀控制过程，常规的磷化与六价铬钝化可以用该原理解释。

金属涂装前纳米级转化膜处理技术主要是指通过电化学或化学处理（如溶胶-凝胶）等方法，使金属表层原子与选定介质相互反应，形成自身转化、附着良好的隔离层，厚度一般为几十到数百纳米，其技术原理是建立在化学转化膜理论基础并发展而成的。该技术是作为替代传统的磷化或六价铬钝化工艺发展而来的，其主要技术特点是节能环保、可常温操作、无磷或六价铬、无重金属等有害物质，经处理后的涂层产品技术质量指标达到磷化或六价铬钝化工艺处理结果。

目前，发展最快、最为成熟的纳米级转化膜工艺技术主要有硅烷处理技术、纳米陶瓷锆盐技术以及纳米陶瓷硅烷复合膜技术。

2. 硅烷技术

硅烷应用于金属基材的涂装前处理是一个新兴的领域。硅烷处理剂的主要成分是水解后的有机硅烷偶联剂，其中的活性硅羟基可以和金属基体结合，其反应如下：

$$—Si(OR)_3 + 3H_2O \longrightarrow —Si(OH)_3 + 3ROH$$

$$—Si—(OH)_{溶液} + Me—OH_{金属表面} \longrightarrow —Si—O—Me_{界面} + H_2O$$

水解形成的硅醇化学吸附在金属表面，经脱水干燥后形成Si—O—M共价键（M为金属），主要机理如图1-22所示。水解后的硅烷偶联剂中的有机官能团（如氨基/环氧基等）能与各种有机涂料起反应性的结合，提高漆膜的附着能力，从而提高其耐蚀性能。

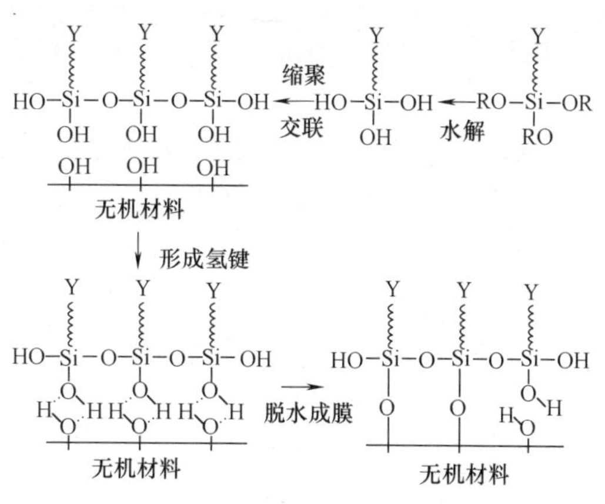

图1-22 硅烷成膜机理模型图

3. 纳米陶瓷锆盐技术

纳米陶瓷锆盐技术是一种以氟锆酸（盐）为基础的前处理技术，能在清洁的金属表面形成一层纳米转化膜层，但对其成膜机理的相关研究工作报道并不详尽，它可能是水解形成的氧化锆通过溶胶凝胶（sol-gel）的方法在金属表面反应沉积形成致密结构的纳米级厚度陶瓷化学转化膜。氧化锆与氟化物共沉积转化成膜原理如图1-23所示。该转化膜隔阻性强并与金属氧化物及后续的有机涂层具有良好的附着力，能显著提高金属涂层的耐蚀性能，延长其耐腐蚀时间。

$$H_2ZrF_6 + M + 2H_2O \longrightarrow ZrO_2 + M^{2+} + 6H^+ + 6F^-$$

4. 纳米陶瓷硅烷复合膜技术

该复合膜技术是借鉴并复合了硅烷技术和纳米陶瓷技术的优点而形成的。它在一定程度上消除了纳米陶瓷体系中因处理而不断累积的氟离子（极易造成钢铁等基体锈蚀，诱发漆膜附着力下降），纳米陶瓷和硅烷在金属表面协同处理可得到无定形的复合膜层（一般膜厚为20~200nm），其漆膜附着力与耐蚀性能等理化指标亦可得到较大程度的改善。

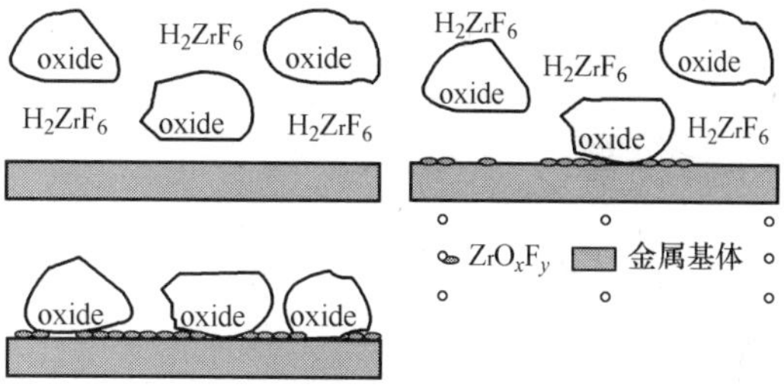

图1-23 氧化锆与氟化物共沉积转化成膜原理

5. 应用工艺技术

金属涂装前纳米级转化膜处理技术和传统的磷化处理工艺及转化膜的有关性质见表1-13。纳米级转化膜处理技术的特点是无需表调和钝化处理工序，无磷无铬，不含重金属，常温操作，而且整个工艺操作简便，处理时间短（≤2min），涂装产品质量指标达到磷化加铬酸盐钝化处理结果，满足生产，可以取代传统磷化及钝化工艺，达到清洁生产的要求。纳米级转化膜处理技术满足了节能减排的环保型涂装前处理和生产技术不断发展的需要。

表1-13 传统磷化工艺和纳米级转化膜处理工艺技术

项 目	锌系磷化	锆盐处理	硅烷处理	纳米陶瓷硅烷复合处理
pH	2.5~4.5	4~5.5	4~10	4~5.5
温度/℃	40~75	RT~50	RT~50	RT~50
时间/min	5~15	0.5~2	0.5~2	0.5~2
质量分数（%）	1.5~5.0	1.0~5.0	0.1~10.0	1.0~5.0

（续）

项　目	锌系磷化	锆盐处理	硅烷处理	纳米陶瓷硅烷复合处理
工序 1	脱脂（两道为宜）	脱脂	脱脂	脱脂
工序 2	水洗（两道为宜）	水洗	水洗	水洗
工序 3	表调	水洗	水洗	水洗
工序 4	锌系磷化	锆盐处理	硅烷处理	纳米陶瓷硅烷复合处理
工序 5	水洗	新鲜 RO/DI	水洗（可略）	新鲜 RO/DI
工序 6	钝化处理	钝化（可略）	—	钝化（可略）
工序 7	RO/DI 水洗	—	—	—
外观形貌	灰/黑	蓝/金黄	无色	蓝/淡黄
膜重/(mg/ft^2)	150～1000	3～20	痕量	3～15
膜层电镜图（SEM/AFM）				—
膜层结构	晶体	纳米晶	有机/无定形	无定形
防蚀性能	良/优	良/优	良	良/优
材料成本/$(元/m^2)$	0.20～0.25	0.20～0.30	0.15～0.20	0.20～0.30
能源消耗（以磷化 100 计）	100	60	60	60
耗水量（以磷化 100 计）	100	90	50	90

注：1ft＝0.3048m。RT 表示当前环境的温度。

目前，金属涂装前纳米级转化膜处理技术已经广泛推广应用在汽车、家电、机电、五金、建材等行业的涂装前处理生产中。

1.5.4 纳米镜面喷镀技术

通常装饰性铜/镍/铬电镀需进行 56 道处理工序，其中 13 道工序需要加热，工艺复杂烦琐，如采用纳米镜面喷镀技术，则可以替代装饰性电镀。

（1）技术原理　纳米镜面喷镀技术是在洁净的工件表面喷镀纳米镜面涂料，最后进行面漆罩光的涂装技术，其技术原理可以用银镜反应说明，该涂层反射率可达 100%，可作为替代装饰性电镀应用于生产。银镜反应如下：

$$RCHO + 2[Ag(NH_3)_2]^+ + 2OH^- \longrightarrow RCOOH + 2Ag + 4NH_3 + H_2O$$

装饰性电镀与纳米镜面喷镀技术的对比见表 1-14。

（2）技术经济分析与应用　纳米镜面喷镀工艺除油除静电等前处理→喷底漆→烘干→纳米镜面喷镀→纯水洗→烘干→喷面漆→烘干。

表 1-14　装饰性电镀与纳米镜面喷镀技术的对比

项　目	装饰性电镀（仿金工艺）	纳米镜面喷镀（仿金工艺）
技术原理	ABS 塑料仿金电镀采用粗化、敏化、活化和化学镀的方法，在塑料表面获得导电膜，然后用常规电镀进行加厚（Ni/Cu/Cr）的过程	在经常规处理后的洁净的表面喷涂底漆，再喷镀纳米镜面涂料，最后进行面漆罩光的涂装过程
工艺技术说明	除油→水洗→粗化→水洗→中和→水洗→敏化→水洗→活化→水洗→解胶→水洗→化学镀镍→水洗→镀酸性铜→水洗→活化→水洗→镀光亮镍→水洗→镀仿金（铜、锡、锌合金）或镀金、镀银→水洗→钝化→水洗→干燥→喷涂防护漆→烘干→检验包装（28 道）	除油除静电→喷底漆→烘干→纳米镜面喷镀→纯水洗→烘干→喷面漆（仿金）→烘干（8 道）

传统的装饰性电镀工艺一般有数十道复杂的处理工序，操作烦琐，时间长节拍慢，其处理废水含有大量的 Ni、Cu、Cr 等重金属，污染严重；而纳米镜面喷镀材料为水性，操作简便。纳米镜面涂层在镜面反射效果及各项耐用性指标见表 1-15，其结果均可与装饰电镀层相媲美，可作为其替代方案。

表 1-15　纳米镜面涂层技术性能（以 ABS 为例）

试验项目	试验方法	结　果
光泽	60°入射角	>90%
膜厚	复合膜厚（平均）	28μm
硬度	中华铅笔	2H
耐冲击性	500g×0.5in×30cm（1in=0.0254m）	○
附着性	1mm 基盘数，胶带剥离	100/100
	2mm 基盘数，胶带剥离	100/100
屈曲试验	（表面处理品）180°曲径	○
耐温水性	40℃×24h 浸渍	○
耐水性	常温浸渍放置 360h 外观评价	○
耐湿性	50℃，98%，500h	×
冷热回圈	-10~60℃，30min，50 回圈剥离	○
耐热性	60℃×500h	○
耐水变色性	55℃×4h，外观评价	○
耐碱变色性	0.1mol/L NaOH，55℃×4h 外观评价	○
耐酸变色性	0.1mol/L H_2SO_4，55℃×4h 外观评价	×
汽油	往复 100 次，外观评价	○
	浸渍 30min，外观评价	○
耐候性	氙灯 1000h	○
汽油	滴下后，盖 48h 常温放置，外观评价	○
5%溶剂水溶性	滴下后，盖 48h 常温放置，外观评价	○
人工汗碱性	滴下后，盖 48h 常温放置，外观评价	○
人工汗酸性	滴下后，盖 48h 常温放置，外观评价	○

注：○表示通过，×表示未通过。

表面装饰性电镀与纳米镜面喷镀技术比较见表1-16。

表1-16 表面装饰性电镀与纳米镜面喷镀技术比较

项目名称	装饰性电镀	纳米镜面喷镀
环保性	有三废排放，含有重金属	如喷漆工艺三废排放，不含重金属
设备投资	30万元以上，需废水处理设备	根据产能确定
成本	40~50元/m^2	4~10元/m^2
颜色选择	铬色、镍色、金色	各种颜色
回收再利用	不可以	可以
适用范围	金属、ABS塑料	所有材料
体积、形状	有局限	不受任何局限
局部加工或颜色穿插处理	不可	可以
做导电层等前期处理	需要	不需要

纳米镜面喷镀技术的应用领域如图1-24所示。在国内已经应用在金属、塑料、树脂、木材、玻璃、石膏、陶瓷等各种金属与非金属基体材料上，并推广至汽车、电器、计算机、手机、饰品、高档家具、工艺品等行业中。

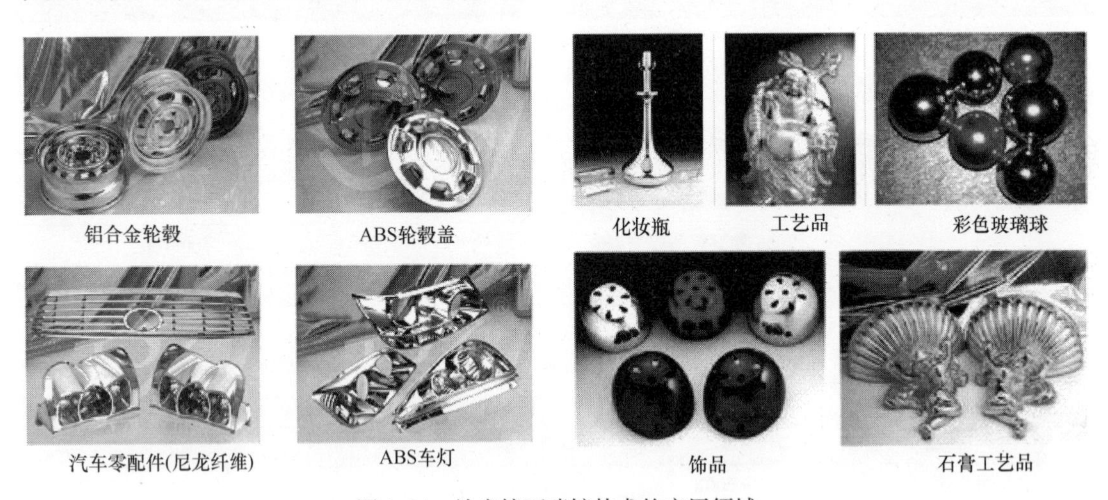

图1-24 纳米镜面喷镀技术的应用领域

1.5.5 纳米氧化钛光催化降解有机废气VOC技术

1. 概况

金属件涂装过程中与烘干固化时会产生大量的有机废气VOC等（如苯类、醇类、醚类等）有害物质，须对其进行处理后排放。目前，常见的工业处理方法有直接燃烧法、催化燃烧法和（活性炭）吸附法，由于其自身特点（如设备费用大、占地面积大或再生方法难等），不能完全满足日益发展的涂装工业废气处理技术要求，需开发新型环保节能的涂装废气处理工艺技术。

2. 技术原理

光催化降解涂装废气技术采用纳米氧化钛作为催化剂。当纳米氧化钛在一个具有 $h\nu$ 能量大小的光子激发下，一个电子由价带（Conduction Band，VB）激发到导带（Valence Band，CB），因而溶解氧及水和电子及空穴相互作用，并产生高活性羟基，形成氧化还原体系。其中的氢氧自由基［HO·］具有强氧化性，能把大多数吸附在纳米氧化钛表面的有机污染物降解为 CO_2 和 H_2O，把无机污染物氧化或还原为无害物。当采用紫外线（UV）作为入射激发光时，已知紫外线的能量等级都比大多数涂装废气（VOC）的分子结合能强，可将污染物分子键裂解，使其成为游离状态的离子。波长在200nm以下的短波长紫外线能分解 O_2 分子，生成的［O］与 O_2 结合可生成臭氧 O_3。呈游离状态的污染物离子极易与 O_3 产生氧化反应，最终降解生成简单、低害或无害的物质，达到废气净化处理的目的，并且具有灭菌消毒功效，纳米氧化钛光催化降解涂装废气技术的主要反应机理如图1-25所示。

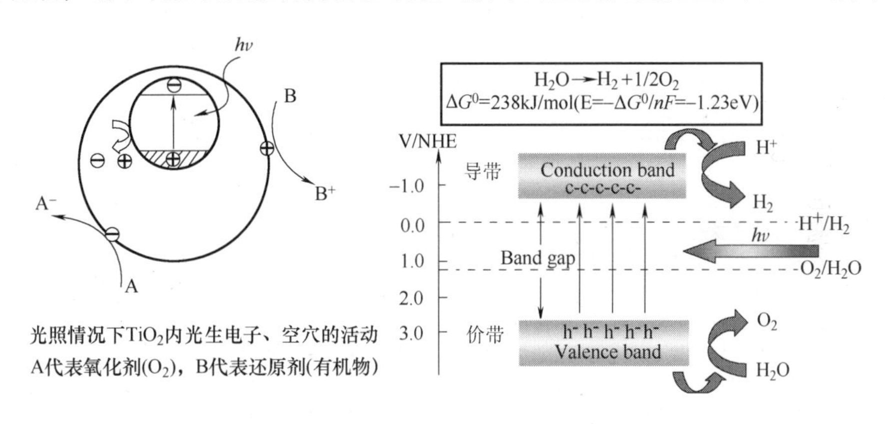

图1-25 纳米氧化钛光催化降解VOC的反应机理

3. 处理工艺与应用

纳米氧化钛光催化降解涂装废气技术可应用于涂装行业中的涂层固化废气排放处理，其主要技术特点有（和传统的直接燃烧或催化燃烧法相比较）：

① 高效除恶臭。能高效去除挥发性有机物、无机物、硫化氢、氨气、硫醇类等主要污染物，以及各种恶臭气味，脱臭净化效率最高可达99%以上，处理后满足HJ/T 293—2006《清洁生产标准—汽车制造业（涂装）》的要求。

② 净化设备适应性强。可适应高浓度、大气量环境，可不间断连续工作，运行稳定可靠，设备成本低，设备占地面积小，自重轻，适合于布置紧凑、场地狭小等特殊条件。

③ 运行成本低。本净化设备无任何机械动作，低能耗，无噪声，日常维护简便，只需作定期检查。

④ 无需预处理。涂装废气无需进行特殊的预处理，如加温、加湿等。

该项技术不仅可以降解有机废气（VOC），还可以达到杀菌消毒的目的，可以净化办公场所、家庭、医院、宾馆等场所的空气。据权威专家预计，光催化在中国每年有100亿元的市场容量，其经济效益在环境产业中将占10%。

1.5.6 远景

随着节能环保纳米涂装工程技术的不断发展与进步，其市场需求和应用范围会越来越广泛。节能环保纳米涂装工程技术远景见表1-17。

表 1-17 节能环保纳米涂装工程技术远景

项　目	涂装前处理纳米级转化膜工艺技术	纳米镜面喷镀技术	纳米氧化钛光催化降解 VOC 技术
市场前景与经济效益预测	1）汽车行业：2010 年中国汽车产能达 1800 万辆/年，用该项技术可以取代磷化技术、六价铬钝化技术为国家降低生产成本 25.2 亿元，废水处理成本降低 4 亿元 2）铝型材行业：2010 年按 186 万 t/年计减少六价铬渣 164740t，降低生产成本 2232 万元/年，无铬化废水废渣治理	1）五金行业：可消除装饰性电镀的 Cu、Ni、Cr 重金属污染 2）ABS 塑料电镀共 30 道工序，镜面喷镀 6 道工序，节省 24 道工序 3）可广泛地应用在金属、塑料、树脂、木材、玻璃石膏、陶瓷等各种材料上，可推广至汽车、电器、计算机、手机等产品及高档家具、工艺品上 4）全国 1.5 万电镀厂可镀 2.5 ~ 3.0 亿 m^2，产值 100 亿元，装饰性电镀占 90%（90 亿元）产值，采用纳米镜面喷镀技术成本可降低至原来的 1/5，为国家节约资金 70 亿元，经济效益显著	每年国内有 100 亿的市场需求，有以下应用： 1）汽车废气净化 2）光催化除臭 3）光催化农产品保鲜 4）畜牧业用除臭装置 5）水源土壤净化功能 6）残留农药降解功能 7）新能源光催化剂
社会效益	涂装行业废水废渣排放、清洁生产	无重金属废水排放，可减少处理工序数量、提高生产效率	提高生活品质，利国利民

第 2 章 涂料技术

2.1 可焊接防腐底漆的研发和应用

陈慕祖（上海凯密特尔化学品有限公司）

2.1.1 引言

汽车车身主要是由 0.8mm 薄钢板拼焊组成的，要保证车身在日晒雨淋、高速运行石子飞溅等条件下，12 年不产生穿孔性锈蚀，靠的是涂装。为了提高车身的防腐蚀能力，汽车制造商竭尽全力在涂装设备、涂装工艺、板材、表面处理、涂料方面进行了改进。随着全球工业化的发展，环境污染的日趋严重，酸雨、空气中的有害物质浓度逐渐增加等，对汽车的耐蚀性能提出了越来越高的要求。提高汽车的防腐蚀能力，可以延长汽车的使用寿命，也可以达到节省资源、保护环境的目的。经过专家长期跟踪研究发现，按照目前通常使用的涂装技术，车身锈蚀性穿孔主要不在车身外层而是在车身内腔和焊接件等边缘处。在车身焊接件中为增强强度使用了较多折边工艺，这些裸露的钢板在焊接后使得预处理材料和电泳漆无法渗入，其防腐能力较低。如何提高内腔和焊接、折边处的涂装效果，成为提高汽车防腐蚀能力的一个重要课题。

目前在建筑业大量使用彩钢板，在组成外墙和隔断时又好又快。这些彩钢板是在钢铁厂生产线上以 120m/min 的速度一次涂装而成的，在家用电器的生产中，不少也是预先将钢板进行预处理喷粉，再压制成形。如果汽车用的钢板，在钢厂预先涂上一层防腐蚀的底漆，那么汽车的空腔内和点焊折边处内部已有涂层，防腐能力必然大大提高。由于车身的形状比较复杂，钢板到汽车厂后要进行冲压成形、点焊拼装和涂装处理，这就对钢厂涂防腐底漆，提出了一系列特殊的要求。下文将就预涂可焊接防腐底漆钢板在汽车制造过程中的研究和各种试验的情况作简单介绍。

2.1.2 传统汽车涂装工艺的不足之处

目前，汽车涂装工艺复杂，投资巨大，一条年产 15 万辆轿车的涂装生产线，仅仅设备投资，大概就要 5 亿人民币。涂装工艺包括表面预处理、阴极电泳、PVC 密封、中涂、面涂和喷蜡等工序。传统工艺对整车的防腐性能提供了保证，对空腔和点焊缝处等的防腐也做了努力，阴极电泳漆可以部分深入空腔，PVC 密封和喷蜡也有助于防腐蚀，但实践证明这远远不够。

1）阴极电泳受泳透率和车身空腔结构的限制，某些部位电泳涂层很薄甚至无涂层，这是造成易腐蚀的主要原因。图 2-1 所示为电泳无法进入的部位。

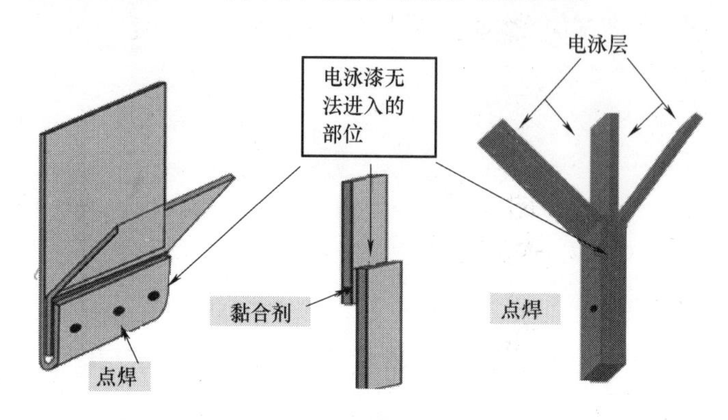

图 2-1　电泳无法进入部位图

2）焊缝的 PVC 密封完全由人工操作，不仅费工费时，而且不是所有的焊缝都能涂到。因此它的防腐效果也是有限的。

3）车身空腔喷蜡只能喷到表面，接缝及复杂结构的内部不易喷到。车身注蜡工艺虽然比喷蜡好，但设备价格昂贵，运行费用高，一般也只能解决车身底部内腔，而中字梁及上部结构的空腔仍无法解决。

4）21 世纪初，一种新的设想和计划被采纳和实施，由车厂委托钢厂预先在钢板上涂可焊接防腐底漆，然后冲压、焊接，再进行涂装，这个方案很好地解决了上述车身空腔和焊缝等防腐问题。

2.1.3　钢厂的预涂工艺

钢厂生产预涂防腐底漆的钢板和生产彩钢板的工艺类似，只是采用的预处理材料和油漆不同。工艺过程包括预处理辊涂→表面去湿、干燥→辊涂油漆→去湿、干燥→烘干。烘干后可获得成品，这些成品表面无需涂防锈油，可以省去涂油工序及防锈油的成本，也有利于钢板的运输和保存。

2.1.4　使用可焊接底漆钢板需解决的问题

钢厂生产的预涂底漆的钢板送到汽车厂后需要进行冲压、拼焊和涂装等一系列处理，由于表面多了一层油漆会带来一系列的变化，涂漆钢板必须充分满足加工过程中的各项技术要求，才可以投入实际应用。

（1）成形性　钢板表面的涂漆面在冲压时对工件的拉伸成形性能和表面质量是有利的，钢板表面的油漆可以对工件的表面起到保护作用。例如，消除工件在拉伸时表面擦伤，可以减少涂装的缺陷，而且可以节省冲压油。对于变型简单的工件，钢板表面的油漆可以替代冲压油；对于变型复杂的工件，可以降低冲压油的使用量。

（2）导电性和点焊性　普通的油漆多是由有机树脂和颜料组成的，基本不导电，无法满足焊接要求，汽车车身基本上都是钢板通过大电流点焊拼成的。两块双面涂漆的钢板要焊接，电流必须通过四层油漆层，因此可焊接底漆必须导电。为此油漆商在底漆中加入专门的导电粒子，很好地解决了这个问题。点焊时不同电极的可焊次数是有要求的，例如奔驰汽车公司要求一组铜电极的最低可焊次数大于700次，焊接电流大于1.2kA。对GPTH9493（ZE 0.8mm）预涂底漆钢板的焊接试验表明，可焊接次数达到786次，焊接电流达到1.5kA。这两组数据表明，这种预涂可焊接底漆钢板是完全可以满足焊接要求的。

（3）可涂装性　拼好的车身需要进行涂装，因此要求可焊接底漆钢板有良好的可涂装性能。

（4）耐碱性　拼好的车身表面可能会有油和污物，必须进行脱脂，大多数油漆不适应碱性环境，而脱脂剂大多是碱性的。对预涂底漆钢板冲压工件进行试验时，使用GTP10385脱脂剂，浓度为20g/L，温度为60℃，pH为11.9。工件在脱剂中浸泡10min，取出后试验，证明预涂底漆无损伤。

（5）可电泳，耐烘烤　试验证明预涂底漆层可导电，并与电泳漆有良好的匹配性能。并且已固化的预涂底漆层能再次经受烘烤，性能不会发生变化，可以按要求完成全部涂装过程。

2.1.5　涂层性能测试

对涂层进行杯突试验和冲击试验，以测试其结合力，盐雾试验和VDA循环腐蚀试验，测试其防腐蚀能力，粘合剂试验也是用来测试结合力的，各项测试结果见表2-1。

表2-1　涂层性能测试结果

产品名称	Gardo Protect TH 9493	Gardo Protect TH 9493 BH	Gardo Protect TH 9496 BH
杯突试验（6/7/8mm）	合格	合格	合格
冲击试验（2kg；1000mm）	合格	合格	合格
溶剂擦拭试验	40次	40次	30次
耐碱性试验	1.6g/m^2	1.5g/m^2	1.2g/m^2
电泳涂装性	OK	OK	OK
成形性试验	合格	合格	合格
点焊性试验	786	759	779
盐雾试验	>1000h	>1000h	>1000h
VDA循环试验	>10	>15	>20
黏合剂结合力试验 剪切强度 能量吸收 内聚力衰竭	 24MPa 77J 100%	 24MPa 75J 100%	 24MPa 87J 100%

其中VDA循环试验是7天为一个循环，包括1天盐雾试验、4天湿热试验、2天空白试验，连续做10个循环，需要70天时间。普通电镀锌板耐不住2个循环，就会产生红锈，即铁板生锈，第一代预涂层的产品，可耐10周，第二代TH 9496 BH，20多周尚未产生红锈，可见其防腐蚀性能十分良好。VDA 621-415/循环试验结果如图2-2所示。

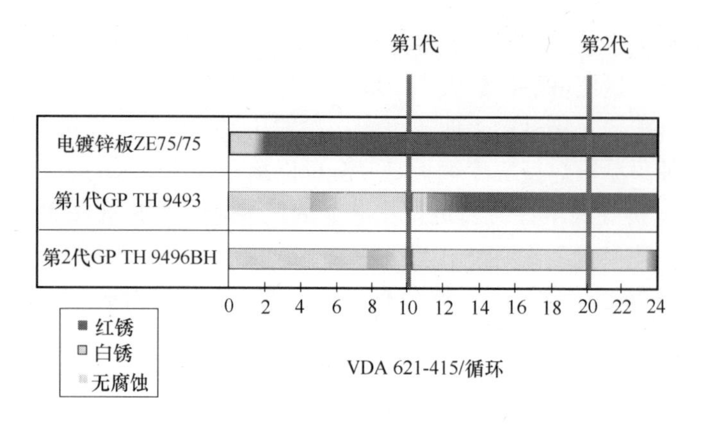

图 2-2 VDA 621-415/循环试验结果

2.1.6 可焊接防腐底漆的主要优点

1）钢板出厂时无需涂防锈油，提高了防腐性能，不产生白锈；同时提高了在运输和储藏过程中的抗沾污能力。

2）应用工艺灵活，可以与不同的钢板进行焊接，也适应不同的涂装方法。

3）替代冲压油，大幅度降低冲压油的用量。

4）消除或大幅度降低冲压造成的表面擦伤。

5）提高了车身空腔部位和焊接边缘部位的防腐性能。

6）降低了预处理和电泳漆等化学品的消耗。

7）替代或大幅度降低了蜡的应用。

8）替代或大幅度降低了边缘封闭剂（密封胶）的应用。

钢板出厂前，预涂防腐底漆虽然增加了一道工序，但带来了许多好处，大大提高了防腐蚀能力，还节省了不少材料的用量，实际应用中综合成本还略有降低。

2.1.7 主要客户使用情况

目前防腐底漆钢板已获得一些大汽车公司的认可，部分在汽车制造过程中应用，具体情况见表 2-2。

表 2-2 主要客户使用情况

产 品 名	导电粒子	基板	干膜厚/μm	钢铁厂	客户认证
Gardo Protect TH 9493	Zn/其他	ZE/（Z）	2.5～4	Voestalpine TKS Arcelor	大众 VW
Gardo Protect TH 9493	Zn/其他	ZE	2.5～4	Voestalpine TKS SZFG，Arcelor	奔驰 Daimler Chrysler
Gardo Protect TH 9493 BH	Zn	ZE/（Z）	3～5	Voestalpine TKS Arcelor	通用 GM（Adam Opel AG）
Gardo Protect TH 9496 BH	Zn/其他	ZE/（Z）	4～5	Voestalpine TKS Arcelor	通用 GM（Adam Opel AG）

由于预涂防腐底漆钢板的优良性能，相信在全世界汽车制造业中，大规模的推广和应用指日可待。

2.2 汽车涂装常用密封材料的组成、特性及缺陷分析

盛能文 褚明 程为华（奇瑞汽车股份有限公司）

2.2.1 前言

PVC胶（主要成分为聚氯乙烯）密封工艺是汽车涂装工艺中一个相对独立的部分。其主要作用是提高汽车车身的密封性（不漏水、不漏气）、降噪隔热性能、耐蚀性和抗石击性能。它的工艺主要包括粗密封、细密封、底板防护三道工序。

2.2.2 密封材料的组成及特性

涂装车间的密封材料主要为PVC（Polyvinyl Chloride）胶，它是由聚氯乙烯树脂和增塑剂、填充料及颜料、附着力促进剂、稳定剂等添加剂混合而成的高固体份、无溶剂型涂料，是一种固体质量分数可达95%以上（挥发物小于5%）的粘稠膏状物质。由于它具有良好的耐蚀性、耐磨损性、密封性、粘结性、隔音性等性能，因而在汽车制造业得到了广泛的应用。

PVC胶主要分为两种：焊缝密封胶（TLN）和车底密封抗石击胶（TTX）。二者的主要成分是相同的，但焊缝PVC密封胶要求涂层的硬度、伸长率、抗拉强度比较好，而车底密封抗石击胶要求抗石击性好，易于高压喷涂，且施工粘度低。在热烘烤下，PVC胶变成不可逆转的一种弹性物质，即胶化。具体过程是PVC胶变稠（粘度增加）→增塑剂开始进入PVC粒料→使之膨胀（胶粘度上升、液相消失）→胶化过程继续直至固化。焊缝密封胶和车底密封抗石击胶的特性分别见表2-3和表2-4。

表2-3 焊缝密封胶的特性

项目	条件	性能要求
外观颜色	—	均匀膏状物
密度	20℃	1.0～1.2g/mL
固体分	140℃/30min	≥95.0%
灰分	800℃，30min	—
细度	20℃	≤70μm
流动粘度	23℃，15min/100℃，15min	≤5mm
旋转粘度	(25±1)℃，旋转30min	100000～250000cps（1Pa·s=1000cps）
干膜密度	140℃，30min	≤1.35g/mL

表2-4 车底密封抗石击胶的特性

项目	条件	性能要求
附着力（级）	140℃，30min	3或4级
拉伸强度	140℃，30min	≥1.2MPa
断裂伸长率	140℃，30min	≥100%

（续）

项　目	条　件	性能要求
剪切强度	160℃，30min	≥1.5MPa
抗石击性	5bar（1bar = 10^5Pa），1kg，10 次冲击	0 级或 1 级

2.2.3 PVC 的密封工艺及操作方法

根据两种涂料的产品特性和涂覆位置的不同，PVC 的密封工艺主要分为粗密封、细密封及底板防护三个工序。

（1）粗密封　粗密封主要是对发动机舱、车身内舱，如前地板、后地板、行李箱等大的焊缝进行密封，主要作用是防止漏水、隔声、降噪，对外观的要求较低。主要使用圆嘴枪挤胶，再用刷子刷平，以确保其密封性，如图 2-3 所示。

（2）细密封　细密封主要是对发动机舱盖、行李箱盖以及 4 个车门（统称四门两盖）的折边焊缝（总装装配后属可见部位），流水槽、顶棚焊缝，尾灯、牙边等部位进行密封，如图 2-4 所示。四门两盖施工后的密封状态为条状，故称之为胶条。这也是细密封的关键工序，因为其部位直接面对购车的客户，所以其外观要求特别严格，要求粗细均匀、饱满，过度平滑、整齐，厚度宽度保持一致。因此，这些部位在密封的过程中应使用同一种型号的挤胶枪和固定的压力，同时要求员工在作业时保持相同的速度和力度。

图 2-3　PVC 粗密封示意图

图 2-4　PVC 细密封示意图

（3）底板防护　底板防护主要是对车身底板表面及四个轮罩进行密封，车底抗石击涂料主要采用喷胶枪来进行作业，同时对底板大的焊缝要进行预密封来确保其密封性，如图 2-5 所示。

在施工工艺上粗、细密封主要采用挤胶方式，而底板防护使用的是喷胶方式；材料上，粗密封和底板防护一般使用同一种胶（TTX），细密封使用另外一种胶（TLN）。

2.2.4 PVC 密封工艺中的常见缺陷及处理方法

1. 外观不良

外观不良主要是四门两盖的胶条缺陷，凡是影响其美观的统称为外观不良。影响因素较多，按照缺陷产生的主体分为人为和非人为。人为的缺陷主要是从员工的作业方式和标准化作业的角度来控制。这里主要分析非人为因素及处理方法。

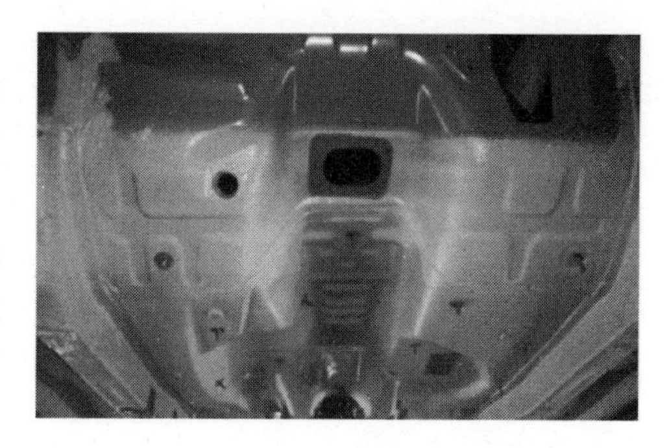

图2-5 PVC底板防护示意图

（1）胶条气泡 胶条气泡是外观不良的表象之一，而气泡分为两种，一种是PVC胶通过挤胶枪输出时自带的气泡，另一种是因焊装折边存在缝隙，PVC密封后经过烘干时，焊缝内的气体膨胀而导致的气泡。两种气泡有明显的区分：第一种气泡致密，分布均匀，一旦出现，整个胶条如蜂窝状；第二种气泡一般呈单个出现，且位置相对固定，形状如绿豆大小。

1）第一种气泡的产生通常是由于输胶系统中混入空气造成的。空气进入输胶系统主要有以下几种途径：

① 在换胶或例行/临时性的设备保养维修时，主过滤器和各使用点的过滤器内的空气没有排空。空气混入PVC胶进入输胶管路后，导致气泡的产生。若进入的气体较多有可能会出现“炸枪”现象（被加压到10～20MPa的高压PVC胶包裹着空气从涂胶枪嘴排出后突然发生炸裂）。炸裂后高速运动的胶粒很容易溅到操作人员的眼睛和皮肤上构成人身伤害事故。一般要求在存在隐患的情况下，员工需要戴防护眼镜进行作业。

② PVC胶自身含有空气，通常PVC胶的制造商在灌装PVC胶时都有很好的措施来防止气体混入，但并不是所有的产品都能完全保证。空气混入PVC胶后会造成喷涂/挤涂出的PVC胶内部呈蜂窝状，严重影响焊缝接口的密封性和美观性。

第一种气泡的处理方法如下：

a. 预防性工作。由于出现气泡后导致的问题很严重，平时要做好以下预防工作：加料时要排尽压盘和料桶之间的空气；清洗和维修过滤器后先将过滤器中的空气排出，然后PVC胶再进入主管路；供应商加强质量控制；做好生产和设备人员的培训工作。

b. 缺陷产生处理工作。如果PVC胶已混入空气，则要加强操作人员的劳动保护，如佩戴防护眼镜等。因现场管路分布是从前到后，一般气泡出现是都是从第一个工位开始，依次向后面的工位延续。这时，必须将有气泡的胶排出，然后通过其他工位进行调剂，最大程度地减少停线时间（若左门胶工位出现气泡时，可以由班组的自由人或班组长使用右门胶工位的挤胶枪帮助员工作业）。一般不允许有气泡的胶条流到下道工序。

2）第二种胶条气泡是烘干后产生的，焊装折边存在缝隙，残留空气经烘干后膨胀将PVC胶顶起形成中空的气泡（通常见于门盖的折边处）。

第2种气泡的处理方法如下：

a. 预防性工作。焊装车间要提高车身门盖折边的压合质量，折边胶要将内外板的间隙填满，否则钣金间隙中很容易留住空气。

b. 缺陷产生处理工作。因为缺陷是在烘干后产生，处理方法只能是修补。一般是在下道工序中使用刀片将气泡割除，然后填充焊缝密封胶抹平，烘干后再进行打磨，这样喷过油漆后基本能保证胶条的外观质量。

（2）胶条开裂 胶条开裂也是胶条外观不良的另一种表象，通常存在以下几种情况：

1）第一种情况。PVC 胶在车身上，长时间不烘烤（通常是放置超过 3 天），再烘烤时会产生开裂现象。因为材料长时间不烘烤，增塑剂会从底板（通常为电泳板）上的塑胶中移出。

第一种情况处理方法如下：

a. 预防性工作。在放假或长时间不生产时，PVC 线一定要排空，不能留有 PVC 湿膜状态下的车身在生产线上。

b. 缺陷产生处理工作。这种情况处理比较困难，一般需要重新返工，否则会影响其性能。

2）第二种情况。车身四门两盖的折边焊缝处的 PVC 胶烘烤后开裂，主要有以下几种情况：

① 门盖的内外板压合不到位。内外板的不贴合导致在涂装烘烤过程中内外板的变形量超过 PVC 胶的抗拉极限而使 PVC 胶开裂。

② 门铰链在开启到最大角度时，铰链的限位不同步。未达到限位的铰链失去了限位的作用完全靠内外板来承受拉力导致内外板产生串动现象，其串动量超过了 PVC 胶的抗拉极限而使其开裂。

③ 总装装配后由于门下沉及平度等原因对门的调整量过大，超过了内外板与 PVC 胶的抗拉极限，将 PVC 胶挣裂。

第二种情况的处理方法如下：

a. 预防性工作。焊装车间对车身的质量加强控制，涂装及总装员工要了解四门两盖胶条的特性，在作业过程中不能超过其工艺范围并定期对门盖的压合模具和压合状态进行检查，保证模具的压合力和门盖的压合状态达到规定的要求；调整门铰链状态，使其限位能够同步发挥作用；适当增加焊装折边胶的涂胶量，增强对内外板的粘合力。

b. 缺陷产生处理工作。此缺陷一般也是在 PVC 胶烘干后产生，处理方法是对开裂的胶条进行修补。如果在喷面漆之前出现开裂现象，需要对开裂的部位进行补胶、抹平，烘干后打磨，与气泡的处理方法一样；如果在喷完漆之后出现开裂，就要在补完胶之后再进行喷漆，然后用烤灯进行烤干。

2. 密封不严

密封不严也是 PVC 常见的缺陷之一，它可能出现的部位是车身任何存在焊缝密封的部位。后果也是非常严重的，主要是漏水和降噪功能下降。这类缺陷的产生主要是人为造成，同时也存在设计缺陷。如果一款车型的某个特定部位总是因为密封不严而漏水，那么一般就要从设计的角度来解决问题了。同时，PVC 胶密封不是万能的，不能将所有的密封性问题都归结到 PVC 作业上，设计缺陷使用 PVC 弥补会使整车的密封性能下降，因为它所承受的强度和钢板的承受强度是不一样的。

PVC 工艺执行在现有的汽车涂装中主要还是属于劳动密集型工作。人员的分配主要由生产节拍决定，其工艺执行效果均由人的技能决定。所以提高员工的技能、合理进行工位分配是提高 PVC 工艺质量及效率的有效途径。

第 3 章

涂装技术

3.1 客车整体电泳应用技术

吉学刚 苑立建 苏金忠（中通客车控股股份有限公司）

3.1.1 前言

受新能源、校车、公交旅游、海外出口等产业政策的引导带动，中国客车在积极嫁接引进国外先进制造技术的同时，受价格优势及经营环境的影响，中国客车工业近年来呈现快速增长的良好态势，主流客车企业的产销规模再度提升，超万辆的新客车生产基地异军突起，产品远销至东南亚、中东、非洲、南美、俄罗斯，甚至欧美等国家或地区，中国成为全球最大的客车生产和消费市场，保持着全球客车产销的领导地位。

一直靠采用手工喷涂溶剂型涂料的传统作业模式，难以确保骨架型钢内腔、贴合面、焊缝等部位的防腐质量，严重影响客车防腐水平的整体提高。电泳工艺虽在乘用车领域推行应用多年，并且技术也很成熟、完善，但客车生产由于一直受“经济批量”制约而未得到快速应用。随着产销量及市场覆盖区域的进一步扩大，客车产品防腐需求日益提高，客车整体电泳项目近年来成为众多客车企业的“亮剑”工程，其投资大、系统复杂，对产品制造工艺升级、整车防腐质量的控制提升至关重要。

3.1.2 典型工艺流程与技术优势、发展趋势

1. 典型工艺流程

流程 1：预处理→高压水洗→脱脂→水洗 1→表调→磷化→水洗 2→纯水洗 1→CED 电泳→超滤水洗→纯水洗 2→烘烤→强冷。

流程 2：预处理→高压水洗→喷淋预脱脂→脱脂→水洗 1→水洗 2→表调→磷化→水洗 3→水洗 4→纯水洗 1→CED 电泳→超滤水洗 1→超滤水洗 2→纯水洗 2→烘烤→强冷。

第 1 种流程相对比较简单，投资及占地规模较小，但存在车体表层清洁不净及槽液污染问题，加强槽液维护及适当延长节拍处理时间，可应用于年产能在万辆车以内的生产线。图 3-1所示为金旅客车电泳-双轨输送线；图 3-2 所示为宇通客车电泳-行车输送线。

2. 整车电泳漆工艺优势

1）基本无防腐死角及盲区，型钢内腔及贴合面涂覆严密。

2）涂膜均匀、连续，耐蚀性优异。

图 3-1 金旅客车电泳-双轨输送线

图 3-2 宇通客车电泳-行车输送线

3）可实现自动化，生产效率高。

4）涂料利用率高，水性环保、无火灾隐患。

3. 电泳漆发展趋势

1）低能耗：循环量低、抗沉降性好，低温固化。

2）环保性：无铅技术、低溶剂技术、低加热减量。

3）高质量：高防腐、高泳透力及优异的边缘覆盖性。

4）稳定性：良好耐污性及抗菌性。

3.1.3 客车电泳线的特征

1）为容纳整个车身，电泳槽容积接近 $400m^3$，槽液消耗更新周期较长。

2）型钢等腔/盒式结构及贴合面较多，需设置足够多的流液孔及采用高泳透率的电泳漆。

3）前处理、电泳工序相对较少，电泳槽的抗污染性要好（油污及电解质）。

4）车身材质多样（热/冷轧钢板、电/热镀锌板、铝板等），因此底材适应性要好。

5）生产管理粗放，间歇式生产，自动化程度相对较低，施工窗口较宽。

3.1.4 工艺孔的设置

1）工艺孔按功能可分为流液孔、排气孔、防电磁屏蔽孔，所有工艺孔兼具防电磁屏蔽的功能，而部分防电磁屏蔽孔又承担排气孔的功能。在确保骨架强度的前提下，型钢件需设置足够多的工艺孔。工艺孔的设置合理与否是确保进入腔/盒式结构内的液体能否及时流出（在 1min 内型钢内腔的液体应能完全流出），不产生串槽，确保电泳槽液稳定性，同时提高电泳漆泳透力，满足内腔涂膜性能的关键因素。

2）整车横梁或纵梁工艺孔必须设置于型钢的上下表面，如图 3-3 所示，兼流液、排气、防电磁屏蔽等功能于一体，型钢底部如存在装有封板的结构需将部分工艺孔上下打通，以防存液，如轮罩上封板结构；立梁工艺孔为避开被蒙皮或钣金件所覆盖，一般开口朝向设置于与电极布置呈平行的方向，即型钢的侧面，如图 3-4、图 3-5 所示，但对于并焊相连接的型钢立柱其开口方向需置于组合立柱的外侧或朝向车内，以防被堵塞，如图 3-6 所示；斜头立梁由于需考虑受力强度等因素，端部工艺孔需设置于斜梁与平梁成钝角的一侧，图 3-7 所示，由于单体型钢制件在加工过程中不便于识别在整车中的焊接状态，工艺孔的布置与分布需在设计图样中进行明确标识，防止出现工艺孔漏打、错打及被堵现象。

3）型钢端部中心位置全部设置为半圆形长槽冲孔，尺寸及形状如图3-8所示，且由于端部应力比较集中，均单面设孔，非贯通式，设置的原则为确保液体能够及时完全流出，且不被蒙皮或其他钣金件所覆盖，同时焊接时应避开工艺孔周边，以防堵塞。

图3-3　底架横梁工艺孔布置

图3-4　立梁型钢工艺孔布置

图3-5　底架斜立梁工艺孔布置（宇通）

图3-6　双立柱工艺孔布置（金旅）

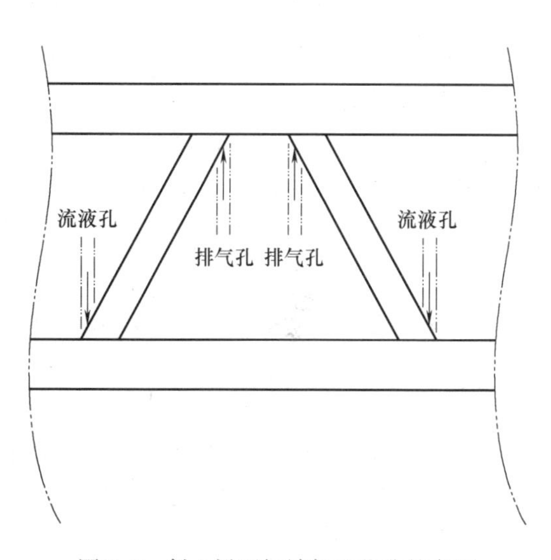

图3-7　斜立梁型钢端部工艺孔的布置

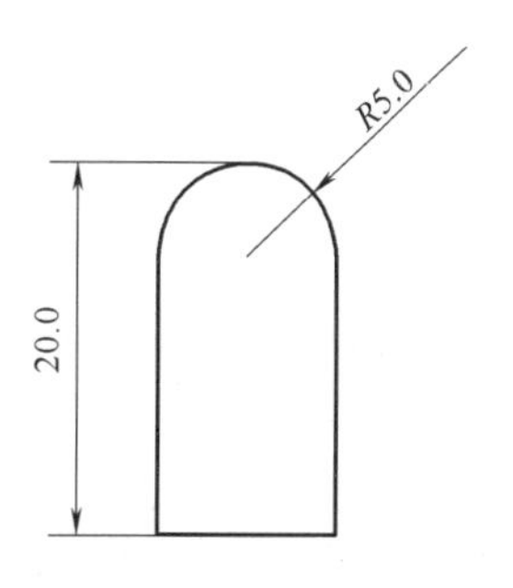

图3-8　型钢端部工艺孔形状及尺寸

4）防电磁屏蔽孔的设置。

① 电泳漆微粒必须在具备临界电场强度的条件下，才能真正实现“泳移”上膜，然而客车车身所广泛采用的骨架型钢相当于封闭的金属导体，对电场有一定的静电屏蔽作用，限制了电泳漆对型钢内壁的附着效果。为确保型钢内腔的漆膜性能（泳透力、膜厚），必须设置足够的防电磁屏蔽孔，以增强电泳漆的上膜效果。

② 防电磁屏蔽孔一般为居于型钢表面中心位置直径为10mm的圆形冲孔，双面贯通式，如图3-9所示。为确保型钢空腔内的电场强度，前后围及两侧骨架位置的单根型钢工艺孔间距不大于500mm，如端部工艺孔间距大于500mm，需依据施工方便性增设防电磁屏蔽孔；底架与顶骨架型钢由于距槽体电极较远，电场强度较弱，同时底架部位涂层防腐性能要求较高，工艺孔间距相对较密集，在确保间距不大于500mm的前提下，单根型钢在长度方向的中间位置需至少设1个防电磁屏蔽孔。底架工艺孔布置如图3-10所示。

图3-9　防电磁屏蔽孔

图3-10　底架工艺孔布置

3.1.5　整车用材要求

1）由于电泳漆需在至少160℃以上的高温进行烘烤才能成膜，因此电泳漆前不能装配玻璃钢、塑料、气撑杆等不耐高温的部件，如有需要应调整至电泳后装配。但考虑施工方便性，前后围蒙皮应尽量选用铁制冲压蒙皮。

2）仓门粘接密封胶采用耐高温胶粘剂，防止烘烤过程中产生过度收缩、开裂及粘接强度下降等问题，厦门金旅采用耐高温双组分结构密封胶；焊装用丁基胶带及电泳前用密封胶需验证其耐高温性能，防止高温失效。

3）改善焊装车间蒙皮装配工艺，减少蒙皮焊接预应力，确保电泳烘烤对蒙皮平整度不产生明显影响。

4）不能采用钝化型的镀锌钢板，槽液不能完全润湿其表面，影响漆前处理及电泳效果。

5）在不影响整车布置的前提下，底盘整车工序所焊接的部件尽量移至电泳前施工，如必须在后工序装配，对外观颜色无要求的部件可采用悬挂方式置于车内与整车同时进行电泳，如图3-11所示，以充分利用电泳线资源，同时涂装完工后再装配的件尽量采用铆接+粘接或螺纹联接的方式，尽量减少因焊接对漆膜所带来的损伤；全承载式车身应全面推行漆后机装工艺，减少带漆件焊接，提高焊缝部位防腐质量，如图3-12所示。

图3-11 福田欧曼客车电泳车身内部悬挂的配件

图3-12 厦门金旅执行漆后机装工艺

6）由于客车车体较大、结构复杂，且选用板材（铝板、镀锌板、钢板）及规格种类（厚度不一致）较多，板材表面的升温速率存在一定差异，为避免产生过烘烤或烘烤不透而影响漆膜性能，电泳车身进入烘干室应采取缓慢升温的方式，而不能升温过快，因此烘烤时间设置（含进出车及升温、保温时间），一般控制在50min左右。

3.1.6 吊装方式与撬体循环

客车整体电泳可分为带撬入槽和不带撬入槽两种方式。

（1）不带撬入槽　入槽时可参照宇通客车方式吊装窗立柱与边窗上沿的“T”型交接点位置，但为防止侧窗立柱及侧边窗上沿型钢出现吊装变形问题，其骨架需全部采用厚壁型钢，如有必要需增焊加强角以提高其骨架强度；选用此类方式车体的吊装不易实现自动化，且较重的全承载式车身吊装过程中仍易出现变形问题。

（2）带撬入槽

1）单独撬体。为防止撬体粘附涂装杂物而污染槽液，电泳处理可采用单独撬体而不与其他涂装工序混用。选用此类方式，需增加换撬工位及设备，投资相对较大。

2）撬体执行大循环。配备专用于冲洗撬体的高压水枪及人员，在高压水洗工位对撬体进行清洁处理，或在涂装施工过程中对撬体进行适当防护，以防止腻子、阻尼胶、发泡等粘附撬体而污染槽液。

3.1.7 客车企业电泳工艺常见施工及质量问题

客车企业电泳工艺常见施工及质量问题见表3-1。

表3-1 客车企业电泳工艺常见施工及质量问题

序号	问题描述	规避措施
1	预脱脂采用喷淋方式，工作槽周边雾气较大，易损坏输送线	采用常温脱脂及低雾化喷嘴，同时加大排风
2	脱脂、磷化工序出现干燥斑痕	设置出槽喷淋、选用低温前处理剂
3	脱脂到磷化间出现工序间返锈	槽内添加防锈剂，缩短车体槽外停留时间
4	钝化镀锌板表层润湿不良	车身选用非钝化镀锌板
5	磷化槽出现絮状磷化渣，导致槽液报废	选用适合复合板材的磷化剂（含氟化物活性剂，对铝板起活化作用）
6	电泳导电夹产生电泳流挂	防止吊具、导电夹、工装器具存液

（续）

序号	问题描述	规避措施
7	电泳槽液溢出槽外	设置液位报警装置及自动阀门
8	电泳液转移至备用槽后管路内有积漆	管部的最底端设置排空阀门
9	电泳槽细菌污染	制订槽液清理维护及杀菌作业指导书，严格按要求作业
10	车身进入槽内，仓门出现浮起、挂伤现象	入槽前采用工装夹具将仓门固定
11	电泳漆颗粒	加强铁屑、焊渣预处理；定期清洗磁棒；控制过滤袋尺寸确保及时更换
12	中涂与电泳漆附着不佳	控制油漆配套性；腻子灰易粘附电泳漆表层，需选用低含粉量的原子灰

3.1.8 整车电泳线主要配套设备

整车电泳线主要配套设备见表3-2。

表3-2 整车电泳线主要配套设备

设备名称	主要品牌及厂家	备注
水泵	德国凯士比（KSB），美国 GOULDS、GUSHER；大连深蓝（DEEP BLUE PUMP），无锡艾比德（ABD），上海东方（Shanghai EAST）	不锈钢
高压清水泵	格兰富（GRUNDFOS）	
气动隔膜泵	格瑞克（GRACO）	油漆补加
计量泵	米顿罗（MIL TOM ROY）、普罗名特（PROMINENT）	药液补加
油水分离器	日本三进、兵神；无锡斯达特	平行板分离过滤式、加热破乳式、吸附式
磷化除渣机	日本三进的 FK 系列或 PF 系列全自动纸带式压滤机	不采用框式
板式换热器	高档进口：阿法拉伐、GEA；国产：无锡锡惠化工、上海化工设备二厂	国产较便宜
袋式过滤器	进口品牌：HayWard、FSI；国产：无锡斯达特	过滤袋全部用进口
电泳超滤	北京海德科、安科德和诺信恒业	超滤膜组件全部进口
整流电源	保定莱特、佳奇	
制冷机组	开利、特灵、日立；南京五洲、常熟亚联	
阀门	自动阀有西门子、埃柯特或吴中仪表；手动阀高档的上阀七厂、五厂和天津瓦特斯等	
喷嘴	进口的有美国喷雾公司；国产的有无锡东晖、上海长原等	

3.1.9 整车电泳线硬件配置要求

1）加料装置：前处理及电泳药液加料采用集中加料，固体采用加料槽，液体直接采用隔膜泵。脱脂按固液两种组分，表调1种固体组分，磷化两种液体组分，电泳两种液体组分。

2）喷淋装置：脱脂槽在槽液深度为1500及2000mm的侧面位置各设置一根喷淋管，以提高脱脂液对车身的冲刷力，预脱脂喷嘴压力0.2MPa，前处理预脱脂、脱脂、水洗采用冲击力强的V型喷嘴；喷淋管两侧均安装阀门，用以调节两侧喷淋管流量。

3）槽体及管路材质：表调及其后的槽体（除电泳槽）最好采用不锈钢（SUS304）壁板，磷化采用SUS316壁板；其他可采用Q235碳钢板+玻璃钢内衬；电泳槽内壁需耐2万V的击穿电压。表调前的管路可采用Q235碳钢材质，其他采用不锈钢材料。需加温的槽体加装不低于100mm厚的岩棉或玻璃丝棉，外包0.6mm厚的波纹镀锌板；为便于检修维护及确保加升温均匀，脱脂及磷化槽的加热方式应采用外部加热（热交换器）。

4）表调前各槽安装袋式过滤器，过滤器内置磁棒用以吸附铁粉，脱脂及预脱脂槽安装油水分离装置；预脱脂、脱脂工序设置无耗材的旋液分离器；预脱脂工序由于设置出槽喷淋、雾气较大，需强化抽排风，并且尽量选用低温型脱脂剂及低雾化喷嘴。

5）磷化槽板式换热器清洗装置加装硝酸用隔膜泵，便于直接从容器内抽取；磷化除渣采用带式连续除渣机效果较好，同时需设有斜板式沉淀槽。

6）电泳槽底和转角都应设计成流线型，尽量消除液流死角；电泳转移槽的最底端位置应设置排空阀门及管道，防止管道内积存电泳漆而堵塞管路；电泳槽底部加装辅助裸电极，确保底架部位电场强度，以确保漆膜厚度；电泳线纯水系统配备臭氧发生器、紫外光等杀菌装置；电泳槽区域设置安全防护锁，防止正常工作期间人员进入，发生触电事故；阳极管布置按车体的电泳面积550m^2考虑。

7）根据各槽液循环量要求需逐一计算各循环泵功率，防止动力配置不足问题。

3.1.10 国内客车制造企业电泳材料配套体系

国内客车制造企业电泳材料配套体系见表3-3。

表3-3 国内客车制造企业电泳材料配套体系

客车厂家	前处理剂	电泳漆	备注
厦门金旅	凯密特尔	PPG	
宇通客车	汉高	PPG	整车线
苏州金龙	帕卡	立邦	
少林客车	—	上海里德	
福田欧V	武汉材保	上海金利泰	
南海福田	武汉材保	上海金利泰	
厦门金龙	帕卡	立邦	
备注	磷化液需选用复合板材（钢板、铝板、镀锌板）磷化剂，根据漆前处理技术的发展趋势（5年内磷化技术可能要淘汰），需预留储备硅烷技术所具备的硬件要求（考虑纯水制备能力）		

3.1.11 电泳槽液常用监控项目及需配备的检测仪器

电泳槽液常用监控项目及需配备的检测仪器见表3-4。

表 3-4　电泳槽液常用监控项目及需配备的检测仪器

常用监控项目	检测仪器
固体分：105±2℃/3h 条件烘烤所剩余不挥发分与样品间的百分比	表面皿、烘箱、
灰分：不挥发分高温燃烧的的残留分	燃烧室、电子天平
中和当量（MEQ）：使涂料具备水溶性所需中和剂的量	电位差滴定装置
有机溶剂含量：提高电泳涂料水溶性及稳定性	—
槽液、极液、超滤液 pH 值	酸度计
槽液、极液、电泳前滴水电导率（μS/cm）	电导仪
库仑效率（mg/C）：耗 1C 电量析出涂膜的质量	直流电源、库仑计
泳透力：背离电极被涂物表面的上漆能力	泳透力测定仪
槽液温度（脱脂、磷化、电泳）/℃	温控表
施工电压、破坏电压/V	电压表
L 效应：电泳车身水平面和垂直面应无明显差异	察看外观及测厚仪
加热减量：电泳件烘烤前与烘烤后的质量差与烘烤前的比值	烘烤箱、电子天平

3.1.12　客车电泳线人员配置

整车电泳线自动化程度及技术含量相对较高，管线路布置复杂，设备涉及水、电、暖、制冷、污水处理等不同领域，并且槽液及设备运行过程中日常监控项目较多，槽液清洗维护频率也较高，磷化槽至电泳槽间的水洗槽需保持每月清槽 1 次，并采用体积分数为 0.2% 的双氧水对槽体、管路等进行杀菌处理。为确保电泳线良好运行，电泳线人员配备参考表 3-5。

表 3-5　电泳线人员配备情况

	工艺技术员	设备维修	设备操作	化验员	加料工
配置人数	2 人	3~5 人	3~5 人	1 人	2~3 人

3.1.13　结束语

为使电泳漆与电泳设备间达到最佳匹配状态，同时便于电泳线的高效运行与日常维护，保证电泳漆的性能要求，确保电泳线所配置的喷淋循环系统、升保温系统、整流及阳极系统、纯水制备系统、过滤及超滤系统、供排水系统等满足电泳漆工艺要求及技术发展趋势，且不同品种的电泳漆产品，其特性值存在一定差异，生产线建设之初应与材料、设备厂家进行充分的技术沟通与交流，提升设备与材料间的互容性与匹配性，避免在产生问题时而相互推诿。

3.2　客车涂装技术新视点

吉学刚　苏金忠　刘明坦（中通客车控股股份有限公司）

3.2.1　前言

随着新能源客车、城乡一体化公交、城际公交以及海外出口市场的强力需求，国内客车制造业近年来蓬勃发展，产业规模再度提高，超万辆客车产能的生产基地异军突起。节能环保、增产高效、高质低耗的设计理念在客车涂装生产中应用日益广泛。

3.2.2 客车新涂装生产线设计

传统客车涂装车间一般采用“抽屉式”布局设计，非常柔性化，在产能较低的情况下多工序可以共用涂装设备，然而随着产能的急剧扩张，客车涂装生产线的设计必须精益和高效化。采用“抽屉式”与“行进式”相结合方式，将喷烘房等关键设备及节拍稳定的工序串联连接，采取“只前行，不后退”的方式，从而减少车辆迂回，压缩涂装生产周期和提高设备利用率；对于漆面修整、图案粘贴、AUDIT评审等节拍时间相对不稳定的工序采取单工位抽屉式设计，又不失生产线的柔性化；涂装工艺流程整体走向呈“S”型，中涂及前工序的串联工位数可突破5个，提高工效的同时可减少引航平移车的厂房占用面积；面漆及图案漆工序因油漆种类（素色漆、金属漆、珍珠漆）、颜色遮盖力、图案复杂程度的不同而影响其节拍时间，为确保生产的柔性化，串联数量相对较少，一般可设置为3个连体工位。

国内客车制造企业多采用人工推拉或开动的方式实现车辆在涂装车间的内部流转，因其劳动强度大、安全性差，新生产线的设计多采用辊床+滑橇或地拖链的形式，此方式可通过电控实现相关联工序的自动、联动或互锁控制，大大提高了车辆的输送效率及操作安全性。

3.2.3 整车电泳漆技术

骨架型钢内腔、贴合面、焊缝等部位所曝露出的防腐质量问题日益突出，严重制约着客车防腐水平的整体提高，电泳漆技术虽在轿车工业应用多年，并且技术也很成熟，但客车生产一直由于其“经济批量”问题而未得到快速应用。继厦门金旅、宇通、福田欧V等客车制造企业成功应用电泳漆技术以来，目前超万辆或接近万辆产能的客车制造企业如苏州金龙、中通、亚星等客车厂家基本都在筹备建设整车电泳漆生产线，其他产能较低的厂家如常州黄海、江淮客车在生产线设计时也对电泳漆工艺进行了预留。

整车电泳漆工艺流程设计要点：

1）为充分利用电泳涂装线，减少单车电泳分摊费用，可考虑自制底盘车架和不同生产线（厂区）的车身同在一条电泳线施工，或者采取底盘车架与车身整体焊接同时电泳，其底盘附件装配全部执行漆后机装工艺。

2）高压水洗工序：主要清洗车内尤其是底板部位的焊灰、铁屑、浮尘等杂质，减缓对槽液及过滤装置的污染。

3）车体带撬入槽：防止因吊装窗立柱而产生变形及提高操作方便性，并且电泳应设置为单独撬体（电泳完换撬），避免腻子涂刮、阻尼胶及油漆喷涂对撬体产生污染。

4）预脱脂及脱脂工序设置旋液分离器（无耗材），预脱脂槽周边加大排风。

5）车辆输送一般采用行车或双轨葫芦。

6）各水洗槽设置浸洗+出槽喷淋。

7）电泳面积按400~550m^{2}设计。

典型工艺流程：预处理→高压水洗→预脱脂→脱脂→水洗1→水洗2→表调→磷化→水洗3→水洗4→纯水洗1→电泳→超滤水洗1→超滤水洗2→纯水洗2→烘烤。

3.2.4 集中吸尘技术

采用带吸尘器的打磨机或设置下抽风式打磨室是众多客车厂家所采用的普遍方式。集中吸尘技术是将单个或多个打磨室内的吸尘管集中连接至一个吸尘容器内，打磨室内安装多个带有吸尘及压缩空气快速接头的配供箱，通过其与高真空系统相连接，利用高真空系统的高空气流速实现粉尘抽排，打磨机与其连接使用方便且吸尘效果明显，可有效改善现场操作环境和劳保条件。如再配备砂网式打磨材料，打磨效率高且吸尘效果更加明显。

3.2.5 机器人喷涂技术

客车生产“品种多、批量小”一直是制约客车采用机器人喷涂的重要因素，随着设备技术水平的不断提高及产品批量的加大，机器人喷涂技术开始应用于大客车的涂装生产。虽然客车生产更换颜色相对频繁，但目前看来至少可应用于中涂漆及大批量订单的面漆喷涂。宇通客车与德国杜尔公司强强合作，在面漆工序已成功推行应用机器人喷涂技术，并采用旋杯式静电涂装，开创了客车喷涂的新纪元，彻底改变了客车喷涂质量一直受人为因素影响而质量稳定性不易控制的局面，漆膜喷涂均匀性及施工效率明显增强，油漆利用率及漆面外观质量大幅提高。

3.2.6 聚脲喷涂技术

由于聚脲产品瞬间可干燥成膜，无挥发溶剂、环保，并且机械强度及耐磨性优异，喷涂可一次整体成形，无缝对接，尤其是在曲面及不规则的表面施工优势极为明显，在我国多应用于轻型货车的车厢及高速铁路客车的地板（厚度 2～3mm），国外的大客车也早已成功应用。因聚脲喷涂膜有良好的屏蔽性，当用水冲洗车辆地板革时可有效防止水渗透，因此可在行李仓地板及公交车地板上代替地板革推广应用。为提高聚脲涂膜的防滑性和外观装饰性可在最后一遍雾喷罩粒或均匀喷洒一层石英砂（可制成彩色，类似石英砂地板革），同时车身下底边及轮罩区域的抗石击涂层、电瓶仓内的防酸涂层完全可用其替代，并且可取消密封胶的使用，因此聚脲喷涂技术在客车上的应用前景十分广阔。

3.2.7 隔热保温材料采用全水基发泡喷涂技术

采用水代替传统的氟化物作为发泡剂，因其膨胀系数高、柔软性好、阻燃性能优异、价位低而逐步得到推广应用，并且其颜色可加色浆随意进行调整，针对前围、公交车路牌及门泵固定座区域、后置车发动机仓两侧、装配多孔内饰板的顶中部位所喷发泡需喷涂为灰色，可将发泡颜色直接调整为灰色，以取消此类部位的灰漆喷涂，提高喷漆操作安全性（沿底架喷涂易出现踩空、摔倒现象），降低工作量及材料综合成本。水基发泡与传统发泡在客车车身上应用的主要性能比较见表 3-6。

表 3-6 水基发泡与传统发泡在客车车身上应用的主要性能比较

品种 \ 项目	开孔率	密封性	隔热性	阻燃性	对侧蒙皮影响	吸水性
水基发泡	高	好	稍差	好	无影响	吸水
传统发泡	低	差	好	差	易变形	不吸水

水基发泡与传统发泡材料的微观分子结构相差不大，同为聚氨酯发泡材料，但发泡结构与孔径大小有明显差异，主要表现在水基发泡膨胀系数大，缝隙处渗入性好，蒙皮喷涂可解决鼓动异响问题，并且泡沫密度较小、膨胀力小不会对蒙皮产生变形。另外，水基发泡材料不采用氟化物作发泡剂，对大气臭氧层无破坏。

3.2.8 高闪烁性油漆的应用

金属漆、珍珠漆等效应涂料在客车上应用已十分普遍，为提高其装饰性常通过添加高闪光性及粗粒径（15～20μm）铝粉的方式来增强金属漆的闪烁效果，同时对其动态闪光指数(Flop Index：通过测量金属漆不同角度的明度差异给出的理论值）进行量化控制（FI：10～20）；然而近年来部分厂家的高档客车开始应用渲染性极强的氟碳变色龙油漆及高晶亮的炫彩油漆，使车辆熠熠生辉，然而此类油漆的施工一般为三层面施工（同珍珠漆：底色漆＋效应层＋清漆)，对喷涂的均匀性要求较高并且修补难度大。

3.2.9 结束语

客车生产日益成为中国汽车工业发展的一股强劲动力，其涂装水平逐渐与轿车生产相接轨。纵观近几年，客车涂装技术的发展有着质的飞跃，同时在涂装新技术的产业转化方面也发挥着积极的推动作用。

3.3 喷涂机器人调试流程

张力　李会哲

3.3.1 引言

汽车涂装已经经历了100多年的历史，涂装方式也从当初的作坊式喷涂发展到现在的适应于大量流水线生产的典型的工业涂装，回顾这100多年汽车工业变革的历史，工业喷涂机器人静电喷涂与前处理磷化、底漆阴极电泳同样起到了不可代替的推进作用。下文将对工业喷涂机器人（主要针对ABB喷涂机器人）调试流程作简要介绍。

3.3.2 喷涂机器人本体参数的测试及调整

喷涂机器人在硬件及系统安装完毕以后，将对机器人本体的一些参数进行测试及调整，按顺序主要包括机器人基坐标系零点的偏移、机器人微阀的测试、机器人各个机械轴零点的标定、机器人齿轮泵的标定、机器人喷幅测试等，下面将针对以上部分分别作以简要介绍。

1. 机器人基坐标系零点的偏移

喷涂机器人默认的基坐标系零点位置一般是以机器人为基本参照物进行定义的，如ABB机器人基坐标系在一轴中心点，如图3-13所示，为了方便后期机器人仿形的编制，尤其是相同位置左右仿形可通过“镜像”功能达到通用的目的，在机器人安装后需把基坐标系的原点偏移到滑橇某个特殊的点上。一般情况下Y轴选择滑橇中心位置为零点，Z轴选择滑橇某个支点或者大地平面作为零点，X轴坐标通常不需进行修改。喷涂机器人（以ABB

机器人为例）基坐标系零点偏移过程大概如下：

1）在机器人末端安装 TCP 并设定其长度为 250mm。

2）将机器人 TCP 端点移至某一特殊位置（修改后 *Y* 轴、*Z* 轴坐标为零位置），并记录 *Y* 轴、*Z* 轴的坐标。

3）读取 *Y* 轴、*Z* 轴的数据后，将计算机连接至机器人控制器，添加控制器，输入机器人 IP 地址，依次选择配置→motion→robot，将出现图 3-14 所示对话框，将 *Y*、*Z* 轴数据录入后热启动机器人即可，机器人 *X* 轴的数据不变。

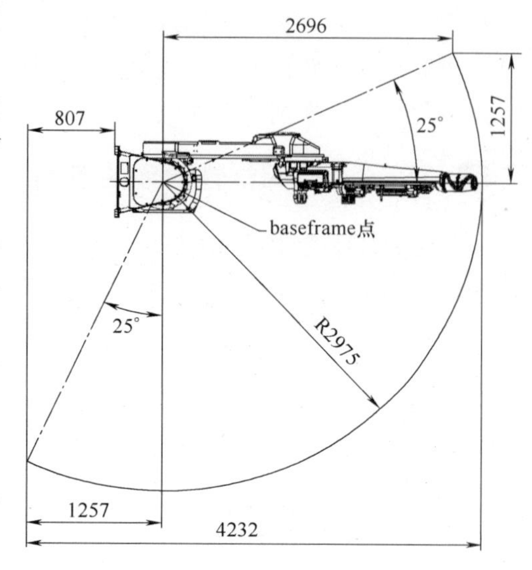

图 3-13　机器人默认基坐标系零点位置

2. 机器人微阀的测试

对于新建的生产线来说，所有的设备零件均为出厂后首次使用，无论厂家的信誉好坏，都存在零部件不能正常工作的可能性，而机器人微阀是否工作，直接影响到后期的喷车质量，甚至导致不出漆或混色现象的发生，因此，在机器人安装后须对机器人进行微阀的测试。具体步骤如下：

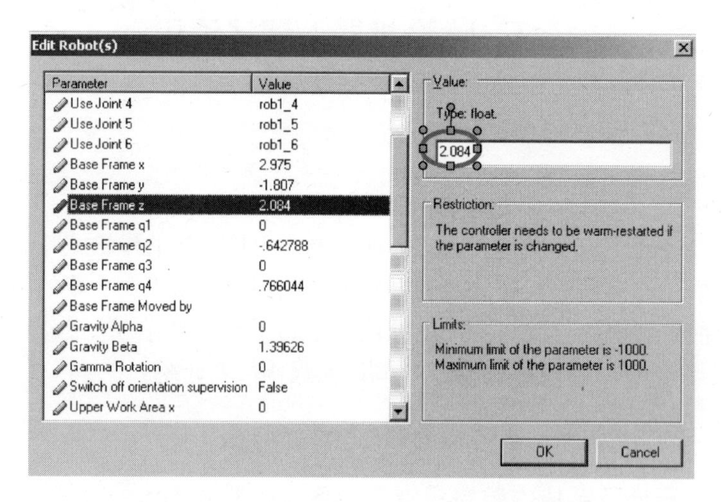

图 3-14　机器人基坐标系零点偏移修改界面

1）离线用 Shop Floor Editor 等程序编辑软件编辑机器人各个微阀顺序打开程序，并传给机器人。

2）手动运行此程序，并观察机器人各个微阀是否顺序打开，对未打开的微阀进行更换后，继续测试，直至所有微阀按顺序打开。

3）后期根据油漆及溶剂的实际投放情况，根据喷车时的实际状态，最终判定微阀是否损坏。

3. 机器人各个机械轴零点的标定

机器人安装完成后，需对机器人各个机械轴零点位置进行标定，以使机器人在喷涂过程中，按照所编辑的路径进行有序的喷涂，机器人零点标定方法如下（以ABB机器人为例）：

1）用示教器将机器人调整到图3-15所示的位置（机器人零位各个轴均有标记）。

2）在示教器中打开“service”→“calibrate”，选中“ROB_ 1”后选择“UpdateRev”，如图3-16所示。

图3-15 机器人零位

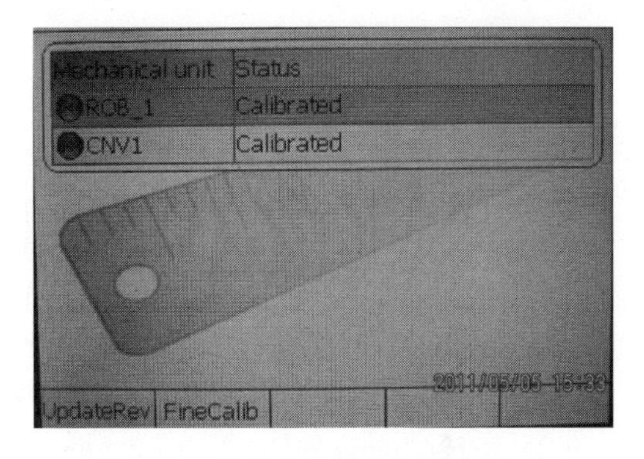

图3-16 机器人各个机械轴零点标定

4. 机器人齿轮泵的标定

为了使机器人达到稳定的喷涂状态，机器人齿轮泵必须保证完好无损，且齿轮泵齿轮每转动一圈出漆量为一定值，在喷涂前期需对各个机器人的齿轮泵进行标定，如发现异常则更换齿轮泵。标定方法如下：

1）卸掉机器人杯帽，用示教器打开机器人某种颜色微阀、齿轮泵微阀及杯头针阀，并设定一定流量（不能加转速，以防伤人）。

2）用量筒接漆1min，查看量筒内油漆的体积，如与所设定流量值相同，则齿轮泵完好，如与所设定流量值不符，则齿轮泵存在问题，需进行更换，并重新标定。

5. 机器人喷幅的测试

为了使车身质量（色差、橘皮、膜厚等）达到工艺范围以内，需要机器人的喷幅按照车身各个位置及油漆性质的不同而不同，故对于一个新的生产线来说，需要先对机器人喷涂参数（流量、成型空气一、成型空气二、转速、高压）对机器人喷幅形状的影响有一个基本的认识，这可通过示教器手工操作来完成，具体如下：

1）手动模式下，在机器人示教器中依次选择“Edit Brushes”→“Table→New”，命名（默认为“Table1”）后单击“OK”。

2）在示教器中选择“Edit Brushes”→“Table”→“Open”，选择Table1，将出现图3-17所示画面。

3）手工调整各个喷涂参数后，选择“Table”→“test”即可，并记录某一流量下喷幅较适中的成型空气、转速、高压值，以便颜色调试时使用。

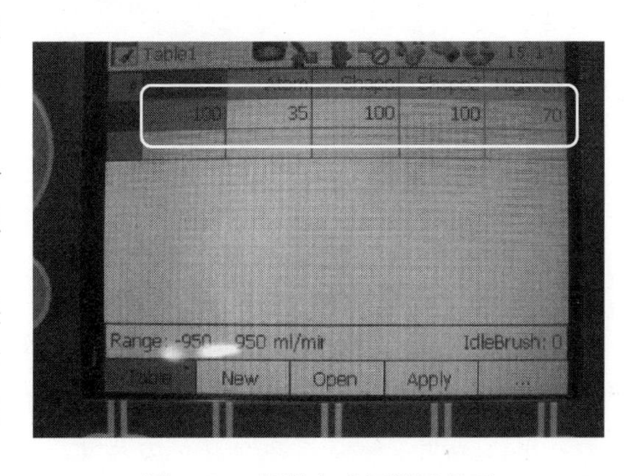

图3-17 机器人喷幅测试界面

3.3.3 车型颜色调试

在机器人安装、本体调试完成以后，在外界条件（喷漆室参数、油漆参数、输送装置、烘房等）具备的条件下，就可以进行车型的颜色调试了，车型的颜色调试主要分为机器人仿形的编制及车身工艺调试（主要为色差、橘皮、膜厚等），下面将分别作简要介绍。

1. 机器人仿形的编制

随着计算机软件技术的高速发展，目前喷涂机器人仿形编制的大部分工作都离线进行，例如一汽轿车公司二工厂所用的 ABB 机器人离线编程软件主要为 Shop Floor Editor 和 Robot Studio，下面将分别作简要介绍。

（1）Shop Floor Editor 软件　Shop Floor Editor 由于其具有坐标点移动、调整方便的特点，所以路径的编辑工作大部分在 Shop Floor Editor 上进行；Shop Floor Editor 编辑界面如图 3-18所示，导入调整好的需要编制仿形的车型文件（只能为“wrl”格式）后，用语句与三维视图相结合的方式编制车型仿形并直观调整各个点的角度。

（2）Robot Studio 软件　Robot Studio 软件可以根据现场机器人实际的安装位置及系统设置，实际模拟机器人喷涂运动，而使调试人员对机器人实际运行状态（两机器人之间的距离、机器人与墙壁之间的距离等）有直观了解，进而对机器人轨迹的通过性能作出直观的判断，进一步减少了现场实际两机器人之间以及机器人与墙壁之间由于碰撞而损坏的风险。但有一点值得说明，离线模拟只能降低碰撞的风险，而实际机器人运动状态与模拟状态还会有一定的差异，机器人手臂较长，如果喷漆室宽度不足（小于 5m），碰撞现象发生的可能性还是非常大的。

Robot Studio 创建的机器人工作站如图 3-19 所示，将提前用 Shop Floor Editor 编制好的仿形导入工作站后，便可进行离线模拟验证，并对动作过大或不能通过的点用 Shop Floor Editor 进行修改，然后再次验证，直至满意为止。

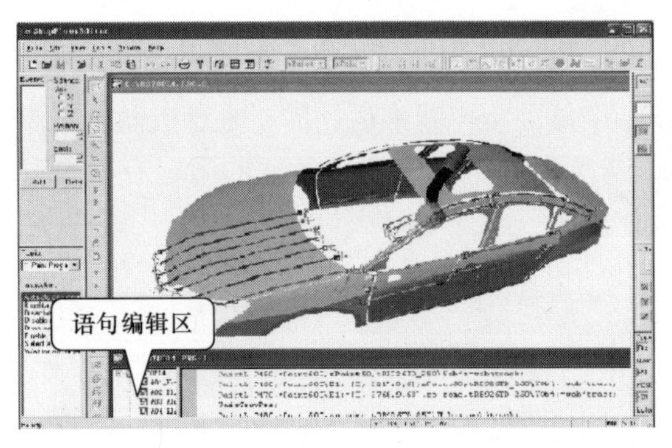

图 3-18　Shop Floor Editor 软件编辑区域

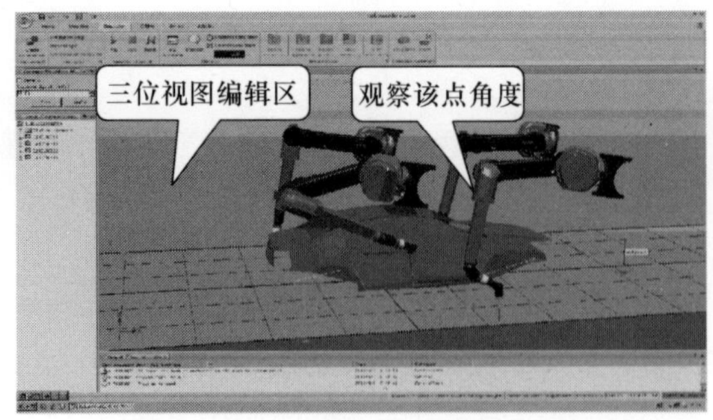

图 3-19　Robot Studio 软件离线模拟

2. 车身工艺调试

离线仿形通过以后，便可将仿形程序传到现场机器人当中，不带车模拟通过后，便可以进行喷涂工艺的调试工作了。车身喷涂工艺主要包括色差、橘皮、膜厚等，进入工艺调试阶段后，可根据油漆参数（固体分、粘度等）、先期测得的机器人喷幅及路径分区，编制喷涂参数表，并导入机器人当中，进而进行喷车实验。一种新颜色的调试流程如图 3-20 所示。

（1）贴板膜厚调试　无论机器人仿形编制如何细腻，喷涂参数设定如何精准，在首次喷涂时，调试人员也很难保证膜厚的均匀性。为了降低调试成本，减少调试过程中车身需求量，膜厚均匀性调试可按车身包铝箔纸后贴马口铁板的方式进行。当车身各个主要部位马口铁板膜厚均在要求范围内后，再根据实际情况进行其他调试工作（中涂、罩光调试进行整车膜厚验证，面漆颜色调试进行贴板色差验证）。

（2）贴板色差调试　与贴板膜厚调试一样，在一种新颜色调试初期，为了节约成本，亦可以先进行包铝箔贴板（中涂板）色差验证，直至各个试验板色差均在工艺要求范围内后，进行整车喷涂色差验证。

（3）局部调整优化　当整车膜厚、色差调试完成以后，可根据实际生产过程当中产生的缺陷（流挂、少漆、针孔等），对车身个别点进行微调、优化，以使车身表面达到更好的状态。

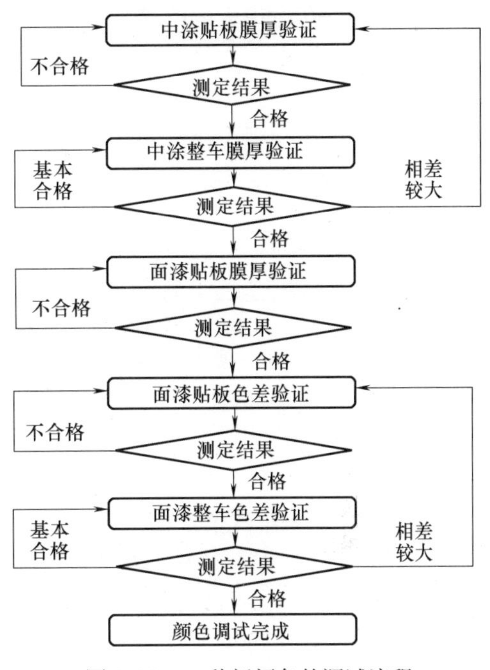

图3-20　一种新颜色的调试流程

3.3.4　结束语

随着机器人工业的不断发展，喷涂机器人的应用将越来越广泛，随着科技的进步，相信在未来的时间里，机器人本体调试及工艺调试将越来越集成化、简单化，成为汽车行业发展的强大后盾。

3.4　汽车涂装车间绿色生产应用技术的探讨

李鹏　李康　张安扩　张国忠（奇瑞汽车股份有限公司乘用车公司乘用车一厂）

3.4.1　前言

近几年国家在发展经济建设遵循又好又快的同时，大力提倡企业清洁生产、创建环境友好企业、注重污染防治，2010年又提出“低碳减排·绿色生活”的口号。涂装制造车间作为汽车四大工艺之一，更应该响应国家的号召。奇瑞汽车股份有限公司涂装一车间结合自身的实际情况从“设备、工艺、材料”三大方面入手开展了一系列工作，取得了一定的成果，下文就开展的具体工作进行简要介绍，以期和同行达到交流探讨的目的。

3.4.2　开展实施的工作

涂装制造车间动能的消耗占四大工艺总消耗的80%以上，设备对能源的合理利用、节能降耗将对整个汽车制造工艺过程的能源消耗起着举足轻重的作用。国内汽车涂装设备近几年发展迅速，目前已基本达到国际先进的水平，许多节能、高效、环保的设备已在国内大型的新建涂装项目投入使用。始建于 2002 年 5 月 14 日的涂装一车间，作为一条老涂装线设备相对落后陈旧，存在很大的改善空间。根据耗能情况，技术和设备人员以节约水、电、蒸汽为主要工作方向，提出实施了 4 项改造项目，有效地减少了能源消耗。

（1）磷化换热器改造（图 3-21） 省去传统的磷化工序必有热水罐的换热方式，直接采用闭合管路和膨胀气囊取代热水罐的间接加热方式。

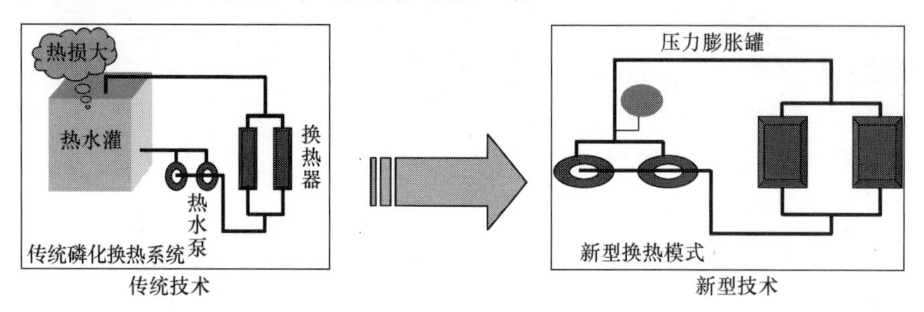

图 3-21 磷化换热器改造

1）传统技术为蒸汽给水槽内水进行加热，热水再给磷化槽液进行升温，一般水槽可装 10t 水，占地面积在 $3m^2$ 以上，蒸汽消耗量较大。

2）新型技术升温时只要对热水管中循环水进行升温，省去 10t 水槽升温所需蒸汽用量，且速度较快，提高了磷化升温效率；同时可以将 10t 的磷化热水罐进行拆除，开阔现场环境。该技术降低了蒸汽消耗，每小时节约蒸汽约 0.23t。

（2）空调加湿改造（图 3-22）

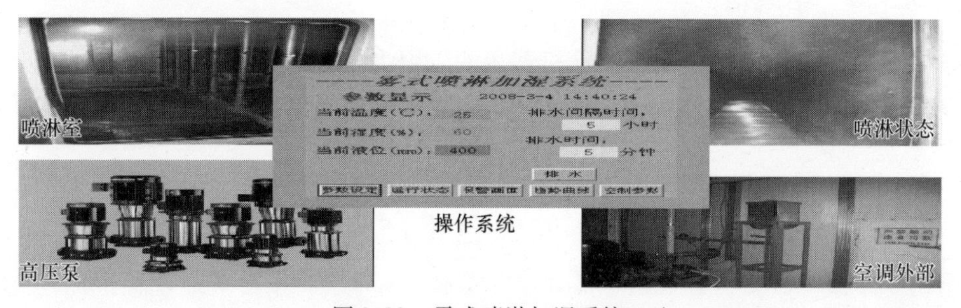

图 3-22 雾式喷淋加湿系统

1）改造前工艺空调为全新风空调，冬季使用喷淋室进行加湿处理，喷淋室使用 2 台 15kW 的循环水泵，冬季平均每天工作约 20h，设在空调的加湿段对空调供风进行加湿。加湿水泵采用工频控制，空调的加湿量由人员手动控制，由于受环境的影响，加湿湿度波动大，需要人员频繁操作管路阀门来调整加湿量。

2）改造后更换喷嘴，使用高效广角喷雾提高加湿能力，在压力为 0.6MPa 时雾化颗粒小于 200μm，更换高压泵，采用湿度传感器监控湿度与设定值的差异，给出变频器的控制信号，利用变频技术控制高压泵的转速，进行加湿量的控制，实现湿度自动控制，减少耗能 18.9kW/h，同时每小时节约用水约 2t。

（3）空调加热回水回收利用改造

1）改造前使用蒸汽对空调供风进行升温时，蒸汽加热盘管热交换产生的蒸汽冷凝水（80℃左右）没有被利用直接排放。

2）改造后在蒸汽加热盘管后的排水管上加一管路到空调水箱，将冷凝水回收用做工艺空调加湿的水源，提高了水资源的利用率并减少了加热蒸汽的使用量，每小时节约用水约0.9t，冬季每小时节约蒸汽约0.17t。

（4）前处理脱脂工序补水方式改造（图3-23）　前处理工艺一次水洗槽液能补充脱脂三槽的损耗，即在一次水洗主循环管路上，引一根管路分别到主脱脂、预脱脂、预清洗三槽，用一次水洗槽液补加液位。通过一次水洗往预清洗、预脱脂、主脱脂槽补加液位，从而每天节约24t的自来水，减少排污24t，提高了水资源的利用率。

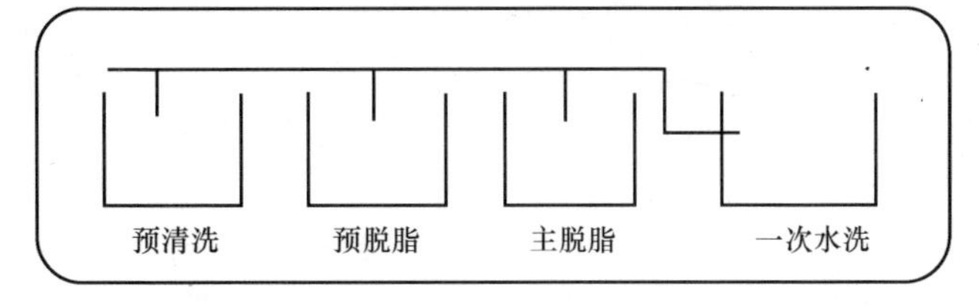

图3-23　前处理脱脂工序补水方式改造

（5）涂装工艺改造　涂装工艺是充分发挥涂装材料的性能，获得优质涂层和实现清洁生产的必要条件。涂装工艺包括所采用的涂装技术的合理性和先进性，涂装设备和涂装工具的先进性和可行性等。通过进行大量的技术交流，进行了多项工艺优化。

1）取消钝化工艺。钝化处理是为了提高磷化膜的耐蚀性与涂层的结合力，采用的是有铬钝化工艺，钝化废水中有一类有毒污染物 Cr^{6+}。因环保等原因日本汽车工业在改进磷化液的基础上基本取消了钝化工序。根据行业发展趋势，为取消钝化工艺，技术人员做出了一系列的工作。首先是抗腐蚀实验，具体有：①针对钝化前后的内外电泳板进行抗腐蚀效果试验的对比，经过对试验结果进行分析可知，钝化和无钝化板材两种情况下的盐雾试验结果没有明显差异，均满足标准的要求；②委托供应商对其关西NT-100C的泳板进的防腐蚀试验，结果取消钝化后的样板是符合质量要求的。通过试验分析，取消钝化工艺是可行的，取消钝化工序后，减少了对环境的污染。

2）电泳阳极屏蔽（图3-24）。前处理工艺为自行葫芦输送间歇式生产方式，电泳槽使用弧形阳极，电泳车身平面与立面膜厚差距达到8μm，涂膜均一性较差。进行阳极屏蔽能使涂膜膜厚均一、稳定，投入少、见效快、操作简便。此方法即用PVC材料局部屏蔽弧形阳极，减弱局部电场（电场强弱与膜厚呈正比），达到降低局部膜厚的目的。经论证，投入使用后有效缩小了车身平面与立面的膜厚差距2μm，减少了电泳涂料的单车消耗，单耗减少0.11kg，属于行业领先技术。

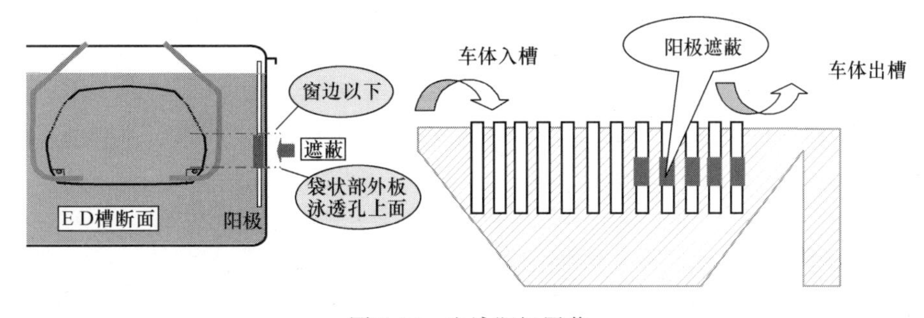

图3-24　电泳阳极屏蔽

3）前处理工艺优化——预清洗常温工艺（图3-25）。

① 前处理预清洗工位原先是采用高温全浸工艺，需要使用蒸汽来维持较高温度场，以便高温破乳脱脂，蒸汽需求量很高。通过实验常温全喷清洗，利用槽液喷淋的机械冲击力进

行冲洗除尘、除油，达到同样的清洗效果，可以免除蒸汽加热。预清洗改常温工艺后，降低了蒸汽消耗，单车耗量从2007年0.189t/车下降到2008年的0.056t/车，且可以推广到其他涂装车间。前处理预清洗工位由高温全浸工艺改为常温工艺后的变化见表3-7。

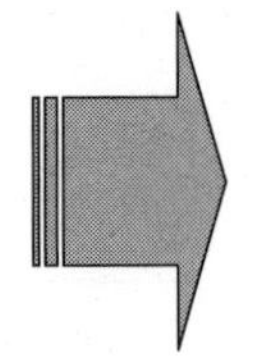

图3-25　预清洗常温工艺

表3-7　前处理预清洗工位更改后的变化

前处理预清洗工位	清洗方式	碱　点	温度/℃
更改前	全浸式	15~25点	50~85
更改后	全喷	0点	常温

② 前处理预清洗工艺由全浸式脱脂改为常温自来水清洗的方式，在保证质量的条件下，降低了材料和动能消耗。预清洗工艺脱脂剂用量原来每周约50袋（约1250kg），现全部可以省去。

（6）新型喷涂工具使用　喷涂工具对涂料的利用率有很大影响，传统空气喷枪油漆利用率约为25%，应用新型中低压空气喷枪油漆利用率可以达到45%，比传统空气喷枪可节约5%~10%的涂料，具体的检测见表3-8。目前新型中低压喷枪的使用量已经达到70%，每年可以节约60万元，单车成本降低5.0元。

表3-8　新型喷涂工具使用

比较	新型中低压空气喷枪	传统空气喷枪
喷涂前涂料罐质量	3.6kg	3.8kg
喷涂后涂料罐质量	3.4kg	3.6kg
样板喷涂前质量	5.75kg	5.7kg
样板喷涂后质量	5.85kg	5.75kg
涂料使用量	0.2kg	0.2kg
工件上漆量	0.1kg	0.05kg
涂料反弹率（%）	50%	75%

注：油漆使用量=喷涂前涂料罐质量-喷涂后涂料罐质量；工件上漆量=样板喷涂后质量-样板喷涂前质量；涂料反弹率=(油漆使用量-工件上漆量)/油漆使用量。

涂装材料的质量和作业配套性是获得优质涂层的基本条件，在满足质量要求和工艺要求的同时，逐渐替换环保型涂料和现场生产材料的二次利用是各涂装线努力推动的工作，力争降低减少污染物的产生。主要实施的项目有：

1）引入新型节能环保电泳漆进行置换。新型电泳漆采用低铅、环保型阴极电泳涂料（铅含量≤120mg/kg），具有高泳透率、低锐边效应、高防腐能力、低密度、低溶剂含量、加热减量较小、烘烤温度低、槽液稳定性高、抗污染能力强、低气泡的优点，通过混槽切换（所谓混槽切换是指在现行品中停止现行品加入，逐步加入同系统的换型品进行产品换型、更新的方法）对在线电泳涂料进行产品换型、升级（由关西CorMaxVI型电泳漆切换成关西新涂料NT-100C）。

2）辅材废弃物回收利用。涂层打磨班组使用的除尘粘性擦布进行回收二次利用，用于白车身擦防锈油和合格车身清除抛光灰使用。

3.4.3 后期工作规划和展望

新型节能减排的成熟技术需要不断推广投入生产中，为创建环境友好型企业，后期车间工艺技术人员制订了工作的思路和规划，主要有：

1）前处理工艺减排措施：采用新一代环保涂装前处理工艺（氧化锆处理和硅烷处理技术）替代目前采用的磷化工艺。新工艺能彻底不用Zn、Mn、Ni、NO_2等有害物质，膜薄（纳米级），少渣或无渣，资源利用率高；可在室温下处理，且处理快速，工艺简化（不需表调和钝化）。

2）RO技术用至电泳后冲洗工艺：电泳涂装反渗透系统（EDRO）加装在电泳漆超滤（UF）装置后，将UF装置透过液进行深度处理，对电泳后的工件进行末级喷淋，并将喷淋后的喷淋水全部逆向返回到电泳槽中，实现高效节约的闭路清洗工序。在清洗工序中基本无废水排放，提高了电泳漆的回收率，减轻了废水处理的负荷，减少了对环境造成的污染，节约了纯水的使用量，使电泳漆利用率超过99%以上。目前EDRO的处理量还不能满足需要，且设备价格较高，EDRO膜容易损坏，无法全面推广，需等待此项技术的进一步完善。

3）应用高固体分涂料：采用高固体分（>70%）清漆，与专用的聚异氰酸酯齐聚物组合，涂膜将获得很高的硬度及良好的弹性。喷涂过程中可根据需要高温烘干（140℃），也可低温烘干（90℃或低于90℃），缩短了烘干时间（10~15min）。在环保方面优点是：高固含量，降低了VOC的排放量。

4）节能型烘干炉：以天然气或柴油为热源的“Π”型烘干室，采用了可燃气体的完全燃烧，燃烧后的高温气体通过逐级利用后排出，能源利用率达70%以上，与传统的对流式烘干相比，热效率能提高1倍左右。从烘干室来的含VOC废气（约160℃），经焚烧炉外壳的废气热交换器加热到500℃左右后再经过燃烧喷嘴四周与天然气一道喷燃，使燃烧室内温度达760℃左右。在760℃废气中的VOC可完全净化，使VOC和CO（一氧化碳）的含量降低，并达到废气能量的综合利用。

3.4.4 综述

从企业的角度解读“低碳减排·绿色生活”，是要求制造企业更关注环境保护和资源的节约，践行自身的社会责任。奇瑞汽车作为自主品牌的先行者，从未停止过对“节能减排”及“低碳”“零碳”工作的探索和有序开展，涂装制造车间作为行业中的一员，责任任重而道远，须做到节能环保，立行业典范。

3.5 车架涂装的工艺技术

刘小刚　王路路

3.5.1 前言

汽车涂装的目的是使汽车具有优良的耐蚀性能和装饰性能，延长使用寿命，提高商品价值。车架是整车的骨架，是汽车的涂装生产中的主要部件之一。特别是对其防腐蚀性能的要求，要满足在整车的使用期内不产生结构锈蚀，因此选择适用的汽车车架的涂装技术，进行正确的生产操作，是保证车架涂装质量的必备条件。

3.5.2 车架涂装工艺分类

根据产品生产制造工艺的要求，对于车架涂装的生产工艺主要分为以下两类：

1）零部件预涂装，总成喷面漆的生产工艺。

① 采用“冲压成形（或辊压成形→冲孔）→喷砂（丸）处理（或酸洗）去掉氧化皮等→漆前表面处理→阴极电泳→烘干→把接、铆接、组装→喷（补）面漆”的生产工艺。

② 采用“冲压成形（或辊压成形→冲孔）→喷砂（丸）处理去掉氧化皮等→漆前表面处理（或清洁表面）→粉末喷涂→烘干→把接、铆接、组装→喷（补）面漆”的生产工艺。

采用零部件预涂装工艺的涂装设备一般比较简单，涂装质量好，不存在缝隙和尖角部位涂不上漆的问题。尤其适用于小批量多品种生产，但这种工艺对焊接结构车架不适合。

2）总成涂装的生产工艺

① 采用“冲压成形→焊接或铆接后组装为车架总成→总成喷砂（丸）去毛刺及焊缝氧化皮等→传统漆表面前处理→阴极电泳→烘干→冷却（根据需要喷面漆）”的生产工艺。

对于焊接结构的车架总成，采用整体喷丸处理可以消除尖角毛刺及焊缝部位电泳时导电不良的现象，但如果喷丸的控制参数不当，则会造成工件表面粗糙度高而影响涂膜的耐蚀性能。因此，要严格控制工件喷丸后的表面粗糙度在工艺要求的范围内，或者根据工件表面粗糙度高的情况适当增加涂膜厚度的控制要求，但这样会增加涂料消耗，提高生产成本。

② 采用“板材酸洗（或喷砂、丸）除氧化皮→冲压成形→焊接或铆接后组装为车架总成→特种漆前表面处理→专用防边缘腐蚀阴极电泳→烘干→冷却（根据需要喷面漆）”的生产工艺。

这种工艺主要是靠采用特殊的前处理和专用的防边缘腐蚀阴极电泳漆解决车架总成涂装时的焊缝和尖角部位涂漆不良的问题。这种前处理与典型前处理不同之处在于在磷化前增加了一道专门改善焊缝电泳效果的处理工序，专用的阴极电泳漆对锐边有良好的防腐效果。

3.5.3 车架涂装工艺过程

涂装工艺是实现涂装体系的过程。根据涂装目的、被涂物的材质、形状、数量、所用涂料的性质、涂装场所的条件等，选定被涂物表面处理方法、涂装材料、涂装方法、干燥方法、涂膜形成后的处理方法等而设计的工艺。涂装工艺主要由四大工序组成，即漆前表面处理→涂漆→干燥→后处理。

1. 漆前表面处理工艺

(1) 白件除锈　由于车架板材多为热轧板，表面存在氧化皮及部分锈蚀，因此首先需要根据工件的具体情况采用酸洗、喷（抛）丸等方法除去其表面的锈蚀及氧化皮，同时应按照 GB/T 8923.1—2011 和产品图样要求进行白件的质量验收。

在满足环保要求的前提下，采用酸洗除锈的过程中，要注意工件酸洗前的表面洁净度和酸洗后的防锈处理，以防止影响酸洗质量和避免二次锈蚀。采用喷（抛）砂（丸）除锈的过程中要注意对工件表面粗糙度的控制，其表面粗糙度值一般应低于 6μm（或低于所要求漆膜厚度的 1/4 ~ 1/5），否则会影响涂层的耐蚀性能和外观装饰性。

（2）涂装线上的漆前表面处理　受车架涂装的质量要求、白件除锈方法、采用涂料的不同等因素影响，其涂装线上所采用的前处理工艺有所不同，分述如下：

1）电泳涂装前的表面处理工艺：

① 传统漆前表面处理工艺：（热水洗）[⊖]→（预脱脂）→脱脂→水洗→水洗→表调→磷化→水洗→（水洗）→纯水洗→新鲜纯水洗。

从节能角度出发，采用新型的低温（≤30℃）或常温脱脂、磷化材料已成为传统漆前表面处理工艺的发展趋势。

② 特种漆前表面处理工艺：（热水洗）→（预脱脂）→脱脂→水洗→（水洗）→酸浸→水洗→水洗→表调→磷化→水洗→（水洗）→纯水洗→新鲜纯水洗。

③ 新型漆前表面前处理工艺：（热水洗）→（预脱脂）→脱脂→水洗→纯水洗→硅烷或锆盐处理→水洗→纯水洗→新鲜纯水洗。

2）粉末涂装前的表面处理工艺：

①（热水洗）→（预脱脂）→脱脂→水洗→水洗→表调→磷化→水洗→水洗→（纯水洗）→水分烘干。

② 喷（抛）丸处理去掉氧化皮等→清洁表面。

③（热水洗）→（预脱脂）→脱脂→水洗→纯水洗→硅烷或锆盐处理→水洗→（纯水洗）→水分烘干。

3）喷（浸）漆前的表面处理工艺：

①（热水洗）→（预脱脂）→脱脂→水洗→水洗→表调→磷化→水洗→水洗→（纯水洗）→水分烘干。

②（热水洗）→（预脱脂）→脱脂→水洗→纯水洗→硅烷或锆盐处理→水洗→水洗→（纯水洗）→水分烘干。

③ 自泳漆前的表面处理工艺：（预脱脂）→脱脂→水洗→（水洗）→酸洗→水洗→（水洗）→纯水洗→新鲜纯水洗。

（3）漆前处理方式及质量控制　采用化学法进行漆前表面处理时，工件通过前处理设备进行喷淋或浸渍处理均可以。

对于采用硅烷或锆盐处理或采用自泳漆涂装的工件要求白件表面必须无锈蚀。

对于磷化处理的工件要求磷化膜外观应完整致密无浮渣，磷化膜结晶以细粒状无空穴为佳，同时根据工件材质不同，其磷化膜质量应满足表3-9或表3-10的要求。

表3-9　浸渍处理磷化膜质量

板材名称	热轧板	冷轧板
磷化膜质量/(g/m^2)	2.0~4.5	1.5~2.5

表3-10　喷淋处理磷化膜质量

板材名称	热轧板	冷轧板
磷化膜质量/(g/m^2)	1.5~4.0	1.5~2.0

⊖ 括号内的工序表示可选择工序。

从环保节能的角度出发，在前处理设备采用逆工序补水的基础上，推荐采用预喷洗技术，即将逆工序补水由溢流改为预喷洗，使工件带到下道工序的处理液尽可能地减少，在提高清洗效率的基础上减少新鲜水耗量。

2. 涂漆

对于车架总成涂装一般采用底面合一有耐候性要求的阴极电泳漆涂装。对于铆接车架的涂装也可采用单件粉末涂装后铆接总成。如总成颜色要求与电泳漆或粉末涂料的颜色不一致或有高耐候性等特殊要求，可在电泳涂装或粉末涂装后喷涂总成所要求的颜色或特殊性能的面漆。对于一些采用喷（浸）漆或自泳漆涂装工艺的车架要按其涂料性能和对涂层质量的要求采用相应的工艺。

1）典型的电泳涂漆工艺为：漆前表面处理→阴极电泳→槽上超滤液洗→超滤液洗→(超滤液洗)→新鲜超滤液洗→纯水洗→新鲜纯水洗→烘干→强冷。

从环保节能的角度出发，电泳后冲洗可采用 ED-RO 或 ECS 技术。

2）典型的粉末涂装工艺为：漆前表面处理→静电粉末喷涂→烘干→强冷。

对电泳或粉末涂装后的车架需进行面漆涂装，其后续工艺为：（打磨缺陷部位)→清洁准备喷漆表面→空气（静电）喷涂面漆→流平→烘干→强冷。

3）典型的喷漆涂装工艺为：漆前表面处理→底漆喷涂→烘干→冷却→(中涂喷涂→烘干→冷却)→面漆喷涂→烘干→冷却。

4）典型的浸漆涂装工艺为：漆前表面处理→浸漆→沥漆→烘干→冷却。

5）典型的自泳漆涂漆工艺为：漆前表面处理→自泳漆→水洗→反应水洗→烘干→冷却。

3. 干燥

涂覆在被涂物上的涂料，在一定的干燥条件下由液态（或粉末状）变成无定形的固态薄膜的过程，称为涂膜的干燥（或固化)。液态涂料靠溶剂挥发、氧化、缩合、聚合等物理或化学作用成膜；粉末涂料靠熔融、缩合、聚合等物理或化学作用成膜。根据涂料的成膜过程不同，涂料可分为热塑性和热固性两大类。根据涂膜的干燥温度不同，涂料可分为自干型涂料、低温固化型涂料、中温固化型涂料和高温固化型涂料。

涂膜的干燥过程与温度、湿度、时间等有关。温度升高，有利于溶剂挥发，氧化聚合等固化反应也加速，因此适当升温对涂膜的干燥有利，对某些涂料可以通过提高烘干温度来缩短烘干时间。而湿度升高对溶剂挥发起抑制作用，易使挥发型涂料的涂膜发白，故空气湿度应较低。涂膜的干燥程度明显地影响其附着力和耐蚀性能，必须严格执行烘干规范。

涂膜的烘干规范包括烘干温度和烘干时间。涂膜的烘干时间包括升温时间和保温时间。升温时间是指工件进入烘干室后表面温度由室温升高到规定的温度所需的时间。升温时间随涂料品种的特征有所变化，如电泳涂料、粉末涂料的升温时间可稍短，控制在 10min 以内；溶剂型涂料和厚涂层的升温时间可稍长，控制在 10 ~ 15min，以避免升温过快使涂膜产生针孔和起皱等漆膜弊病。保温时间是指工件表面温度升高到规定温度后应持续的时间，保温时间必须满足烘干规范的要求，才能确保涂膜的干燥程度符合要求。

烘干规范通常由涂料厂推荐，经生产厂根据现场条件和对产品涂膜的性能要求试验后确定。各类涂层的烘干规范参考值见表 3-11。

表3-11 各类涂层的烘干规范参考值

项 目	电泳漆	粉末涂料	溶剂型漆	水性漆	自泳漆
干燥条件	(160~180)℃×保温20min	(180~200)℃×保温15min	低温型：80℃×保温15min 中温型：110℃×保温20min 高温型：140℃×保温20min	低温型：80℃×保温15min 中温型：110℃×保温20min 高温型：140℃×保温20min	115℃×保温30min
工件表面最大温差	±3℃	±3℃	低温型±2℃ 中、高温型±3℃	低温型±2℃ 中、高温型±3℃	±3℃

注：表中所示温度为工件表面温度。

4. 后处理

对涂装后的车架总成涂膜缺陷部位（如装挂点、漏涂点、严重流痕、磕碰伤等）按相关规定进行修补及按产品图要求，对无涂膜防护的易锈蚀表面（如标牌、涂装后装配的螺帽等）进行防锈油保护。对出口车架一般需要进行涂蜡保护。

3.5.4 车架总成涂膜质量控制

对于车架总成的涂膜质量控制主要有以下几个方面：

1）漆膜外观应平整均匀，允许有不严重流痕，不允许有露底、针孔、缩孔等漆膜弊病。

2）涂膜厚度按采用不同涂料及涂装体系而确定，单涂层一般为25~40μm，多涂层一般为50~80μm。

3）机械性能中的附着力采用划格试验应≤1级；铅笔硬度一般≥H；抗石击性单涂层≤2级，多涂层≤4级。

4）耐盐雾腐蚀性要求≥504h，出口车架耐盐雾腐蚀性要求≥720h；耐湿热性要求≥240h。

5）耐候性要求氙灯老化试验通过200h或400h，对无上装的车架要求氙灯老化试验通过600h或800h。

6）耐车用化学品性、耐碱性、耐酸性、耐温变性、耐水性等按相应的车身涂层要求控制。

3.5.5 涂装作业安全规程

前处理设备操作按照GB 7692—2012《涂漆作业安全规程　涂漆前处理工艺安全及通风净化》进行。

空气喷涂操作按照GB 14444—2006《涂装作业安全规程　喷漆室安全技术规定》进行。

静电喷涂操作按照GB 12367—2006《涂装作业安全规程　静电喷漆工艺安全》进行。

静电粉末喷涂操作按照GB 15607—2008《涂装作业安全规程　粉末静电喷涂工艺安全》进行。

浸漆操作按照GB 17750—2012《涂装作业安全规程　浸漆工艺安全》进行。

烘干室操作按照GB 14443—2007《涂装作业安全规程　涂层烘干室安全技术规定》进行。

3.6 轿车线上、售后涂膜修补工艺探讨

杨学岩　白扬　张珂珈（一汽轿车股份有限公司）

3.6.1 引言

涂装面漆修补工艺是涂装生产线、总装生产线以及售后服务的一道重要的工艺步骤。面漆涂膜修补质量的好坏直接影响轿车外观质量、涂膜性能。下文将涂装生产线、总装生产线、售后生产线的面漆修补工艺进行了较全面的论述及对比。

3.6.2 涂膜修补的分类

（1）涂装生产线涂装后涂膜修补　车身经过面漆喷涂后，如发现涂膜表面出现针孔、缩孔、颗粒、色差、橘皮等质量问题时，需根据涂膜缺陷的修补程度，在涂装车间修饰工位、点补工位以及大返修工位进行漆膜的打磨、补漆、抛光等工作，从而消除漆膜缺陷，为总装工艺提供合格的面漆车身。

（2）总装生产线涂膜修补　车身经过总装工艺装配成整车后，如发现车身在装配过程中出现漆膜磕碰划伤问题或由涂装工艺带来的涂膜问题，在总装车间涂膜修补间通过钣金整形、打磨和油漆修补等工艺手段对受损或问题涂膜进行修补，从而消除缺陷，为销售部门提供合格的整车。

（3）售后涂膜修补　根据客户需要，对因事故等原因造成的钣金变形和油漆破损在“4S”店内涂膜修补间通过钣金整形、腻子填充和油漆修补等手段，最大限度地恢复车身原有的外观和功能，为客户提供合格的整车。

3.6.3 涂装生产线漆膜修补工艺

1. 涂装生产线漆膜修补工艺流程

涂装生产线涂膜修补工位布局如图3-26所示。

涂装生产线涂膜修补，主要为修补面漆后产生的各种质量问题，如缩孔、针孔、颗粒、发花等，其主要的工艺流程如下：

检查车身—确认缺陷位置—打磨抛光—擦净—对补漆位置边缘进行遮蔽—补漆—红外烤灯（或热风枪）对缺陷位置进行烘干—用压缩空气吹凉补漆部位并进行打磨—打磨位置抛光—抛光影消除—擦净车身—交车。在整个工艺流程中应特别注意以下几点：

（1）检查车身的正确路线　“S”形检查，即由上到下检查并进行圆打磨，以确保无遗漏，如图3-27所示。

（2）打磨要点　对于大面积涂膜缺陷，可采用打磨机进行打磨。当待修补面积较小或

图3-26　涂装生产线涂膜修补工位布局

者外形比较复杂时，通常采用人工打磨，故人工打磨的操作手法直接影响缺陷的消除程度，甚至会影响补漆后的质量，不恰当的操作方式会导致补漆后二次缺陷的产生。以下是几种常用的人工打磨方式：

1）接口处打磨。在缺陷边缘应采用合适型号的砂纸进行过渡打磨，并做出羽边状，其坡度越缓，其补漆后的效果越好。

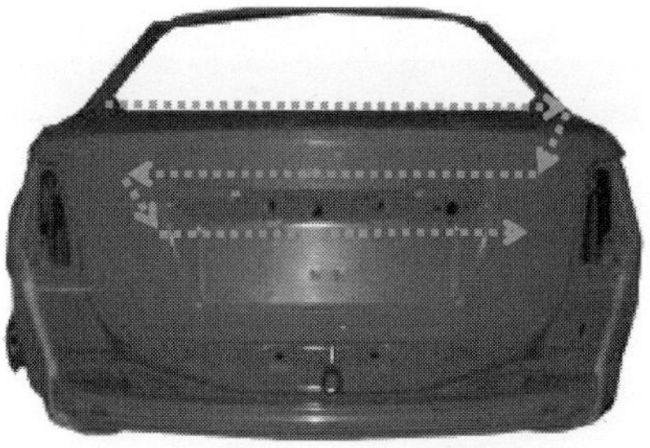

图3-27 检查车身面漆车身缺陷路线

2）面积手法。将打磨用砂纸折三折，使每面砂纸在使用时都有一定的厚度，操作起来较为顺手。对于缺陷采用通常所说的“画圈打磨法”“手指打磨法”对缺陷进行打磨。在许多主机厂，还使用柠檬打磨块、打磨机配合砂纸一起进行打磨。但无论何种打磨方式都应特别注意砂纸压在被磨物上的压力不要过大，应尽量轻地在被磨物表面进行打磨。

（3）遮蔽、擦净要点 遮蔽、擦净的范围要大于修补的面积，以保证喷涂修补漆时可以均匀地过渡，无明显的分界痕迹。

（4）补漆要点

1）修补底漆的喷涂。如出现打磨露底的现象，要及时喷涂修补底漆，一方面保证露底部位的防腐性能，另一方面对于红色、白色等遮盖力较差的颜色，可以起到辅助遮盖的作用，即露底后补漆的周围无明显色差。修补底漆的喷涂通常也采用人员喷涂方式进行。一般要求操作者与制件保持一定距离，采用虹吸或重力式喷枪对打磨露底位置进行喷涂。要求把缺陷位置盖住即可，膜厚控制在8～10μm，以确保涂膜附着力。图3-28所示为修补底漆喷涂后的制件状态。

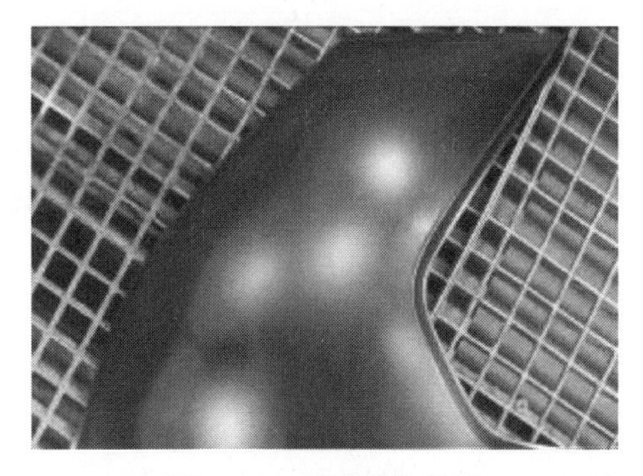

图3-28 底漆喷涂效果

2）修补色漆的喷涂。在对缺陷位置补色漆时，应注意先将露底部位实喷遮盖，在边缘部位进行喷涂顺色。对于金属漆、珍珠漆（珍珠层）的修补喷涂会出现金属、珍珠不均的现象。尤其对于三涂层珠光漆，一旦形成珍珠不均时，要完全消除不均是极为困难的，这是因为在珍珠层所使用珍珠云母颜料色半透明特性。所以，必须使用银粉漆涂装中消除银粉不匀的技巧来喷涂珍珠层，例如：加大喷枪距离，采用正确的重叠幅度，以免产生珍珠不匀。因此，喷涂一个均匀涂膜是很重要的。

2. 涂装生产线打磨材料、工具的选择

打磨类的材料主要以水砂纸为主，用水砂纸的目的是减小或消除打磨过程中的打磨灰附着于车身表面，产生颗粒缺陷。同时，这种砂纸的砂粒没有明显的棱角，可有效地减少打磨痕的产生。水砂纸需要用纯水浸泡一定时间后，方可使用。这里需要特别注意的是，不可以使用涂装车间内的工业用水，因为工业水含有的Na^+、Cl^-会使后续涂层产生针孔、缩孔等涂装质量缺陷。砂纸的型号通常根据所需要打磨的涂层、打磨面积以及打磨深度不同而有所区别。涂膜修补用的磨料实例见表3-12、图3-29、图3-30为典型的抛光、打磨设备。

表 3-12　涂膜修补用磨料实例

种　　类	材料型号
砂纸	P1000、P1200、P1500、P2500、
抛光	抛光液、抛光膏
工具	气动打磨机、气动抛光机

图 3-29　气动抛光机（配合羊毛轮使用）

图 3-30　气动打磨机（配合砂纸使用）

砂纸号越高，其磨料颗粒度越小，打磨越精细，打磨后的漆膜表面越平整，但不是所有的打磨工序都选用高砂纸号的打磨材料。在工艺规划时必须结合打磨工位的设计节拍、常见打磨缺陷种类、打磨的面积和深度综合考虑，才能得到较好、较快的打磨效果。

3. 涂装生产线补漆材料的种类

（1）修补底漆　当出现打磨露底的情况时，为保证修补位置补漆后的涂膜性能，需要喷涂修补底漆后方可进入下一道工序的喷涂。对于遮盖力较低的色漆，例如红色、白色，如打磨露底后不喷涂修补底漆，其修补位置易出现极为明显的打磨印痕，如图 3-31 所示。

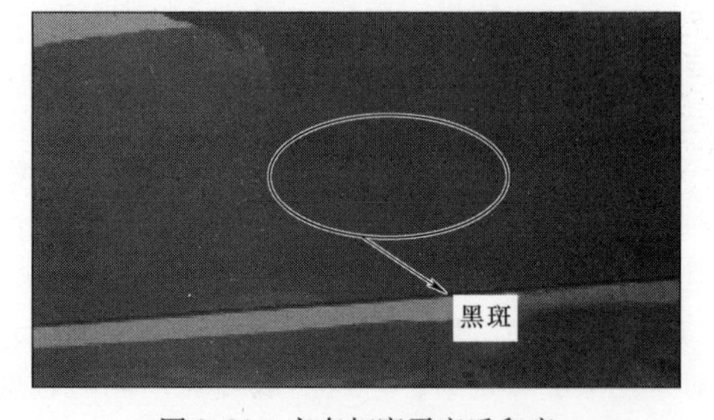

图 3-31　实车打磨露底后印痕

涂装生产线通常使用双组分快干修补底漆对打磨露底的位置进行补漆。此类底漆喷涂后的涂膜具备一定的涂膜力学性能以及防腐性能。通常，修补底漆的某些力学性能应达到与轿车车身涂膜相同的要求，以保证整车涂装质量。修补底漆涂膜性能见表 3-13。

表 3-13　修补底漆涂膜性能

性　　能	技术要求
附着力	0～1 级
抗石击	≤4 级

常见的汽车修补底漆主要成分为环氧树脂和丙烯酸树脂。修补前将其与稀释剂按照一定比例混合，喷涂于打磨露底位置，厚度一般为 10μm 左右，以刚刚盖住基材为佳，因该材料

喷涂过厚会导致附着力下降。混合后的涂料尽量在4h之内用完，以免失效带来后续问题。但众所周知，修补底漆的防腐性能不如阴极电泳漆，故在打磨过程中，注意操作手法，尽量减少打磨露底的情况发生是至关重要的。

（2）修补面漆　生产线对面漆后车身局部进行缺陷消除，称为点补。目前各主机厂通常采用两种修补工艺方式：

1）采用车身用高温色漆、清漆进行补漆的方法。修补色漆采用与车身相同的高温色漆以及清漆，对缺陷位置进行喷涂后用烤灯烘干。此方式可有效避免由于修补材料带来的色差风险。同时，降低了涂装基本生产用辅助材料成本。该方法在众多主机厂内使用，是涂装生产涂膜修补的典型工艺。但对于生产线来说，基于生产节拍的考虑，有些缺陷在修饰工位可直接完成，无需在专门的点补工位进行修补。对于这样的快速补漆的方式，通常采用温度略低的单组分修补清漆，但喷涂后必须采用热风枪进行烘干固化以保证涂膜的附着力、硬度等性能。

2）采用低温修补材料进行补漆的方法。一部分主机厂也采用低温修补技术，其方法适用于非主要区域的小面积缺陷或靠近边缘区域的修复。此方法的主要问题是修补漆车身修补部位与周围的色差问题。如果修补漆与车身漆采用不同的色漆供应商，由于配方的差异，这种色差问题会尤为突出。所以，选用这种方式的主机厂，应注意采用同一家材料供应商，在开发车身漆同时开发低温修补色漆。另外由于低温漆用量少，故涂料采购成本较同颜色车身漆较高，同时低温漆经稀释后必须在规定时间内使用，故其使用成本也较高。

3.6.4 总装生产线涂膜修补

（1）总装生产线涂膜修补工艺流程　总装生产线对涂膜的修补，与涂装生产线涂膜修补工艺基本相同。主要的工艺流程如下：

钣金修整—识别缺陷部位—对缺陷部位进行打磨处理—擦干—对补漆位置边缘进行遮蔽—补漆—烤灯或烤枪烘干—晾干—抛光—擦净车身—交车。

该工艺过程中遮蔽、擦净、补漆的要点与涂装线上涂膜修补要点一致。

（2）总装生产线涂膜修补打磨材料、工具的选择　打磨材料、工具的选择方式也与涂装线涂膜修补的原则一致，均采用水砂纸进行湿打磨。

（3）总装生产线涂膜修补补漆用材料　总装涂膜修补通常为小面积修补，同时修补量相对较少，与涂装生产线相同，如出现打磨露底的情况也需要喷涂修补底漆后再喷涂色漆及清漆。但由于烘烤设备的局限性，总装的涂膜修补清漆采用丙烯酸类双组分清漆材料。

3.6.5 售后涂膜修补工艺设计

轿车售后的涂膜缺陷多为事故所致，表现为严重的底材变形，较深的划痕和大面积的油漆脱落等，因存在旧漆的清除和与新旧漆的结合等问题，所以售后涂膜修补工艺在工艺流程中更为复杂，同时使用的修补用材料、补漆方式也有其独特之处。

（1）售后涂膜修补工艺　售后涂膜修补工艺的主要流程为：钣金整形—羽状边打磨—腻子填充—腻子打磨—中涂底漆—底漆打磨—色漆喷涂—清漆喷涂—烘干—缺陷处理及抛光。

该工艺的要点如下：

1）色漆补漆要点。售后维修车辆由于其生产年份、使用时间不同等因素，都不同程度地存在色差。所以，在喷涂色漆之前，必须要进行调色，即在原有涂料的基础上，根据缺陷处的颜色状态进行调整。但即便如此，也不能做到与待修颜色完全一致，这就需要在喷涂时使用过渡喷涂的技巧进行“掩饰”。在进行过渡喷涂前，必须把色漆过渡的区域用1000#左右的砂纸打磨均匀，目的是提供足够的附着力且有利于银粉的规则排列。色漆喷涂时，仅对于损伤区域进行遮盖，然后向外由浓到淡喷涂进行颜色过渡。

2）清漆补漆要点。清漆通常是整个板块重新喷涂，也可以在工件较窄或者不明显的部位进行驳口处理。驳口处理是指将驳口水喷洒在新旧清漆结合部位，使其融合在一起。驳口部位烘干后是粗糙的，如图3-32所示，需要进行打磨和抛光处理。

（2）售后涂膜修补用打磨材料、工具的选择　由于受作业环境的限制，在油漆的售后维修过程中，各种缺陷如脏点、流挂、橘皮等都是难以避免的。另外，人工刮涂的腻子在中涂前也需要研磨平整。与生产线相比，打磨的工作量是相当大的。为了尽快修复这些问题，在打磨方式的选择上，售后维修通常以机械化的干磨为主，常用的设备是气动或电动的集尘式干磨机，如图3-33所示。在磨料的选择上也更加严格，既要考虑下道工序对砂纸痕的遮盖极限，也要顾全工作效率，表3-14是售后维修砂纸的使用顺序。

图3-32　驳口处理效果

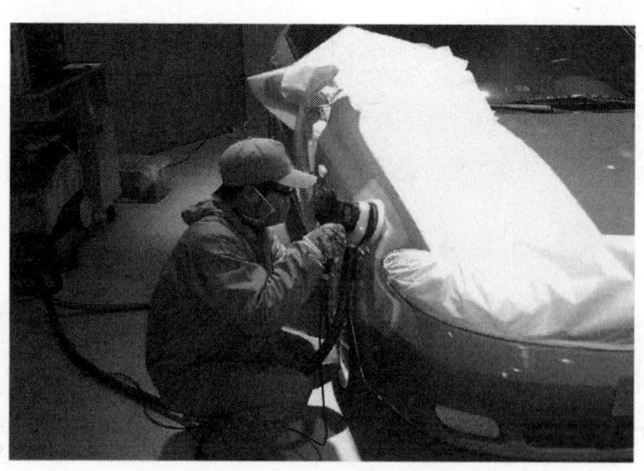

图3-33　集尘式干磨机

表3-14　典型售后涂膜修补用砂纸型号

工　序	砂纸使用顺序
羽状边打磨	P80—P120—P180
腻子打磨	P80—P120—P180—P240
中涂底漆打磨	P320—P400—P500
清漆缺陷消除	1000#～2000#

（3）售后涂膜修补用修补漆的选择　售后维修使用修补漆主要是中涂底漆、色漆和清漆。其中色漆种类与生产线没有明显差异，中涂底漆有单组分和双组分两种，双组分底漆填充性和研磨性更好，清漆则全部是双组分产品，烘烤温度60℃，也可以常温固化。

（4）售后生产线针对塑料件涂膜的修补　售后的生产线其修补范围基本一致，除钣金件以外还有很大一部分为塑料件。一般塑料件的原材料为热塑型PP或ABS，故其内应力较钣金件要大，同时不耐高温，故其烘干温度一般在80℃左右。与修复钣金件不同，其制件整形过程中与钣金件差异较大。在总装车间如发现保险杠变形的情况，一般来说采用更换新件的方式，但对于售后一般以修复变形为主。下面就以热塑性聚丙烯树脂保险杠为例，介绍塑料件的涂膜修补工艺。

1）新塑料件的维修。对于新更换的塑料件，在喷涂色漆前需要进行表面处理，为防止低温时涂膜龟裂同时增强附着力，还需要在色漆中加入弹性剂，具体工艺过程如下：

预热60min×60℃清除工件上的脱模剂—除油剂清洁—喷涂附着力促进剂—喷涂塑料底漆或添加了弹性剂的双组分底漆—烘干—打磨—喷涂添加弹性剂的色漆—喷涂清漆—烘干—缺陷处理及抛光。

为了简化新塑料件的工艺流程，大部分4S店均采用已喷涂过塑料底漆的原厂配件，只需进行打磨和清洁即可喷涂面漆。

2）修复PP保险杠变形位置。对于受外力而发生变形的保险杠，需要从车上拆下进行修补，以防止修复过程中损坏其他相邻部件。保险杠变形部位修复方法如下：

① 使用红外线灯使保险杠表面温度达到40℃，保持10～20min，升高变形周围的温度。

② 将变形部位的表面温度升到60℃保持5～10min，使大的变形部位恢复到原来的状态。

③ 用手修正其余的小的变形。

3）修复PP保险杠开裂位置。对于受外力而发生开裂的保险杠，同样需要从车上拆下进行修补，为保证保险杠光面和粘结剂之间的附着力，需要喷涂附着力促进剂。保险杠开裂部位修复方法如下：

① 用120#砂纸在裂纹处打磨V型的沟槽，在末端钻孔以防止裂纹进一步发展，如图3-34所示。

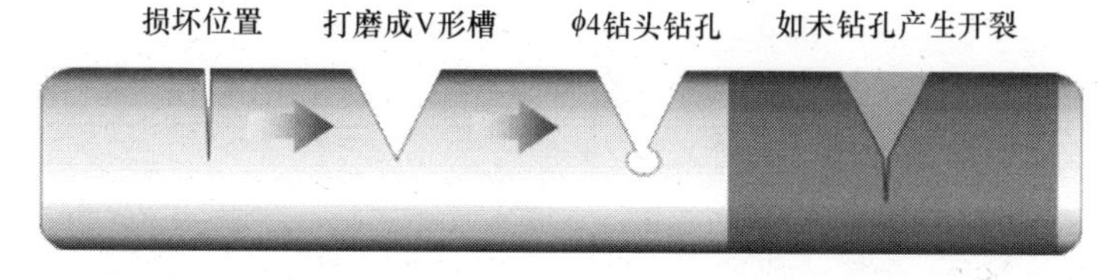

图3-34　防止裂纹扩展的处理方法

② 清洗保险杠裂纹背面和周围区域的油脂，喷涂附着力促进剂。

③ 将环氧或聚酯粘合剂与固化剂完全混合涂在保险杠的后面。

④ 在开裂部位末端固定一块辅助材料（如薄铁板），用夹子压入其位，消除裂纹产生的高度差别。

⑤ 在涂粘合剂的部位，固定一块玻璃纤维布，用刮刀将淌到纤维带外面的粘合剂刮到纤维布表面上，形成平的涂层。

4）PP保险杠的补漆。保险杠的补漆方式、手法与钣金件基本一致，不同的是，其采用的色漆与钣金件不一致，属于弹性色漆，以对应内应力较高的塑料件产品在烘干、冷却的工程中由于释放应力导致的涂膜开裂或附着力不佳等问题。

3.6.6　轿车线上、售后涂膜修补工艺对比

（1）工艺流程差异　尽管三种涂膜修补的主要流程基本一致，但由于涂膜问题的原因不同，连带修补车身的状态不同，其工艺流程仍然存在一定的差异。目前，车身焊装、涂装、总装由于过程控制严格，很少出现无法修复的钣金缺陷，故该工艺步骤一般不作为正常的涂膜修补的工艺流程。但作为售后的涂膜修复，车身缺陷大多是由于外力所致的磕碰伤，所以钣金修饰、腻子处理是较为关键的一步。

（2）喷涂方法差异　在售后处理由于要考虑新、老涂层的结合问题，所以在喷涂清漆

前必须进行清漆喷涂驳口处理。

（3）补漆用材料差异　从产量、成本、外观质量多方考虑，大多数的涂装生产线涂膜修补一般采用高温色、清漆进行修补。而总装生产线、售后的涂膜修补一般采用双组分快干漆进行修补。同时，售后待修车身由于用户已经使用一段时间，车身颜色已经发生一定变化，所以在喷涂修补漆之前在修补涂料中加入色浆进行调色处理。售后修补涂料调色流程如图 3-35 所示。

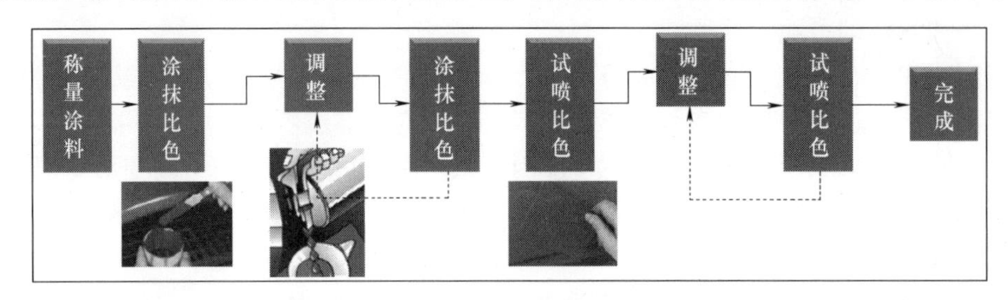

图 3-35　售后修补涂料调色流程

（4）待修部位的基材差异　轿车涂膜的修补由于待修件基材不同，导致其在涂装生产线、总装生产线以及售后的修补工艺流程存在一定差异。表 3-15 为不同修补地点所涉及的修补范围。

表 3-15　各修补地点的修补范围

涂装生产线	总装生产线	售　　后
面漆后车身（钣金件）	面漆后车身（钣金件） 保险杠等外饰颜色件（塑料件）	面漆后车身（钣金件） 保险杠等外饰颜色件（塑料件）

涂装生产线所涉及的修补位置，均为钣金件，多为冷轧板、热镀锌板以及电镀锌板材，部分为铝件，修补位置多为车身外表面。由于车身在涂装生产线的涂膜修补，一般没有钣金变形的问题，故以单纯消除涂膜缺陷为主。

总装生产线的修补范围除钣金以外，还包括保险杠等塑料件修补。其中，总装的塑料件修补主要以小面积的涂膜缺陷为主，例如轻微划伤、抛光影或小面积颗粒等问题。如果出现较大面积的涂膜缺陷或是磕碰伤，一般直接通知外协件供应商更换新件。

而售后生产线塑料件同钣金件一样，是其涂膜修补工作的重要组成部分，同时售后塑料件涂膜修补在补漆之前的处理工作要更繁琐一些。

（5）涂膜修补后质量判定方式的差异

1）涂装、总装涂膜修补后质量要求。涂装、总装生产线对于涂膜修补的质量判定方式较为严格，被修补部位的膜厚、附着力、冲击性能、硬度要求与未修补区域一致。同时，涂膜的外观如色差、橘皮、光泽度等特性值也要求与未修区域一致。表 3-16 为典型复合涂层性能要求。

表 3-16　典型复合涂层性能要求

项　　目	技术要求
膜厚	98 ~ 300μm
附着力	≤1 级
耐冲击	≥294N · m
抗石击	≥4 级

2）售后涂膜修补后质量要求。售后维修受车辆损伤程度、作业条件等因素限制，涂膜质量不可能完全恢复至车辆出厂水平，其主要目的在于对车身原本外观的还原，涂膜质量检查方法也均为自然光线下的多角度目测。售后维修的涂膜在外观上需要达到与车身整体一致，要求无明显色差以及金属漆银粉不均。

3.6.7 综述

轿车车身在生产线上、售后的涂膜修复，由于缺陷产生的原因不同，故在修补工艺处理方式、材料的选择以及打磨、修补的操作手法上既有相似之处，又存在一定差异。但无论在生产线还是在售后修补线上，如何在最短的时间内有效完整地将涂膜修复，都是主机厂、汽车销售部门提高市场竞争力、降低成本的重要因素，故制订合理的工艺流程是提高涂膜修补效率最基本的保障。

3.7 静电喷涂技术及机械手喷涂工艺

潘宗刚 汪维孝 谢传勇（奇瑞汽车股份有限公司）

3.7.1 前言

静电喷涂技术已成为当今汽车车身中涂、面漆涂装工艺的主流技术。因为它具有很多优点得以普及，涂装三车间采用的是德国 DURR 公司机械手高转速杯式静电喷涂机器人，机械手静电喷涂机器人主要的常见工艺参数见下文。

3.7.2 油漆喷涂流量

机械手静电喷涂机器人的油漆量一般设置为 100～720mL/min，它是单位时间输给旋杯的涂料量，又称喷涂流量、出漆量。当其他参数不变的情况下，流量越低，其雾化颗粒越细，但同时漆雾中的溶剂挥发量增大，直接导致橘皮、膜厚偏低等质量缺陷；涂料流量过大的同时，会影响它的雾化效果，会使旋杯过载，造成雾化困难，产生滴漆、流挂、气泡等不良现象。

在实际的喷涂过程中，因每台机器人喷涂的区域不同，可以设置不同的流量。另外由于被涂物的外形变化的原因，旋杯的涂料流量也要发生变化。当喷涂汽车的三盖时喷涂流量要大，喷涂门的立柱、窗立柱、边角区域时，喷涂流量要小，并在喷涂过程中准确设置涂料流量，这也是提高涂料利用率的重要措施之一。80% 漆液从旋杯内部通过旋杯和旋杯中部的分配盘之间的间隙流出，20% 漆液通过分配盘中央的开口流出，以均匀厚度的膜层流过旋杯的边缘，并在该处雾化，如图 3-36 所示。

3.7.3 旋杯的整形空气流量

机械手静电喷涂机器人的整形空气流量一般在 100～500NL/min 内调整，它的作用是调整漆雾的幅度，并将漆雾推向被涂物，防止漆雾扩散或往后反弹而污染旋杯和雾化器。该气体从旋杯后侧均匀分布的小孔中喷出，用于限制喷涂幅度，喷涂幅度的大小和漆膜的厚度有直接关系，如图 3-37 所示。同时整形空气压力过高，会引起干扰气流，比较容易污染喷涂器具；当整形空气压力过低时，对喷涂幅度影响小，是喷涂产生相反的结果，但也会造成旋杯的污染，为预防涂料残留在喷涂器具上，需要根据涂料量和实际经验准确地调整整形空气。

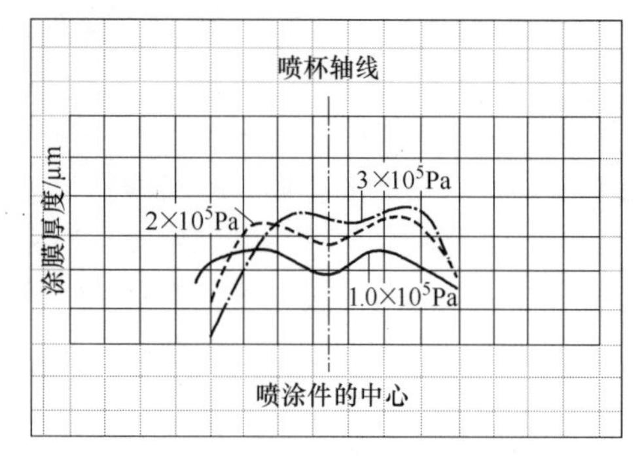

图 3-36　旋杯中的漆液和成形空气

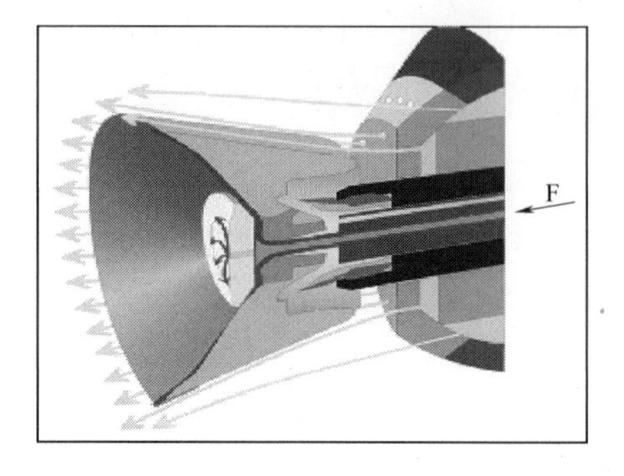

图 3-37　厚度与成形空气压力的关系曲线

整形空气是通过一个成形空气环部件产生的，一个成形空气环有多个喷气孔，以环形分布（出风孔），成形空气通过这些孔从雾化装置中流出。对于较小喷嘴环的成形空气形成一个较宽的喷涂锥形，该较宽的喷涂锥形在喷涂较大面积时有优势。较大喷嘴环的成形空气形成一个较窄的喷涂锥形，该较窄的喷涂锥形在喷涂较小的面积和局部喷涂时有优势。

3.7.4　油漆喷涂电压值

机械手静电喷涂的电压一般在 40～70kV 内调整，在高转速杯式静电涂装场合，旋杯喷枪为负极，接地的被涂物车身为正极，在两极间施加高电压后产生的强静电场将靠离心力机械雾化的漆颗粒带上负电后进一步雾化并传输到接地的被涂件上。利用的是同性相斥、异性相吸的原理。所以高电压值的大小，直接影响静电涂装的静电效应、上漆率和涂膜的均匀性。若雾化器到车身的距离一定时，电压值越高，静电场越强，漆滴的荷电量随电压增高而增大，则吸引力也就越大，上漆率越高。但是高电压值不是越高越好，在喷涂中，当其电场强度超过设定范围时，会产生火花放电，而且油漆的边角效应加强，造成边角容易积漆和流挂，同时静电涂装的涂料上漆效率与工作电压呈非线性关系，如图 3-38 所示。当电压值低时，会导致上漆率过低，这时喷出的油漆就变成雪花状的散团，覆盖到车身表面的油漆过少。

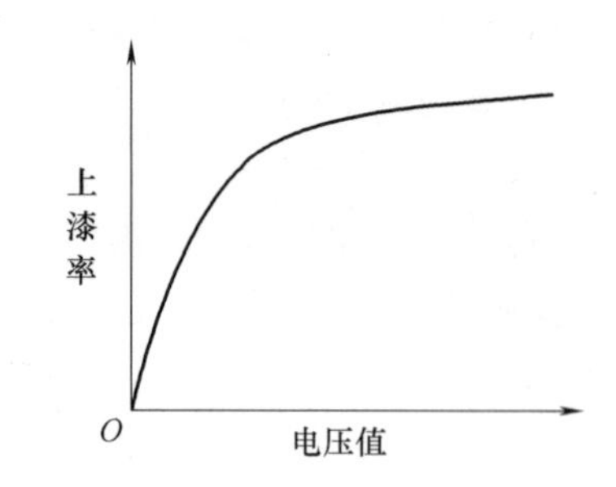

图 3-38　电压值与上漆率非线性关系

3.7.5　油漆喷涂旋杯转速

旋杯的转速是漆液雾化的一个重要参数，机械手静电喷涂机器人采用转速为 30000～60000r/min 的杯形喷头，所产生的强离心力使涂料雾化得很细，涂料液滴直径可雾化到50～100μm。一般认为，可形成优良漆膜最大液滴直径为 375μm（直径越小，漆膜的平滑度、鲜映性就越高），使喷涂后车身外观质量，特别是平滑度、鲜映性、光泽能提高 1～2 个档次。

采用机械手高转速旋杯静电喷涂的车身，消除了由人工和管道等所带来的尘埃，减少了车身漆面的颗粒和返修率。

色漆站的旋杯相对较小，中涂和清漆站转速较高。当其他参数不变的情况下，油漆喷涂量提高时，要求旋杯转速也要提高，这样才能达到最佳喷涂效果。通常情况下，旋杯转速越高，输漆量越大，漆膜厚度也相应增厚，雾化效果也越好，如图3-39所示。旋杯转速的高低，对色漆表层的干湿也有直接影响。如夏季空调制冷系统出现故障，喷房环境温度较高，色漆表层表现较干的漆膜状态，油漆调整后不能很快到达枪站，这时，可适当降低旋杯转速，来避免色差、失光等缺陷的产生。需要注意的是旋杯若长期设定在60000r/min运行的，会导致旋杯的损伤，如轴承的过量磨损等。通常旋杯转速的设定值不得大于55000r/min。

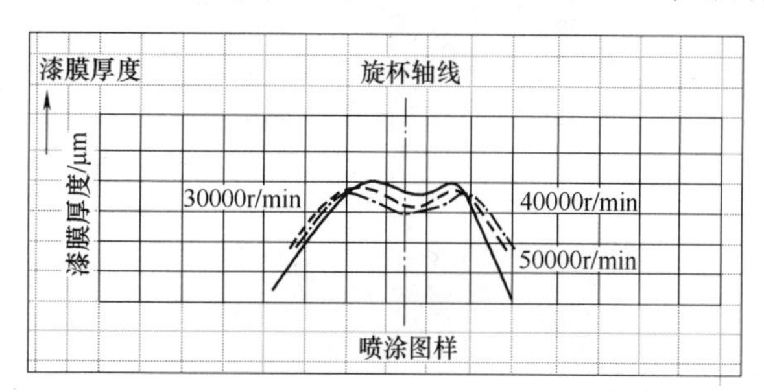

图3-39 漆膜厚度与转速的关系曲线

3.7.6 参数的过载百分比设置

在所有参数里有个过载百分比设置，一般情况下过载参数均在100%，过载参数油漆的喷涂流量、整形空气量、旋杯电压值、旋杯转速等。过载百分比在一些特定场合设置较为合适和方便。

由于产量加大原因，需要提高单小时过车量，下面就以清漆喷涂站为例进行介绍。目前机械化运行链速为4.5m/min，为提高产量链速应提高至4.7m/min，此时车身极易出现漆膜厚度降低或橘皮、少漆等质量问题。针对一种车型和一种颜色参数喷涂刷子有40多组，此时单个优化参数将相当困难。那么当通过简单计算，即（4.7~4.5）/4.5×100%≈4.5%，在过载窗口里直接增加喷涂流量4.5%或5%就可以达到理想目标。

在冬季当加热蒸汽设备突然异常或出现故障时，喷房温度达不到理想的工艺范围，那么很难通过油漆调整提高施工粘度来预防流挂缺陷。在这种情况下就可以不调整油漆喷涂参数，直接将流量过载百分比下降5%~10%进行相对预防即可。

3.7.7 主针参数控制

主针参数主要是机器人在喷涂过程中，控制雾化器开枪和关枪的喷涂位置的。控制主针的开关枪，对于解决如车身的翼子板尖角流缀问题和降本增效起到了一定的作用。

下面就以奇瑞A3车型中涂站R13机器人为例，来说明主针参数设置的重要性。

例一：优化控制翼子板尖角流缀问题如图3-40所示。

图3-39仿形轨迹点运行至①位置时，设置主针关闭，其坐标值为X：-535，Y：-852，Z：378，XR：-87，YR：-5，ZR：-14；当轨迹运行至②位置时，设置主针开启，其坐标值为X：-55，Y：-909，Z：413，XR：-87，YR：-5，ZR：0。

例二：降本增效方面如图3-41所示。

图3-40仿形轨迹点运行至①位置时，设置主针关闭，其坐标值为X：1188，Y：-76，

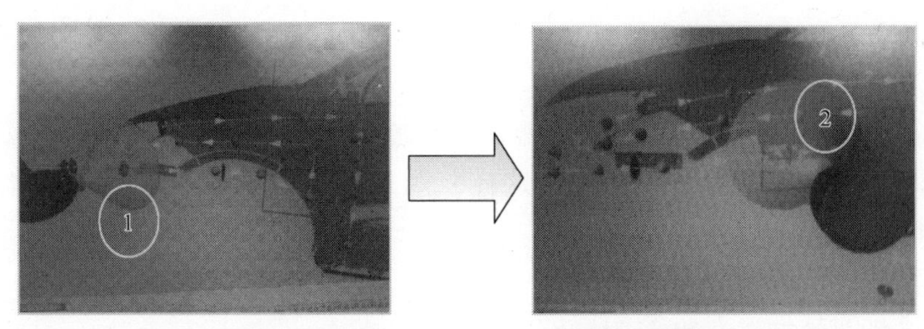

图 3-40　优化控制翼子板尖角流缀问题

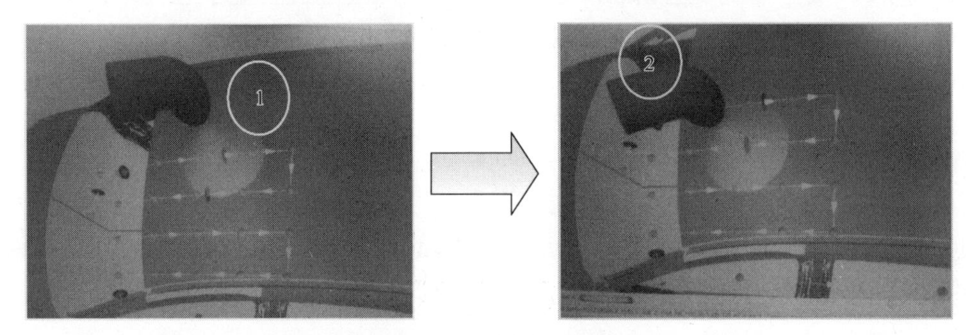

图 3-41　降低增效

Z：1164，XR：176，YR：1，ZR：118；当轨迹运行至②位置时，设置主针开启，其坐标值为 X：1133，Y：-226，Z：1155，XR：175，YR：1，ZR：12。

3.7.8　喷涂仿形优化设置

机械手静电喷涂机雾化装置在运行时，其在坐标空间里包括 3 个线性轴和 3 个方向轴，如图 3-42 所示，线性轴为 *X* 轴（左右移动）、*Y* 轴（前后移动）、*Z* 轴（上下移动）。对于车身的位置，不仅在坐标空间中定义的位置是重要的，还有它们的方向轴（即角度）也很重要。通过 3 个旋转角度（XR、YR、ZR）的规定，可以明确地说明方位。XR：绕 *X* 轴的扭转，YR：绕 *Y* 轴的扭转，ZR：绕 *Z* 轴的扭转。机械手静电喷涂机器人共可分为 6 个轴，其运行自由度范围很大，每个轴都有不同的运行作用见表 3-17。

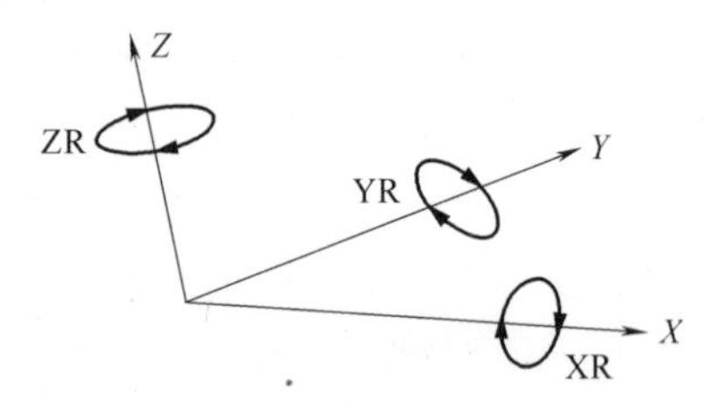

图 3-42　机械手静电喷涂雾化装置的坐标空间

表 3-17　机械手静电喷涂机器人各轴的运行作用

轴的运动范围	轴 1	±115°
	轴 2	+65/−80°
	轴 3	±80°
	轴 4 ~ 6	±540°

在进行仿形制作和优化时不但要考虑喷涂旋杯与车身的运行轨迹是否符合喷涂三要素、是否达到质量要求，同时也应注意喷涂过程中轨迹运行是否美观、圆滑等。当车身后盖立面上漆率不够理想时，可以通过修改线性 *X* 轴坐标点和方向（角度）*YR* 轴坐标

点，如喷涂仿形符合喷涂三要素，直接优化喷涂参数即可。当车身曲面过多时，可以通过增加仿形点，让仿形轨迹和车身的曲面最为接近，从而达到较佳的喷涂效果。在生产过程中要不断发现不足之处，并优化仿形，使机器人的油漆利用率、喷涂质量、边角效应等达到最佳的效果。

3.7.9 喷涂机器手臂的运行速度

机器人的喷涂运行速度也是影响喷涂仿形的重要参数之一，速度参数对于漆膜厚度和外观等质量要求起到了重要作用。实际喷涂过程中，喷涂机器人所喷涂的车身面积不可能是完全相同的，因此喷涂流量和喷涂速度，甚至机器的配置数量也会有所不同。机械手喷涂机器人最大路径速度可达到2000mm/s，但在实际喷涂过程中对于高转速静电旋杯来说，一般喷涂速度小于600mm/s。以清漆站（配置机器人4台）奇瑞A3喷涂为例，结合以上所叙述的喷涂参数，喷房链速为4.7m/min，立面的运行速度为500mm/s、550mm/s，平面的运行速度为400mm/s、450mm/s。若运行速度过高，会降低涂料的传输效率，车身上漆率因此下降，膜厚会受到较大影响；若运行速度过低，会造成机器人喷涂限位故障等。因此，工艺技术人员应在喷涂参数、喷涂仿形（包括运行速度）中找到最佳的设置平衡点，以达到一个良好的车身外观。

3.7.10 短清洗、长清洗程序设置

机器人的每个雾化装置上，都设有两个清洗程序，分别为长清洗和短清洗程序。主要作用是换色或者生产过程中在喷涂下辆车身时使用溶剂对机器人管路及雾化器进行清洗。

短清洗的基本原理是短清洗阀的空心针与一个溶剂管相连，在控制气作用下，打开短清洗阀，溶剂会流过中心控制阀的通孔和回漆管至主针的阀座，主针打开相当短的时间（一般设置为2~3s），溶剂会流入旋杯的漆路中。当旋杯清洗时，整形空气的压力增大，清洗旋杯后，主针和短清洗阀关闭，漆液恢复，车身到来时便可继续喷涂。短清洗用于每喷涂完一辆车就进行一次旋杯的清洗。

长清洗程序是用溶剂对所有管道和阀门进行自动清洗，计量泵阀常开，通过溶剂阀及气阀交替开启，最后开启主针阀，清洗整个管路及旋杯（一般时间设置为5~6s）。长清洗用于每次换色或者同一颜色的车喷涂10辆后进行一次整个雾化装置的清洗。

以上两个清洗程序可以根据生产的实际情况进行设置，例如素色漆一般较难清洗，如果使用常规设置清洗程序不能彻底地将管路及阀门洗净，反而会导致质量缺陷。这时可以另设一个清洗程序：①把10台车一次长清洗改为5台一次；②适当的延长清洗的时间等，如此一来就大大降低了质量缺陷的发生率。

综上所述，高转速机械手静电喷涂机器人的仿形和参数需要严格管理。喷涂仿形左右要对称，一台较成熟的车身仿形，当优化左侧机器人的喷涂路径后，也要镜像到右侧的机器人，同时要做好修改记录，并进行备份。即使有的车身件左右不一样或油箱口盖所处位置不同，这时仿形会出现左右不同，但也要建立清单，防止出现修改不一致而带来不必要的麻烦。喷涂参数方面也是如此，大多数情况下现场使用的中涂和清漆至少也有两种，油漆厂家也不同，并且采用的都是交叉配套，这时要考虑同种配套参数的一致性，当修改一种颜色参数时，要把修改后的值拷贝到同种配套颜色参数里。总之，若不考虑涂料本身的特性，要达到良好的车身外观质量，应注意各项工艺参数要在实际工作中达到最优。

3.8 特殊涂装车身生产工艺

江宏 李鹏 李康 张安扩（奇瑞汽车股份有限公司乘用车公司）

3.8.1 前言

在国内汽车品牌的外观、性能、配置、价格日趋于同质化的市场环境下，汽车颜色逐步成为消费者选择、购买的关键因素之一，正在益显其重要性。出租车市场中车主在确定欲购车型、配置、价位等之后，再考虑的就是汽车的色彩问题。为了满足顾客需要，奇瑞公司涂装制造车间经过试喷论证，制订了具体的施工方案，成功实现了双色车的制造工作，如图3-43所示。

图3-43 双色车

3.8.2 生产工艺方案的选择

双色车的颜色布局主要特点是：车身立面腰线中间部位或是腰线以下颜色与车身主体颜色存在差异。经过组织涂装工艺技术人员和油漆厂家技术人员讨论制订方案，根据颜色不同的可以选择的喷涂方案有2个。

（1）方案1

1）人工喷涂车身立面腰线中间部位或是腰线以下与车身主体颜色存在差异的区域，色漆、清漆喷涂完成后经烘炉烘干。

2）人工对喷涂区域进行遮蔽，人工对车身主体喷涂区域进行打磨消除缺陷，自动喷涂机对非遮蔽区域喷涂色漆、清漆涂层，人工在清漆检查段撕除车身的遮蔽后经烘炉烘干。

问题点：人工喷涂车身立面腰线中间部位或是腰线以下与车身主体颜色存在差异的区域时会导致漆雾附着在车身主体，经自动机喷涂主体区域后经烘炉烘干的车身外观较差，存在涂层发雾、失光等缺陷。

（2）方案2

1）人工喷涂中涂车身立面腰线中间部位或是腰线以下与车身主体颜色存在差异的区域，完成色漆涂层的喷涂，由自动喷涂机完成车身整体清漆喷涂后经烘炉烘干。

2）人工对喷涂区域进行遮蔽，人工对车身主体喷涂区域进行打磨消除缺陷，自动喷涂机对非遮蔽区域喷涂色漆、清漆涂层，人工在清漆检查段撕除车身的遮蔽后经烘炉烘干。

问题点：人工喷涂中涂车身立面腰线中间部位或是腰线以下与车身主体颜色存在差异的区域，完成色漆涂层的喷涂，自动喷涂机完成车身整体清漆喷涂后经烘炉烘干，在清漆涂层上涂着车身主体颜色，存在潜在影响涂层间附着力的风险。

涂层附着力的验证方法是：采用3块200mm×80mm膜厚符合工艺要求的电泳底漆+中涂的样板，喷涂色漆+清漆经烘干后，对3块样板重打磨、轻打磨和不打磨，二次喷涂色漆+清漆后（用CC表示），3块样板总膜厚为160μm左右（各涂层膜厚均符合工艺要求）。用2mm划格器测试涂层间附着力，结果见表3-18。

表3-18 涂层附着力测试结果

序　号	板1	板2	板3
方案	CC+重打磨	CC+轻打磨	CC+不打磨
附着力等级	0	0	2
结果判定	合格	合格	不合格

由表3-18中的试验结果可知，清漆涂层经过打磨可有效提高附着力，再喷涂色漆和清漆，涂层间附着力合格。

两个方案对比：方案1实施完成后会出现整车主体颜色涂层发雾、失光等缺陷，处理困难，需要对缺陷区域进行打磨抛光处理；而方案2实施完成后油漆外观满足质量要求，且经过验证附着力合格。

方案确定：综合两个方案的利弊，最终确定选用方案2作为双色车生产工艺。

3.8.3 具体施工工艺及辅助材料

（1）制造流程　中涂层打磨→BC(手工喷涂)→CC（自动喷涂)→烘干→中涂打磨储备链→遮蔽→CC层打磨→BC（自动喷涂)→CC（自动喷涂)→撕除遮蔽膜→烘干→修饰→交检。

（2）配套中涂层颜色选择　涂装制造车间中涂漆颜色通常有3种（浅灰、白、深灰），可以根据双色车的主体颜色来选择中涂层颜色，也可直接选用浅灰色中涂进行配套。如整车前后保险杠颜色与车身不同，则中涂层的颜色选用可以放宽，从而降低色漆的膜厚，有利于单耗的控制。

（3）辅助材料

1）遮蔽辅具。通过对现场遮蔽操作可行性进行分析，根据特殊双色车的遮蔽特点制作一套辅助遮蔽模具进行参照保证遮蔽效果的一致性，如图3-44所示。

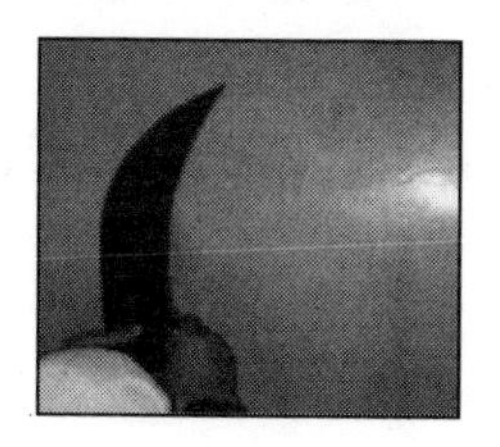
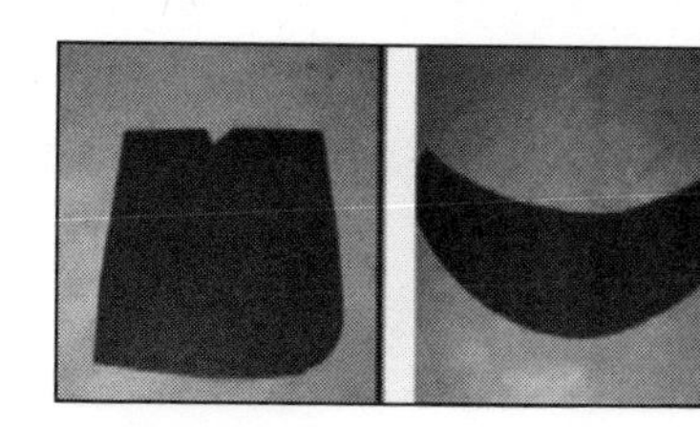

图3-44　遮蔽辅具

2）遮蔽材料。遮蔽膜（遮蔽区域使用)、黄色胶带纸（粘贴遮蔽膜使用)、塑基胶带（确定遮蔽线使用)，如图3-45所示。

3.8.4 过程质量控制点

双色车因施工工艺特殊，在施工过程中需要对各风险点进行质量控制，避免造成车身返工或报废。整车返工不仅会造成制造成本上升，还会因二次遮蔽问题造成双色交界区域外观较差，单件（四门、两盖）返工会造成色差等问题，如图3-46所示。总结施工过程中的风险点有以下几方面。

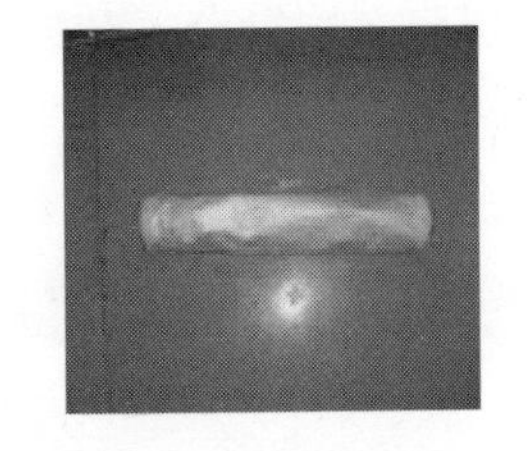

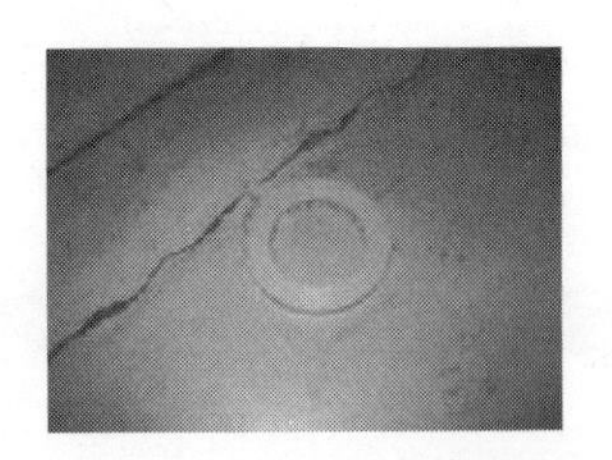

图 3-45　遮蔽材料

图 3-46　双色车中的质量问题

（1）遮蔽质量控制

1）遮蔽膜要完全贴合到塑基胶带所确定的遮蔽线，不能使遮蔽膜高出或低出遮蔽线的高度，遮蔽要严实不能出现漏遮蔽现象，遮蔽膜没有遮蔽到的地方，可以用胶带纸代为遮蔽，直到遮蔽严实。

2）遮蔽后的车身进入中涂打磨，在打磨前需要对遮蔽情况进行检查，对存在的遮蔽不齐、漏遮蔽、过遮蔽等问题进行处理。

（2）中涂层打磨质量控制

1）中涂打磨需对第二遍喷涂车身主体清漆涂层进行全打磨，保证涂层间的附着力达到工艺质量要求。

2）打磨时需要严格控制打磨操作方式，选用经过浸泡 40min 的 1200#的水砂纸 4～5 张整齐叠放在一起，用大拇指和食指夹住砂纸的一角，让砂纸平放于手掌内，全掌施加均匀的力在车身上做旋转圆打磨（圆的直径要在 10cm 以上），可以有效避免在清漆涂层上打磨造成的砂纸纹情况。

3）对打磨后的车身进行擦净，需要特别检查遮蔽区域遮蔽膜上存留的打磨灰和水，这些必须要处理彻底。

4）在清漆涂层上擦净操作方法不当，擦净时用力过大会导致粘性树脂粘于车身表面，面漆喷涂后涂层表面会有树脂印痕。正确的粘性纱布按压方法是：粘性纱布中央轻轻用手按压，擦净搭接幅度重叠 1/3 即可。

（3）撕除遮蔽膜质量控制　清漆喷涂完成后，撕除双色车遮蔽，需要注意首先撕下塑料遮蔽膜、黄色纸胶带，等待清漆晾干 2～5min 后，再撕除塑基胶带，撕除塑料遮蔽膜、黄色纸胶带、塑基胶带时要注意防止弹起造成油漆湿膜碰伤，撕除遮蔽膜时要求向后且向下呈 15～30°的角度匀速撕拆，如图 3-47 所示。

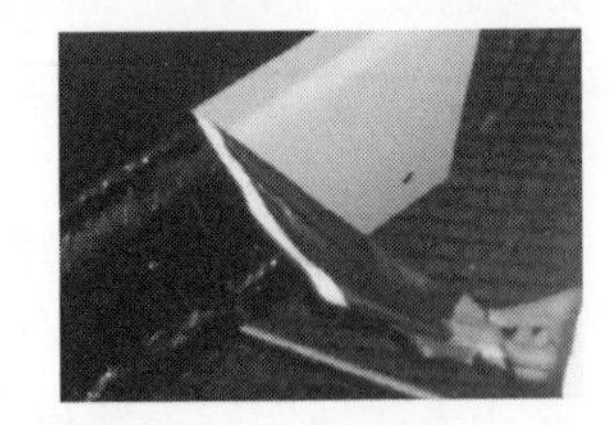

图 3-47　撕除遮蔽膜

（4）双色交界区域质量控制　在清漆涂层上施工本体需要的色漆和清

漆涂层，双色交界部位由于遮蔽原因膜厚存在差异，手触有明显分层感，修饰双色交界处理方法是：采用2000#砂纸对交界边缘进行轻度打磨，再使用抛光膏和抛光机恢复其原有光泽、鲜艳性，处理后分层感有明显减轻。

3.8.5 自动喷涂机参数设置

按照方案2施工，利用自动喷涂机喷涂车身主体色漆和清漆时，需要重新设置喷涂仿形和喷涂膜厚，减少遮蔽区域的喷涂。作用有两点：①便于遮蔽材料的撕除，防止因涂膜偏厚遮蔽线边缘清漆流挂或毛边、牙边的缺陷；②减少涂料消耗。

3.8.6 油漆外观质量

1）面漆打磨点（衡量车身质量的标准之一）：15～20个/车。

2）膜厚：平面145～160μm、立面140～155μm。

3）附着力检测：使用2mm划格器检测涂层间的附着力，均达到0级。

4）油漆外观数据良好，见表3-19。

表3-19 油漆外观数据

DOI（鲜映性）		橘皮				光泽
水平面	垂直面	水平面（*H*）		垂直面（*V*）		要求值≥85
（*H*）	（*V*）	长波L	短波S	长波L	短波S	
要求值≥80	要求值≥75	要求值≤4	要求值≤20	要求值≤10	要求值≤25	
检测值≥93	检测值≥92	检测值≤2	检测值≤10	检测值≤7	检测值≤15	检测值≥96.0

注：光泽、DOI、橘皮（流匀度）都代表着油漆外观的水平，用来全面评价一台车身的油漆外观水平。光泽代表0～100μm的波纹，具体表现为光泽；DOI代表100μm～2mm之间的波纹，具体表现为鲜映性、影像深度和清晰度等；橘皮代表1mm以上的波纹，具体表现为橘皮、流挂、缩孔、颗粒等。

3.8.7 结论

经现场施工验证，油漆外观达到了预期的要求，质量符合标准，方案2是可行的。

3.8.8 综述

双色车出租车是一种特殊的市场需要，为满足市场的需要，奇瑞公司的涂装工艺人员根据现场的实践经验摸索出合理的施工方案，经过验证是可行的，目前此工艺已进一步得到完善。通过不断创新摸索，开发新的涂装工艺方案，满足企业的市场细分要求，提升涂装生产工艺的多样化，提高产品的市场竞争力，可以为企业在激烈的竞争中赢得更大的市场份额。

3.9 新颖重型车架涂装前处理输送线

许大勇（无锡通达物流机械有限公司）

3.9.1 项目内容

2007年底在重汽济南商用车公司实施了车架涂装前处理输送线项目，项目总体规划设计方为中国重汽设计研究院，该项目生产纲领为5万辆/年，节拍为5min/件，车架最大尺寸为11575mm×890mm×530mm，工件最大质量为1571kg，

输送线的形式为双轨积放链+电动葫芦横向同步步进式（单轨纵向返回）。项目应用于重型货车架的涂装。

该项目的输送形式为无锡通达物流机械有限公司国内独创，为大型工件的涂装前处理输送提供了一种经济高效的理想模式。

3.9.2 输送形式简介

1）目前国内车架涂装前处理线生产的输送形式主要有以下几种组合。

① 两条普链并列同步运行系统。普通悬架输送机。采用工字钢轨道截面，其牵引构件由冲压易拆链和滑架组成，承载吊具与牵引链上的滑架直接相连。

② 双轨积放链悬架系统。通用积放悬架输送机。采用工字钢和双槽钢轨道截面，其牵引构件由模锻易拆链、滑架和推杆组成，承载吊具与具有积放功能的承载小车铰接。

③ 程控行车。程控行车采用了可编程提升系统，依靠独立的提升机构按照事先编排好的程序完成各种动作。其可以对工艺时间、进出口速度、沥水时间作全方面的优化。系统可以通过编程来满足工艺时间和处理温度的要求。工件一次性（无需转挂）输送，需多台行车，循环返回完成形式。

④ 自行电葫芦车组。自行电葫芦车组通过安装在轨道上的滑触线提供行走电动机和升降电动机的动力；实现在工序间的移动以及吊具的升降。吊具可实现摆动及垂直出入槽的动作。工件一次性（无需转挂）输送，需多台车组，循环返回完成形式。

2）步进式输送的优点：采用步进式输送与连续式输送相比。其优越性在于：

① 设备体积减小，投资成本降低。

a. 设备材料减少，投资成本降低。以磷化槽为例，由于采用垂直升降方案，与连续式方案相比，可大大减小磷化槽尺寸，仅不锈钢一项就节约材料2t，按当前市场价格计算，一个槽就可节约4.2万元。全线材料就可节省15%～20%。

b. 一些重要外购件材料降低。例如，由于步进式槽体减小（原连续式体积为120m^3），现步进式体积为36m^3），相应循环泵型号减小，所需泵的数量减少，单电泳进口泵就将节省近20万元。

c. 全线设备长度较连续式方式可减小50%多。

② 工艺性得到改善。

a. 由于步进式输送是在工件停止状态下进行工艺处理，尤其是在喷淋工位，工件是落在封闭的槽体中进行喷淋，与其他工位互不干扰，不仅可使工件得到大的喷水量，还可使槽液窜液问题得到很好解决；工件冲洗效果变好。

b. 在干净超滤水和干净纯水的出槽喷淋工位，冲洗效果更是得到明显改善，这是因为纯水和超滤水量是按工件面积计算的，连续式输送工位长度长，喷淋管和喷头布置相应要多；这样若按同等计算值取得的参数往往使喷头的水量和压力明显不足，达不到工艺要求，必然造成工件表面质量不高。

c. 节能降耗，降低生产成本。

ⓐ 步进式输送槽体体积小，投资费用减少；对于需要定期更换的槽液，每年所节约的费用是可观的。例如电泳槽，电泳漆一次投槽就将减少80t，按原漆液固含量40%，每千克价格30.5元计算，一次投槽就将节省146.4万元。

ⓑ 槽体体积小，循环水泵就小，经统计，水泵运行耗电量可减少40%。

d. 有利于环保。采用新输送方式后的车架涂装线还使污水和废气排放减少，有其积极的环保意义。

3.9.3 方案说明

1. 输送形式

车架涂装的整体布局为前处理及电泳槽呈横向布置，全线设上件、预脱脂、脱脂、水洗、磷化、电泳、沥水、下件等17个工位，工件输送为步进式。

2. 输送结构

双轨积放链+电动葫芦，横向同步步进式（单轨纵向返回）。

1）根据车架涂装的工艺需要，全线配置12台载物小车，载物车采用四车组形式，其中前承载组由前后小车加承载梁组成，后承载梁同样由前后小车加承载梁组成，在前后承载梁之间增加平衡承载梁。

2）在平衡承载梁两端下方各悬挂一只额定载荷为2t的电动葫芦，两葫芦水平相距3500mm，电动葫芦升降速度为6m/min。此结构形式保证了载物车的最大的理论承重量可达4000kg。

3）载物小车运行平稳可靠并保证安装在承载梁上的集电装置平稳取电。设备起动前，12台载物小车均纵向积放在单轨返回段上。设备起动后，上件工位发出放车指令，第一台载物小车驶离积放段到双轨段。前、后小车组分别进入各自轨道，组成状态由前后排列变成左右对称排列，其下方与之连接的平衡承载梁则由纵向变成横向。在链条推头的驱动下横向同步前进，集电器也随之进入滑触线槽。

4）当到达上件工位后，停止器使载物车停止。电气控制系统通过滑触线控制电动葫芦下降挂取工件，工件上升到设定高度后停止器打开，载物车前行到下一个工位停止后，电动葫芦自动下降到设定高度停止。

5）当到达设定的工艺时间后自动上升，再前行到下一个工位进行工艺操作，如此按照电气编程重复完成：停止—下降—上升—前行…直到完成全部17个工位。完成电泳后的工件下落到地面翻转链上进行烘干和冷却。而完成工艺操作后的载物车的前、后小车组先、后进入单轨，纵向返回到储存段等待下一个循环。

6）电气控制系统采用PLC集中控制方式，为方便于对系统进行调试、监控和生产过程中的动态模拟，系统配置触摸屏。在程序设计上有系统互锁、系统自检、故障诊断、报警和系统联控等。

7）系统在上下件、脱脂、磷化、电泳工位设置按钮站，按钮站包括自动和手动转换按钮、控制按钮、急停开关，方便在调试和故障情况下应急处理，同时每个停车工位都留有信号接口，供前处理电泳电气控制系统和烘干冷却电气控制系统连锁使用。

3. 结构优势

与其他横向步进输送相比，其具有以下优势：

1）厂房占地面积小。尽管在工位方向都是双轨同步横向输送工件，但在回程上积放链是单轨纵向返回。只需利用正常的通道宽度就可以通过，不需要特意为载物车的返回设置空间。而其他输送系统返回宽度和在工位操作的宽度需要相同，这样就增加了厂房的建设成本。

2）系统制造成本低。该形式的设备成本约是其他形式的1/3左右，也就是说建同样一条产量一样的输送线用该形式的可以节约投资60%左右。如是采用国外的产品，设备成本更高。

3）运行成本低。据跟踪测算可知，按同样产量计算，其他形式电力费用就比积放链十步进式系统高35%左右，在维护成本上，由于积放链十步进式系统是一种成熟的产品，所以运行成本更低。

3.9.4 积放式输送机设计说明及参数

输送线采用宽推杆式积放链。此积放链系统是在WEBB机型的基础上，吸收国内外公司机型的优点，经二次开发形成的一套机型。近年来，成功地运用于大量国内外汽车厂家，得到用户及汽车行业同仁的一致认同。

1. 系统组成

输送机由驱动装置、张紧装置、轨道、模锻链条、道岔、链支承小车、积放小车和台车等组成。

（1）驱动装置　驱动装置采用履带式直线驱动，由机架、浮动架、SEW减速器、电动机、驱动链条等组成。

1）履带直线驱动装置采用旋转浮动式机械过载断电和电流过热继电器双重过载保护装置。张紧气缸和浮动架之间采用环链式柔性连接，从根本上避免了原张紧装置气缸和浮动架刚性连接有可能出现的运动卡阻，该张紧装置的气路单元增加了安全阀和电接点压力表，保证了张紧装置的可靠性。

2）当线路中发生意外卡阻，牵引链张力超过计算张力50%时，驱动装置将自动停机、切断电源，并发出报警信号。当卡阻消除，驱动装置立即可以重新起动。

3）可调整的张紧轮及链条支承机构，其使得安装时调整链条啮合间隙更方便，并采取了大节距啮合齿和小节距链条的组合方式，既增强了啮合精度、齿根强度和履带齿的使用寿命，又减小了拖动中的脉冲速度，改善了链条运行中的“爬行”现象，并有效提高了轨道的使用寿命和工件的运行稳定性。履带直线驱动装置原理如图3-48所示。

（2）张紧装置

1）链条张紧装置。张紧装置能提供输送机正常工作时的最小初张力。张紧行程能覆盖一个推杆节距的长度。张紧部分装有检测器，能显示出链条的松弛、最大行程的到位及链条的断裂。张紧活动部分安装在刚性固定框架上，并带有走轮和导向轮进行精确导向。伸缩轨道带有入口及导槽配备有极限行程开关，以便保持适当的张力，并在张力超出规定值范围时切断电动机电源。弹簧张紧装置的浮动架在其行程范围内移动灵活、无卡阻和歪斜现象，张紧装置调整好后，未被利用的行程不应小于全行程的50%。

2）张紧装置既能使输送链系统保持理想的最小初张力，又能克服外来的瞬时高峰脉动载荷，使输送链始终处于理想的运行状态。解决了运行中因多种因素引起的链条回松现象，

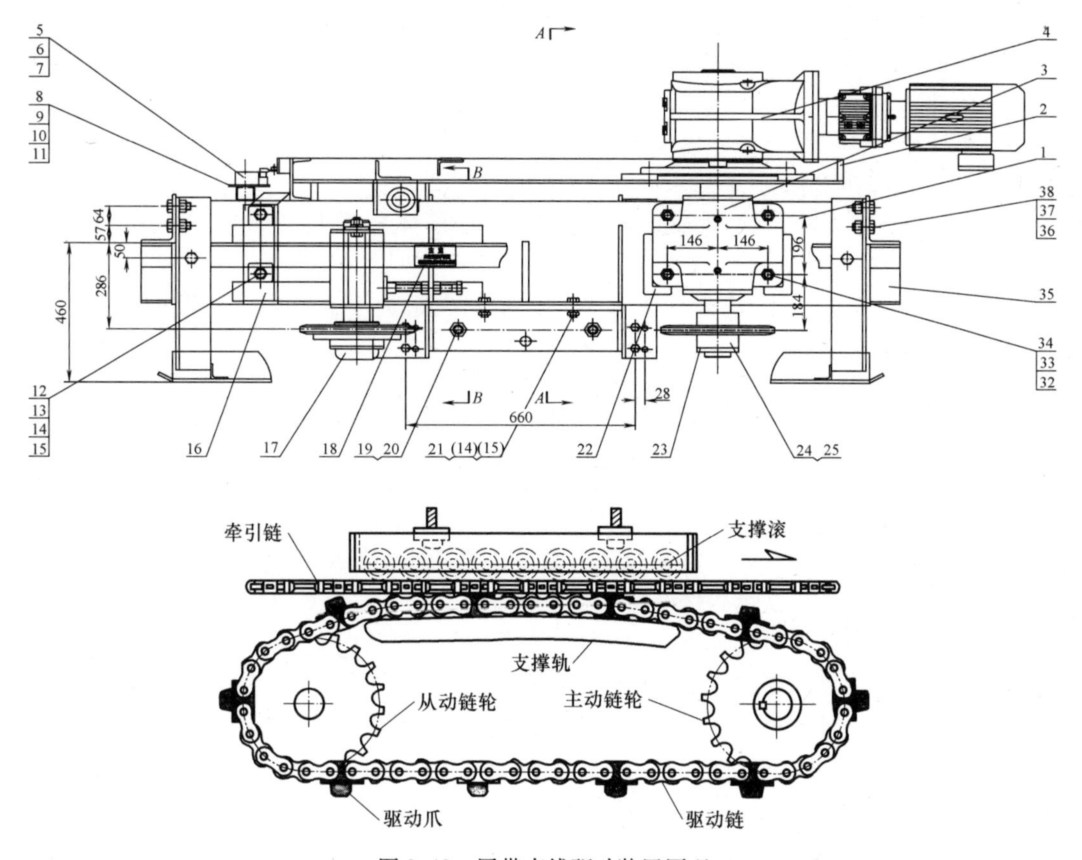

图3-48 履带直线驱动装置原理

保证了在设定的初张力条件下，推杆和小车始终保持良好的啮合状态，同时大幅度减少了重物下坡和意外阻车引起的堆链现象。

3）在控制双链推头同步上，调整简单方便可靠。当双链推头位置经过磨损后不在同一位置时，通过电控系统检测到后，从显示屏上显示出来，提醒维护人员急时调整推头位置。双链推头位置如图3-49所示。

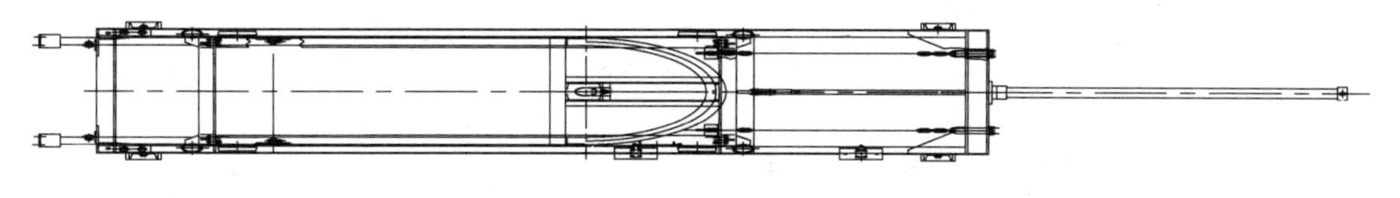

图3-49 双链推头位置

（3）轨道 轨道为三轨制，牵引链轨道采用GB 706—2008中的8#槽钢，具有较高的强度和良好的焊接性能。承载轨为两根槽钢通过括架焊接而成。为保证轨道接口处踏面高度和横向错位不大于0.5mm，接口间隙不大于1mm，轨道材料切割下料后两端须铣平。轨道还具有较高的承载能力和刚度及耐磨性要求；不偏斜和扭转，轨道行走面光滑、平整，安全系数不小于2，弯轨工作面应圆滑过渡。工作面的高低差不应大于1mm/m，全线不应大于2mm/m；轨道左右偏移偏差不应大于1mm/m，全线不应大于5mm/m。

（4）牵引链条　采用X-678型标准模锻可拆链条，材质45Mn2。设计和制造满足ANSIB29.22M-1980标准，安全系数应不小于10。链条采用合金结构钢，经模锻、热处理等工序制造，金属流线分布和金相组合合理，晶粒均匀细化，提高了零件的硬度、耐磨性和使用寿命。这种链条有传动精度高、运行平稳、爬坡和转弯灵活、转动噪声小等特点。链条运行时没有爬行、跳动等现象。

（5）滑架　牵引链条由滑架支承，滑架体为整体模锻件，具有高的强度；带有ϕ82mm直径的特制滚轮，滚轮轴承由三层迷宫式密封加以保护，并带有外伸式压力型润滑油嘴，隐藏在滑架内，滚轮为整体轴承轮，游隙大阻力小，适用于高温和恶劣环境下使用。

① 滑架的排列经济合理，与牵引链垂直弯道、水平回转相协调。

② 牵引链条采用整体模锻件，具有高强度、维护简便的特点。其主要受力件的强度安全系数应不小于5。滚轮为整体轴承轮，密封应良好。

（6）道岔　道岔由道岔舌组件、链条导向机构、回转滚子列等部件组成。它是以实现物流的分流及合线的部件。分流道岔为有控道岔，整体制作发运现场，气控单元为双电控。合流道岔为无控道岔，道岔结构保证承载小车通过性良好，运行平稳。

道岔舌板转动灵活，道岔采用R600大回转半径和45°转向结构形式。大的回转半径和小的转向角度将大幅度改善载货小车转向时的阻力和冲击，如图3-50所示。

（7）回转装置　水平回转装置的链轮、光轮和滚子组应转动灵活，无卡阻现象；水平弯轨下平面的平面度的允许偏差，在长度为1000mm以内为±2mm；滚子组回转装置的滚子外圆与轨道中心线之间的距离的允许偏差为±1mm。回转装置的滚子应满足使用强度的要求。

（8）润滑装置　全线设置一套链条和链支承小车自动润滑装置，能定时、定量向链条的转动部位和链支承小车的走轮喷注买方认可的润滑油。

（9）积放小车　积放小车采用双车组结构，设计时保证当小车积放时工件不得碰撞。在上下坡及过道叉时可运行平稳。

2. 系统的主要特点

宽推杆积放式输送机系三维空间双层轨道闭环连续输送系统；通过PLC控制，完成自动化输送、储存、分检、传递、升降和旋转推进等功能。

1）宽推杆工作面较原牵引链推杆加宽了2～3倍，从根本上解决了积放小车传递的方式，将原来的两次传递方式简化为一次传递，缩短了传递时间，加快了生产节奏。

2）前小车的新型升降爪加宽了4～5倍，其端部采用叉型结构，将原来的升降爪和止逸爪合二为一，并具备原止逸爪和升降爪的双重功能，不仅可以承受推杆的原动力，还可以有效地限制宽推杆运动过程中的纵向游移。同时前小车车体和升降爪之间增加了导向机构，保证了升降爪垂直升降时的动作灵活。

3）新型承载轨道采用特制的凸缘槽钢，不仅有效地提高了轨道的承载能力和刚度，而且由于轨道凸缘和积放链小车导轮之间由原来的点接触改为线接触，明显地提高了轨道的耐磨性和小车运动的平稳性。

4）采用新型道岔。该道岔从根本上改变了原来的抬压轨道传递方式，取消了送车端的压轨段，前小车加宽了升降爪，可靠啮合顺利地通过道岔传递空档。道岔传递中心与前后小

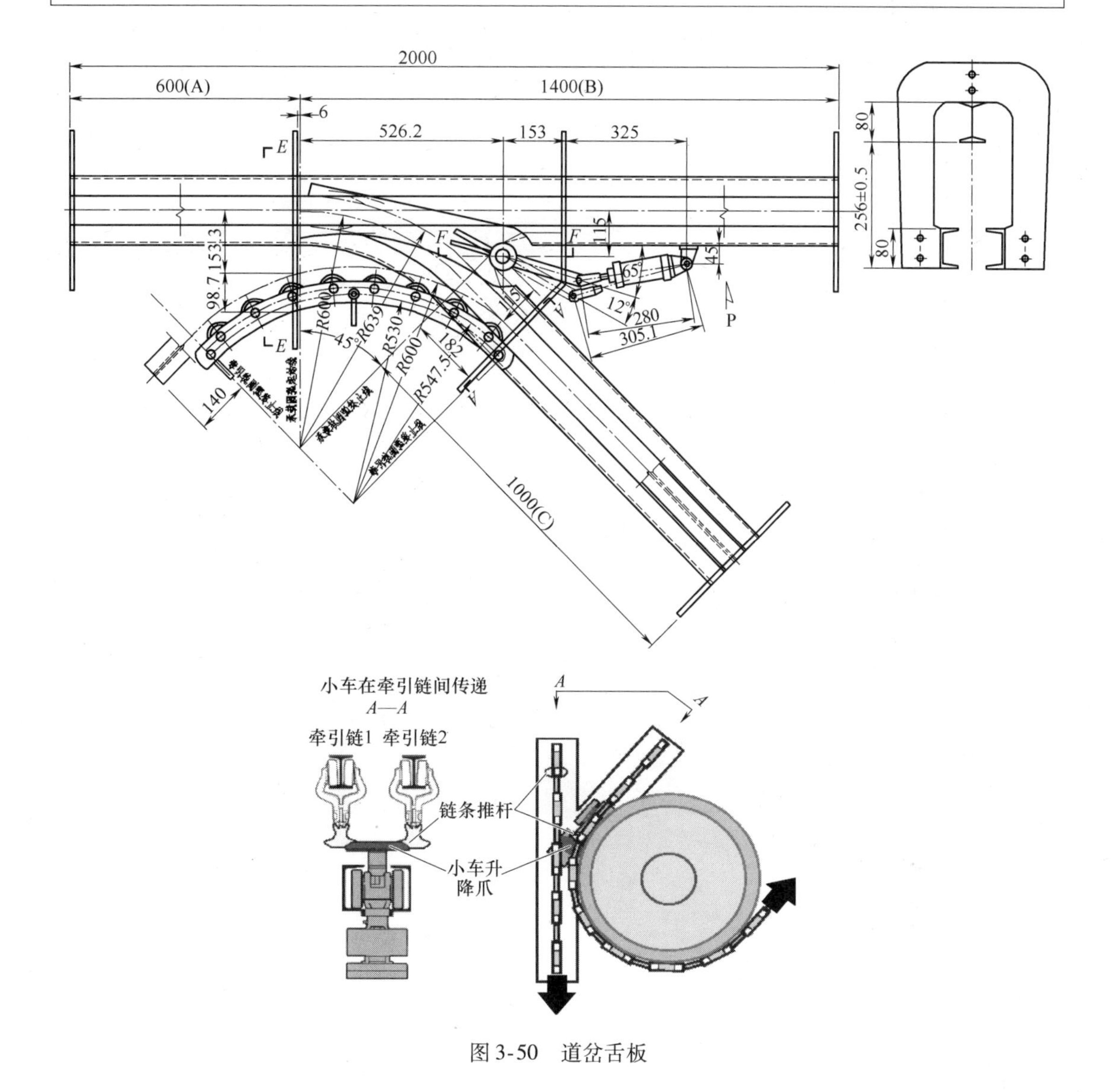

图3-50 道岔舌板

车中心距无关，道岔设计不会因工程项目不同，前后小车中心距而重复设计，简化了设计程序，采用标准型道岔易于生产管理。

5）除在上下坡区段为保护工件垂直安全运行考虑设压轨区之外，其他水平运行的广大区域均不采取抬压轨的结构形式。因此布线紧凑，明显地提高了工艺线路的有效利用率，相应地降低了整体工程费用，如图3-51所示。

6）载货小车组结构形式及承载能力。载货小车采用二车组结构形式如图3-52所示。牵引及承载小车均采用整体式精密铸钢车体和ϕ60mm整体式大游隙轴承轮结构，承载能力大、抗冲击、使用寿命长。轴承单个承载小车承载能力为1000kg，该小车组实际承载能力可达4000kg。

7）快慢链传递。积放式输送机系统各个不同的区域有着不同的工艺要求，有些区域需要承载小车快速运行，有些区域需要承载小车慢速运行。

① 慢速链为强制性生产节拍，慢速链上的承载小车采用连续运行方式。慢速链运行区

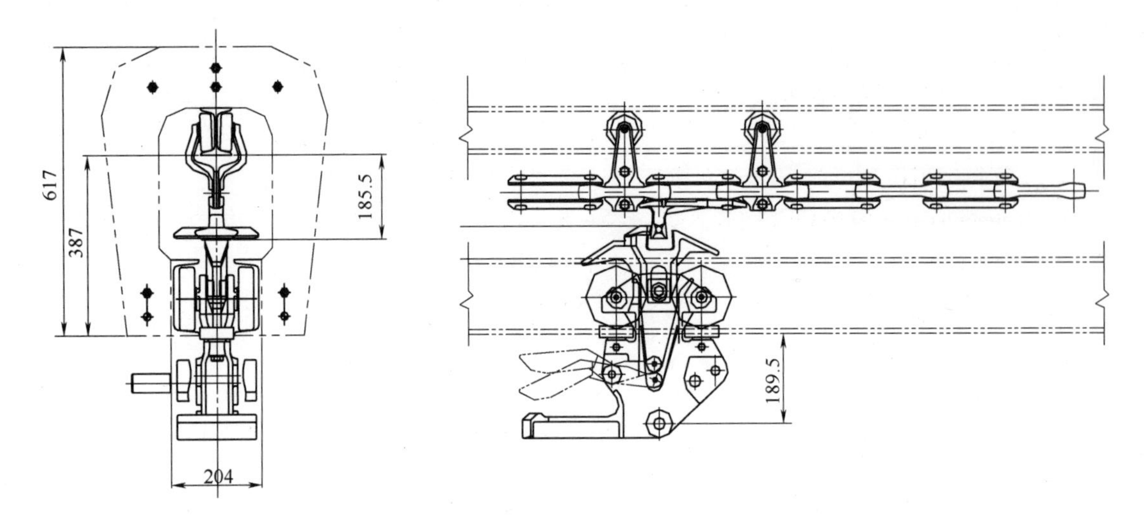

图 3-51　宽推杆积放式输送机系统

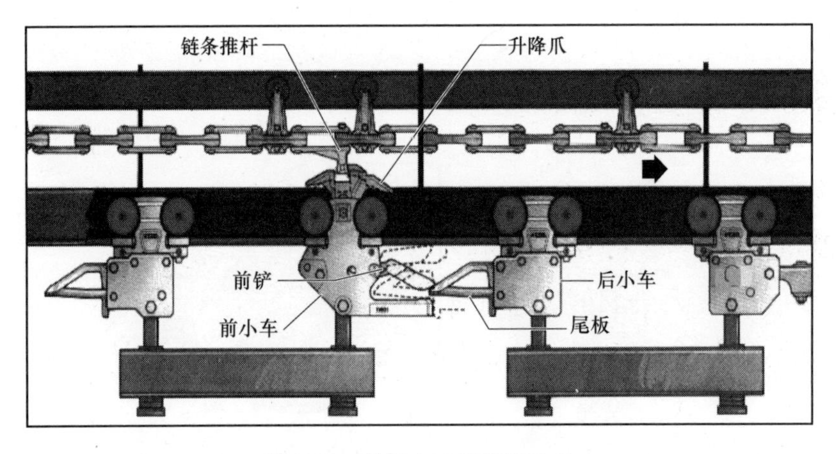

图 3-52　载货小车组结构形式

域不设停止器，牵引链推杆远距离等间距布置，每一个牵引链推杆带动一辆承载小车。换言之，慢速链上承载小车的运动间距等于牵引链的推杆间距，带车的牵引链之间不设空余推杆。

② 快速链为柔性生产节拍，快速链区域设停止器。快速链推杆以较小间距布置，承载小车根据 PLC 的指令以间歇方式运行。

③ 当承载小车按一定的生产节拍由快速链向慢速链传递时，由于快速链上带车的推杆之间设置有空余的推杆，快速链的送车段采用压轨后推传递方式，即可使承载小车顺利地跨越快慢链之间的传递空档。

④ 快速链上停止器的发车节拍可以根据慢速链上的型号控制（检测推杆），也可以根据慢速链的运行速度进行时间控制。

⑤ 当光电开关或电子接近开关检测到慢速链上带车的推杆通过时，发信号给 PLC 电控系统，根据 PLC 的指令，快速链上的停止器打开，承载小车的升降爪抬起，随机通过的牵引链推杆将承载小车带走，进入快慢链传递区域。当牵引链推杆绕出快速链的水平回转切点

后，承载小车将停放在水平回转段的切点附近，但此时承载小车组的后小车已进入到快速链的压轨区，后续来的牵引链推杆将推着后小车的后推爪继续运行，顺利跨越快慢链之间的传递空档。当后续推杆绕出快速链的水平回转段的切点时，承载小车组的前小车已进入到快慢链的接车抬轨区内，停止等待慢速链推杆的到来。当慢速链推杆带着承载小车组的前小车运行并通过光电开关检测点时，即进入第二个传递循环过程。

⑥ 当承载小车上由慢速链向快速链传递时，由于慢速链上是一个推杆带动一个承载小车，带车的推杆之间没有空余的推杆，所以，当慢速链的牵引链推杆绕出水平回转段的切点后，承载小车将停放在水平回转段切点附近，后续来的带车的牵引链推杆也无法将前一辆承载小车送过传递空档，此时必须借助于推车机或转辙器（转辙器只用于快慢链传递系统中推车机不宜布置的场所）。

设备运行时无过载、过热，链条无松弛现象，满足每天连续三班生产运转能力的使用要求。

3.9.5 综述

综上所述，双轨积放链+电动葫芦横向同步步进式（单轨纵向返回）车架涂装前处理输送线是一种创新的输送方式，与其他形式的输送方式相比，它具有以下优点：

1）布局紧凑，节约了厂房面积；投资少，基建和设备投资都大为节省。

2）承载小车积存时为密集型停靠，缩短了输送线路的积存距离，提高了线路的有效利用率。

3）生产工位前均可设置小车储存段，使输送机系统生产具有弹性缓冲作用，并可预测生产中的问题，发现薄弱环节，自动地进行补偿和调整。

4）运行费用低，实现了环保节能。

双轨积放链+电动葫芦横向同步步进式车架涂装前处理输送线的工程图片、上件位置、工艺操作、载物小车积放位置和平面布置如图3-53～图3-57所示。

图3-53 车架涂装输送线上件位置

图 3-54 车架涂装输送线在工艺段按工艺要求操作

后小车组

前小车组

均衡梁

图 3-55 载物小车组（空吊具）积放在储

图 3-56 已涂装好的车架

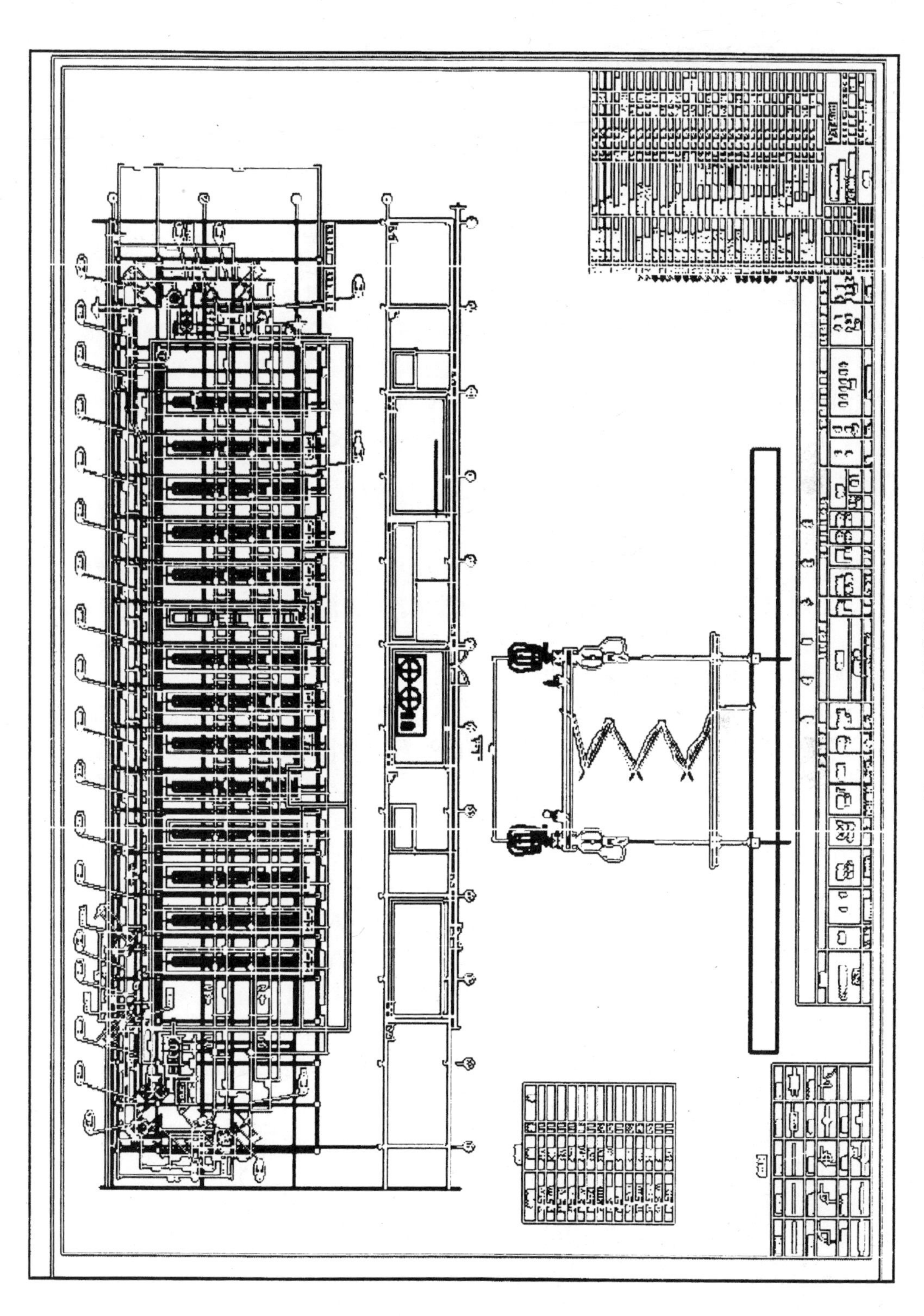

图3-57 车架涂装线平面布置

3.10 滤清器粉末涂装高红外辐射加热波长匹配技术探讨

贾伟 梅胜涛 王一建

3.10.1 前言

高红外强辐射快速干燥技术是目前较高效和环保的干燥节能技术。高红外的实质是：高能量、高温、高辐射、全波段，瞬间启动强力红外辐射加热技术，可以导致物料的快速加热、脱水、干燥。该技术已在汽车零件涂漆等方面通过高红外烘烤测试，效果极佳，充分体现了其热效率高、设备占地少、烘烤质量高等特点。另外，高红外辐射加热器在涂装、纺织、印刷等领域均得到了良好的使用效果。在粉末涂料固化场合，高红外强辐射快速干燥时间是传统加热方式的1/10～1/8，设备占地仅仅为后者的1/8～1/5，对于提高劳动生产率、降低能耗、减少投资、加快经济发展具有十分重要的现实意义和深远影响。

3.10.2 原理

1. 波长匹配理论

匹配吸收是红外加热节能的理论基础。基本原理是要求红外元件的发射光谱与被加热工件的红外吸收光谱相互匹配，以达到最好的吸收效率。选择能够全面“匹配”吸收光谱的元件，便是高红外加热技术的关键之一。另外，克服对流场对温度均匀性的影响，实现物料分级的加热干燥和脱水也是重要的影响因素。

高红外加热技术是通过热辐射的方式进行传热的，传统的热风炉则通过热对流进行传热。传热方式的不同从本质上提高了高红外加热的效率。另外，远红外加热技术也是通过辐射加热的方式进行传热的，但是，由于远红外加热元件的温度比较低，辐射能量较弱，虽然波长匹配，加热效果也并不十分理想。而高红外辐射的能量要大大高于远红外，本质上是由高红外的辐射波长更短、频率更高决定的。大量的短波粒子可以穿透涂层，穿透过程中可能直接被涂层分子吸收，也可能由基体反射再次经过涂层分子时被吸收，这样便可以快速加热涂层内部，而相对含量较少的长波粒子可以直接加热涂层的表面分子，综合两种作用，整个涂层的升温和固化都是由内向外，由里及表逐次进行的。这样就避免了由于加热方法不当，引起涂层表面先加热，半交联固化，内部挥发物冲破表皮产生针孔、鱼眼、橘皮等现象，从而确保涂层质量。从另一方面讲，常温下涂层分子处于基态，其固有振动吸收光谱即基频吸收光谱，但是随着温度的升高，会产生和频、倍频、差频和组频等吸收方式，远红外加热只是匹配基频吸收，却忽略了温度升高时的其他吸收方式，这样的吸收效率就变低了，但是高红外加热由于频率高，可以匹配和频、倍频和组频的吸收方式，做到了更好的吸收。

2. 技术原理

高红外是在加热原理具有很多优越性。从工程的角度论述，还需要考虑其他的因素，例如加热元件的设计选型、布局设计、测温技术等。其中不同材料和形状的加热元件及额定功率能产生差异很大的辐射效果；加热元件的布局设计则是确保涂层固化质量的关键设计技术，如果不合理，即使采用了高红外加热器，涂层固化效果也可能不理想。对于平板类或产品单一、形状简单的喷粉工件，采用均匀布置即可或进口段稍加强一点辐射，如液化气钢瓶、发动机缸体、钢板涂覆，此时不需要热风循环。对于复杂工件则采用针对性辐射，如汽车车身底部质量大，底部应加强辐射，使之整体升温一致。对基体板材厚度不一致、产品形式多样化的生产线，除了针对性辐射吸收之外，还应采用高红外和热风循环结合的方式加热。高红外设备难以采用常规的热电偶或铂电阻测温，需要采用其他测温传感器，不但需要准确测量高速移动的物体，还要排除红外光线的干扰。

3.10.3 试验方案

1. 试验条件

以滤清器为测试对象，本试验采用热固性粉末（红狮环氧热固性粉末），已测得固化前粉末的红外吸收光谱（红色谱线）和固化完全后的红外吸收光谱（蓝色谱线），如图3-59a所示，电阻丝为辐射元件。根据匹配吸收理论，发射源的发射波长应该覆盖粉末涂层的大部分吸收峰，而此粉末的吸收峰大都集中在780～1700nm的近红外范围内，而在3μm左右也有一定的吸收峰，理论上来说，应该覆盖前者，但是这意味着辐射源的温度要达到3000℃左右才能够用最强的辐射峰覆盖吸收峰（一般很少有电阻丝可以加热到这么高的温度），而且，加热元件的工作功率会非常高，而如果只覆盖3μm附近的吸收谷段，只采用1000℃左右的高温发热就能实现匹配（尽管该波段的吸收峰明显随着固化逐渐消失，但之后的测试结果显示，这种方式已经可以达到很好的固化效果）。

2. 试验数据

对红狮环氧热固性粉末的红外吸收光谱进行测定，如图3-58a所示。在图3-58a中可以明显看到几个在不同波长的吸收峰值。图3-58b是测定几个不同发热元件在不同温度下的辐射光谱图。

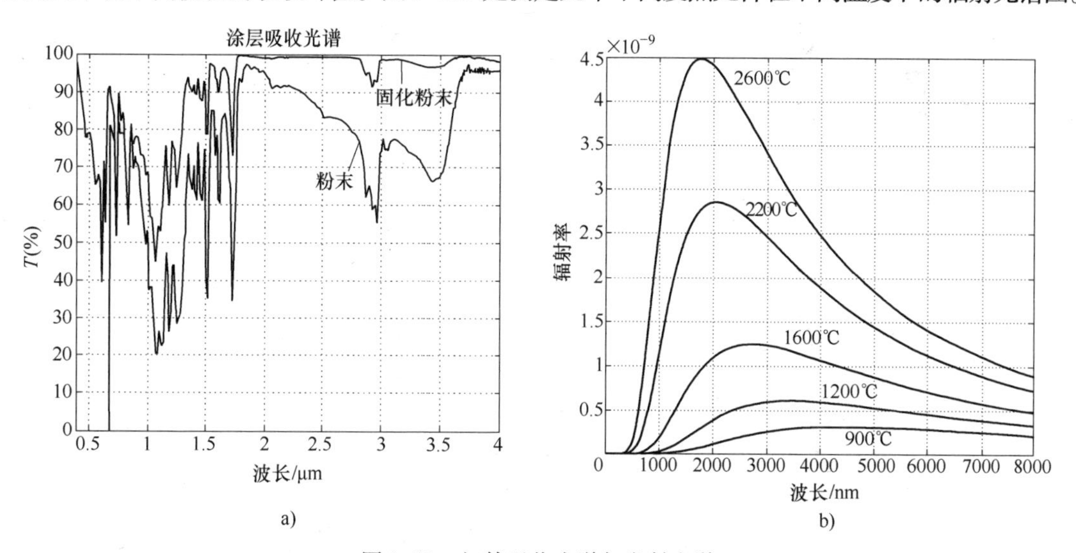

图3-58 红外吸收光谱与发射光谱

a）粉末红外吸收光谱 b）发热元件不同温度下的发射光谱

3.10.4 结果讨论

1. 涂层性能分析

将均匀喷粉后的滤清器在封闭的红外烘道内静置40s，初始红外加热功率10kW，采用

PID 算法控制烘道温度在 180℃，冷却后进行碰撞试验，试验效果如图 3-59 所示。

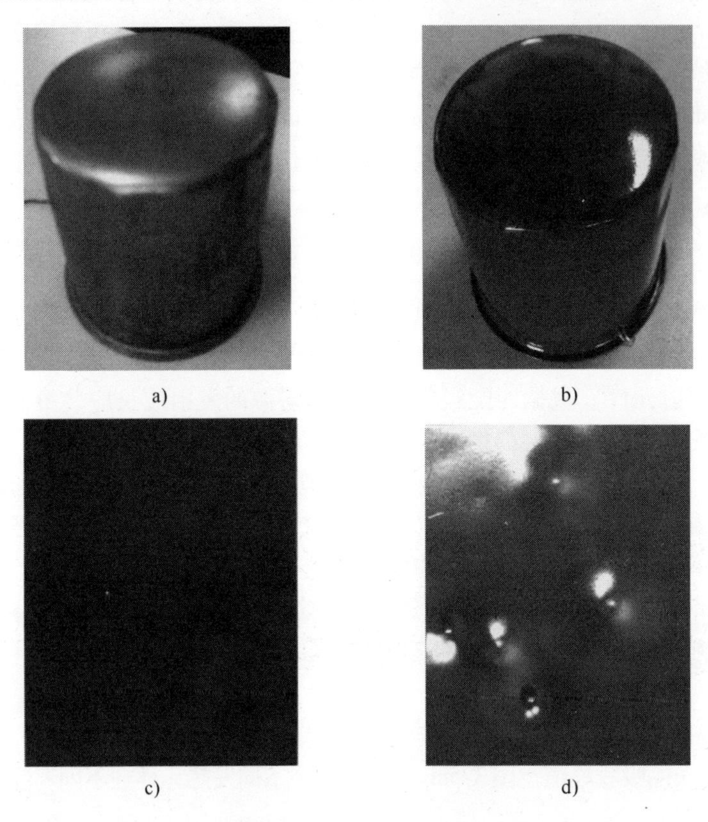

a) b) c) d)

图 3-59 滤清器喷粉固化及测试的前后对比图

a）未喷粉的滤清器 b）粉末涂层固化后效果图

c）局部效果 d）碰撞试验测试结果

由试验结果可以发现，涂层在碰撞中心点完全没有脱离的痕迹，由此基本可以初步判断，以上所示条件基本可以得到良好的固化效果。

2. 波长匹配结果分析

以上试验条件虽然在初始状态基本符合波长匹配的条件，但是总体过程中很难完全做到匹配（起初在 3μm 左右的吸收峰在固化后基本消失），所以，若要完全实现全程匹配，就必须使用闭环系统控制红外辐射元件的功率，以实现发射光谱的峰值基本覆盖吸收峰。

高红外加热固化闭环控制系统如图 3-60 所示。

工件喷粉后进入加热固化环节。当工件进入加热部分烘道，光纤光谱仪立刻测得该滤清器的涂层红外吸收光谱 E-λ，测得该光谱之后经由单片机控制程序对该吸收光谱进行分析（每隔 3μm 对吸收光谱进行积分，得到面积最大的 3μm 波长段），得到吸收最大的波段之后，根据图 3-58a 所示的最佳吸收图谱，可以得到匹配的发射光谱，由该发射光谱得到对应的辐射元件所需的功率。除了上述的波长匹配反馈，还需要通过炉温跟踪仪实时监测工件的表面涂层温度，如果温度高于保温额定温度就停止加热，如果低于保温温度就开始加热，因为温度过高会导致涂层分子过热而变质。

高红外加热固化闭环系统的匹配精度及效率由单片机对实时红外吸收光谱及发射光谱的匹配

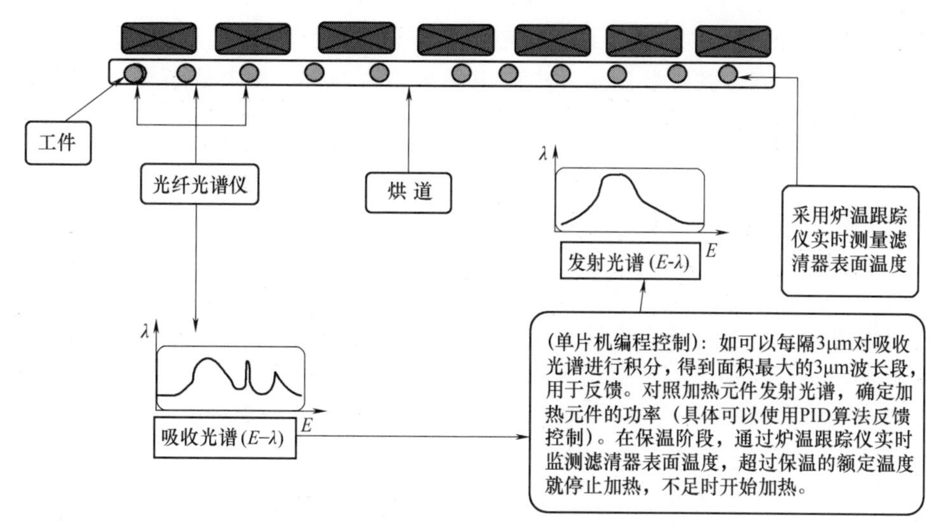

图 3-60 高红外加热固化闭环控制系统示意图

算法决定，具体参数都需要经由试验对比得出，有关发热元件功率和表面温度的对照见表 3-20。

表 3-20 发热元件功率和表面温度的对照表

表面功率		高红外加热器输入电功率			
W/cm²		2kW	3kW	4kW	5kW
温度/℃	0m/s	850	900	945	986
	0.5m/s	836	890	932	957
	0.8m/s	829	880	925	950
	1.0m/s	826	870	918	945

注：电阻丝工作功率与表面温度和空气流动速度的关系（在实现闭环系统中使用）。

3.10.5 结论

红外加热固化和传统的热风循环固化有很大差异，除了传热原理上的区别，传统热风循环加热时，可分为热扩散和交联固化两个阶段，但是高红外加热固化由于只是直接对粉末涂层的材料进行加热，不需要对基体进行加热，所以完全可以在很短时间内就使涂层分子直接进入交联固化的阶段，几乎可以不计热扩散的时间。所以，涂层加热固化的波长匹配是一个整体的过程，并不需要分成升温段和保温段。波长匹配闭环系统的精度由光谱仪及匹配算法综合决定，需要通过实际生产过程得出。只要能够做到相对精确的覆盖匹配，就能够大幅提高辐射能的利用率以及固化效果。

3.11 粉末涂料低电压静电喷涂的探讨

刘小刚 周师岳

3.11.1 前言

“电晕放电”理论是国内外一直沿用的粉末静电喷涂工作原理。这个原理的基本特点就是高分子粉末吸收自由电子后成为负离子粉末，然后在气流输送下受到电场力作用而吸附到呈正极性的工件表面。因此，粉末通过的电离区空间所含的游离电荷（自由电子）数量，是决定粉末静电吸附能力的重要因素。电晕电极的电压越高，则其附近空间将因“电子雪崩”效应加剧而产生更多的自由电子。为了提高粉末的沉积效率，以往施工中常选用较高的电压工艺参数（一般推荐选用60～80kV）。在设备结构上，注重于研究喷枪的电极形状、数量、位置与粉末带电能力的关系。

3.11.2 低电压静电喷涂

国外曾报道过一种内带电式静电喷枪，即粉末通过枪管时，在电晕放电作用下在管内使粉末带5～30kV的负电荷，实现低电压喷涂。国内也有单位做了这方面的研究工作，但因效果不理想而未能推广应用。摩擦静电喷枪属于低电压喷涂，但基于其有效出粉量较小和对粉末涂料有明显的选择等因素，使其应用范围受到限制。

高电压喷涂具有很多缺点：高电压施工容易使枪口电极对接地工件产生电火花；涂层易因反离子流作用产生弊病；操作者也会因静电感应产生不适；对设备的空间结构、绝缘性能和静电发生器等相应提出了更高的要求。因此，能够采用低电压静电喷涂（30～50kV）具有很重要的实用意义。但一般设备使用低电压喷涂时，其喷涂质量不理想、沉积效率不高。下文目的在于探究其原因，寻找静电喷涂的主要工艺参数之间相互影响关系。

3.11.3 静电喷涂电压与气压的关系

粉末自喷枪口飞出后，主要受到气流推力、静电引力、重力和集尘气流的作用。这里不考虑后面两个因素的影响，主要研究气流推力与静电引力对粉末吸附到工件表面的影响。

1. 粉末的动能

先推算喷枪气流推力与粉末速度和动能之间的关系。假设整个喷涂工艺处于理想状态，如图3-61所示。

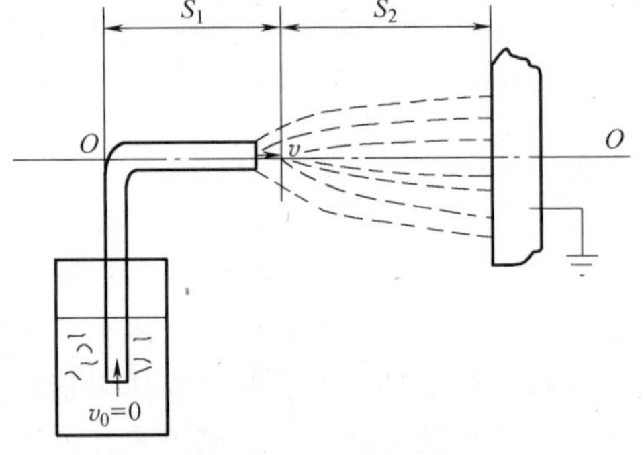

图3-61 粉末静电喷涂

1）粉末进入吸粉管时 $v_0=0$，粉末于喷枪出口处的速度为 v。

2）粉末在吸粉管和喷枪中运动的距离是 S_1，并假设各处截面相同，且粉末不受阻力。

3）粉末从喷枪口运动到工件表面这段距离为 S_2，粉末在这段距离中会产生扩散效应。这里先研究沿 $O—O$ 中心线运动的粉末流，即暂不考虑扩散效应。

4）不考虑重力和集尘气流的影响。

① 计算当气流推力 $F_2=nF_1$ 时，喷枪出口处粉流速度的变化 V_2/V_1。

$$S_1=a_1t_1^2=a_2t_2^2$$

由于 $a_2=na_1$

则由上式可得 $t_2=t_1/\sqrt{n}$

由于 $v_1=a_1t_1$，$v_2=a_1t_1\sqrt{n}$

喷枪口速度化为 $v_2=v_1\sqrt{n}$

式中，F 为粉末气流推力；t 为粉末运行时间；S_1 为粉末在粉管中运行距离；a 为加速度、v 为粉末到达粉枪口的速度；n 为倍数。

② 求粉末颗粒速度变化后的动能变化 u_2/u_1。

$$u_2/u_1 = v_2^2/v_1^2 = n$$

式中，u 为粉末到达喷枪出口时具有的动能。

上面的关系式表明，当气流推力增大 n 倍时（$F_2 = nF_1$），粉末颗粒到达枪口时的动能也增大 n 倍。

2. 粉末流速与扩散效应的关系

现在考虑粉末离开枪口后产生的扩散效应对粉末动能的影响，如图 3-60 所示，由于气流推力部分消耗于扩散效应，所以沿 $O—O$ 轴向的推力 $F_1' = K_1F_1$，$F_2' = K_2F_2 = nK_2F_1$（K_1 和 K_2 都是小于 1 的常数）。

因此扩散状态下粉末向工件运动的加速度 $a' = Ka$。

$$S_2 = \frac{1}{2}at^2 = \frac{1}{2}a'\ (t')^2 = \frac{1}{2}Ka\ (t')^2$$

所示 $t' = t/\sqrt{K}$

由以上各公式可求得 $V' = a't' = Kat/\sqrt{K} = V/\sqrt{K}$

即 $V_2' = V_2\sqrt{K_2} = V_1\sqrt{n/K_2}$

$V_1' = V_1\sqrt{K_1}$

则 $V_2'/V_1' = \sqrt{\frac{nK_2}{K_1}}$

扩散效应导致粉末动能变化关系式如下：

$$u_2/u_1 = nK_2/K_1$$

已知伯努利方程式：$p + \rho u_2 + \rho gh =$ 常数，该方程式适用于粉末静电喷涂中粉末气流的运动状态，式中，p 为压强，u 为流速，ρ 为质量密度，h 为流体水平高度，排除 Δ（ρgh）的变化因素，则可知当粉体流速增大时，粉流所受扩散静压推力将减少，即其在空间中的扩散效应将减弱。因此，可以说粉末气流速度变大时其 K 值也将变化，K_2 将接近 K_1 值，即当 $v_2 > v_1$ 时，K_2 将接近 K_1，$K_2/K_1 \approx 1$。由此可知：$v_2/v_1 \leqslant \sqrt{n}$，$u_2/u_1 \leqslant n$。

上面分析说明粉末在到达工件表面时具有的动能与其所用的喷涂气压近似呈正比关系。因此，在喷涂工艺中采用较高的喷涂气压就要求工件对带电粉末有更大的静电吸附力。静电场使带电粉末获得的电势能必须大于其动能，才能使粉末受到束缚而被吸附到工件表面上。在实际施工中粉末最终能否被吸附到工件表面还受到粉末粒径大小、集尘抽风力大小和流向、工件形状和表面状态等因素的影响。

3. 粉末的电位能

现在要弄清楚粉末在静电场中怎样增加其带电量和获得更大的静电势能。根据”电晕放电”原理，如果电压低于电晕电压值时，空气中将不能产生“电子雪崩”效应，形成空间游离电子区域。粉末通过该空间时不可能获得自由电荷，也将失去静电吸附的特性。因此，电压越高粉末带电性越强。但是有人曾做过这样的实验，在工频整流电压为 800V 时，接地工件上虽然吸附的粉末很少，但粉末仍表现出微弱的静电吸附特性。这种矛盾现象还表现在绝缘材料也能较好地静电吸附粉末；电晕放电理论核心论点之一的自限效应实际上不存在；接地的辅助上电极对粉末静电吸附的影响比电晕电极要大得多。对于实践中出现的矛盾现象，用离子型静电吸附观点很难解释清楚。依照高分子粉末在静电场中发生电偶极化物理效应的静电吸附观点，当前静电涂装用的环氧、聚酯粉末都是带有极性基团的高分子电介质材料。这些高分子的极性基团在静电场中吸收能量后，会产生弹性联系的电偶极化行为。分子结构中的空间电荷位置发生变化，形成正负两个电荷中心。这种电荷是一种不同于自由电荷的束缚电荷，但它们一样表现出静电吸引的特征。根据理论分析可知，这种极化程度（用分子极化率 α 表示）同电晕电压无直接关系，而与静电场强度 E 值密切相关。

从图 3-62 的 α-E 曲线得知当 $E=100\text{kV/cm}$ 时，α 值达到饱和值。根据喷涂经验得知，当 $E=3\text{kV/cm}$ 时，工件吸附粉末情况已经良好。因此在静电喷涂施工过程中运用这种理念可以认为粉末的带电量同电场强度 E 呈正比关系，即粉末的带电量 $Q=RE$（R 为常数）。可以求电荷在静电场中任一点 a 的电位能。设 a 与 b 为很接近的两点，相距 ΔL，故在 ab 段上的场强 E 可看做恒量（b 点为接地工件表面任一点），因为工件接地 $W_b=0$，则 $W_a-W_b=E\Delta LQ$，如图 3-63 所示。式中，Q 为粉粒荷电量，E 为电场强度，W 为电位能。只有当 $W_a \geqslant U_a$ 时，a 点处运动的带电粉末才无法脱开工件对它的束缚。当 a 点的 $W_{a1} \geqslant U_{a1}$ 时，即使粉末处于极端运动也将被电场能束缚住。当 $U_{a2}=nU_{a1}$ 时，也要求达到上述状态，则 E_2/E_1 应是多少呢？计算如下：

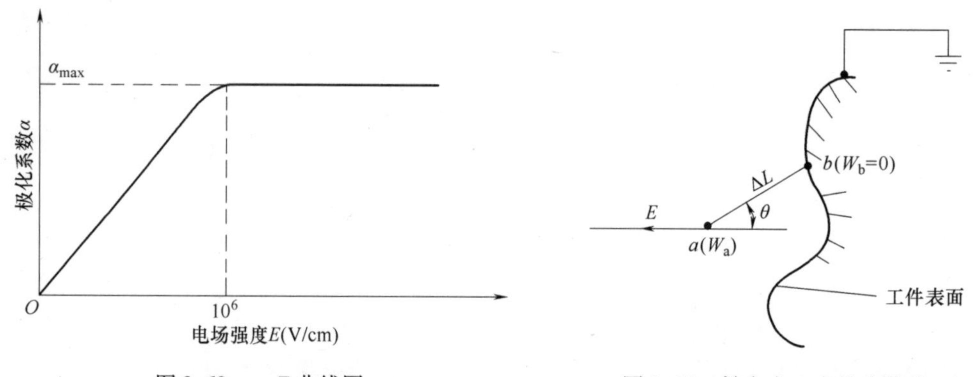

图 3-62　α-E 曲线图

图 3-63　粉末在 a 点的电位能

$$U_{a1}=W_{a1}=RE_1^2\Delta L \quad U_{a2}=W_{a2}=RE_2^2\Delta L$$

则

$$RE_2^2=nRE_1^2，E_2/E_1=\sqrt{n}\ （倍）$$

3.11.4　结论

1）通过前面分析推算得知粉末气流的流速慢，用较低的电压就可以得到理想的静电沉积效率。

2）喷涂施工中要求喷出的粉末具有良好的雾化状态，并能有效地到达涂装部位，这就需要一个合适的喷涂气流和气压。所以想采用低气压低电压喷涂工艺，必须在静电涂装设备结构设计中予以考虑，要求在粉末良好雾化前提下尽量控制粉流速度。例如压出式流化床供粉桶，选用流化床气压为 0.02～0.05MPa，输粉气压为 0.02～0.06MPa，喷枪静电电压为 30～40kV，即能满意喷涂。

3）手工静电喷涂操作技巧。掌握静电喷涂的气流与静电场强度的关系后，从 $E=u/d$ 关系式中可知，通过减小喷枪与工件之间的距离在电压不变的情况下同样可以提高电场强度 E 值，生产实践中得知静电喷涂的电场强度 E 值达到 2～3kV/cm 时就可以满足粉末的静电喷涂要求了。

采用低气压低电压手工喷涂是为了提高涂敷效率，可先采取近距离喷涂（上粉速率快），待工件表面粉层达到一定厚度时，喷枪再远距离喷涂。这是为了防止出现由于反离子流造成涂膜针孔。这种工艺方法喷涂产品不仅能加快施工速度还能保证涂膜表面平整光滑。喷涂深腔零件时，由于电压低，喷枪伸进零件内腔时不易对内壁产生火花放电，也可避免反离子流的产生，当然控制好喷枪气压和气量是非常重要的。手工静电喷涂操作技巧在农药桶等小口径深腔内壁喷涂中取得了良好效果，运用这种理念就可能针对一些深槽小孔的工件设计制造出专用的静电涂装设备。例如，用于分马力电动机铁芯槽孔内壁粉末静电涂装的自动涂敷设备已经取得了成功应用。

第 4 章

管理技术

4.1 美国三大汽车公司标准（CQI-12 特殊过程：涂装系统评审）国内应用的思考

林鸣玉（中国一汽技术中心）

4.1.1 前言

《CQI-12 特殊过程：涂装系统评审》（Special Process：Coating System Assessment，简称 CSA），是由 AIAC（美国汽车工业行动集团 Automotive Industry Action Group）涂装工作组编写的一个涂装标准。该涂装标准可以作为客户标准及产品标准的补充；可以用来评审组织（企业）的涂装系统的能力，审核其能力是否满足本标准的要求，以及是否满足顾客要求、政府法规要求和该组织自身的要求；也适用于组织（企业）对其供应商的一个评审标准。

美国三大汽车公司联合编写的 CSA 支持国际标准是 ISO/TS 16949：2009 质量管理体系-汽车生产件及相关服务件组织——应用 ISO9001：2008 的特别要求。

ISO/TS16949：2009 是国际标准化组织（ISO）发布的技术规范。

ISO/TS 16949：2009 质量管理体系是由 ISO 及 IATF（国际汽车工作组——世界上主要汽车制造商及协会成立的一个专门机构）共同颁布的一项技术规范。

2002 年美国三大汽车公司宣布对零部件供应商统一采取 ISO/TS 16949：2002 质量管理体系（第二版）。供应商如没有得到 ISO/TS 16949 质量管理体系的认证，也将意味着失去作为一个供应商的资格。

ISO/TS 16949：2009 质量管理体系标准（第三版）的目标是：

1）本标准的目标是在供应链中建立持续改进，强调缺陷预防，减少变差和浪费的质量管理体系。

2）本标准与适用的顾客特殊要求相结合，规定了签署本文件顾客的基本质量管理体系要求。

3）本标准旨在避免多重的认证审核，并为汽车生产件和相关服务件组织建立质量管理体系提供一个通用的方法。

《CQI-12 特殊过程：涂装系统评审》（2012 年 2 月第二版）支持国际标准：ISO/TS 16949：2009 质量管理体系，汽车生产件及相关服务件组织——应用 ISO9001：2008 的特别要求。

CSA 标准的评审可以作为 ISO/TS 16949：2009 质量管理体系标准的评审的一个部分。

我国汽车生产量在 2010 年已达到世界第一位，但我国汽车公司不集中（有一百多个汽车整车厂），而且大的汽车公司多为与世界著名汽车集团的合资企业。随着汽车零部件的国产化，不同的合资企业在国外和国内都有共同的供应商，因此这些合资汽车企业对国内外零部件生产厂的产品（涂装）质量都提出了贯标的要求，《CQI-12 特殊过程：涂装系统评审》作为世界三大汽车集团的现成的标准而逐渐被广泛采用，成为考核零部件供应商的一个评审标准。

4.1.2 涂装系统评审目标

CSA 的目标是对涂装管理系统进行持续、完善的改进，强调预防供应链中错误，减少其中的波动和浪费。

CSA 配合国际公认的质量管理系统和适用客户的特定要求，规定了对涂装管理系统的基本要求。

CSA 旨在为汽车生产厂商和售后服务件公司建立涂装管理系统提供一个通用的方法。

与 ISO/TS 16949：2009 和 CQI-12 标准相关的有如下的五个专用工具。这是美国通用、福特、克莱斯勒三大汽车公司对它们的零部件及各项服务的供应商提出的质量管理的具体方法、程序。

APQP《产品质量先期策划与控制计划》（2008 年 7 月第二版）；FMEA《潜在失效模式及后果分析》（2008 年 6 月第四版）；SPC《统计过程控制》2005 年 7 月第二版 MSA；《测量系统分析》2010 年 6 月第四版；PPAP《生产件批准程序》2006 年 3 月第四版。

1）APQP——质量先期策划。它是在福特汽车公司的 AQP 的基础上撰写而成的，是一种满足并超越顾客要求的产品质量的策划。它是将质量控制手段与管理功能全面结合的一种活动。它是一个有效的防错工具。

2）FMEA——潜在失效模式及后果分析。FMEA 作为一种可靠性分析方法起源于美国，在 20 世纪六七十年代广泛用于航天、兵器等军用系统的研制中，目前在电子、机械、汽车等民用工业也获得了普及应用。

潜在失效模式是指可能发生但不一定发生的失效模式，这是工程技术人员在设计、制造和装配中认识到或感觉到的可能存在的隐患。

潜在失效后果是指一种潜在失效模式会给顾客带来的后果。顾客包括汽车主机厂、下一道工序直至产品的最终用户。

后果分析指的是一种失效模式若发生，会给顾客带来多大的危害，包括后果的严重性、起因发生的频度及不可探测的程度。

3）SPC——统计过程控制。SPC 是一种借助数理统计方法的过程控制工具，它是利用过程波动的统计规律性对过程进行分析控制的。

控制图适用于各种过程控制的场合。当过程出现变差等特殊原因时，控制图能有效地引起人们的注意，通过分析原因而减少由于各种原因而引起的变差。当所有的特殊原因被消除之后，过程在统计控制状态下运行，生产出符合顾客要求的产品。

实际运用过程中，一般运用人、机、料、法、环等各种因素进行过程偏差的统计，并找出影响产品质量的最大因素。

4）MSA——测量系统分析。MSA是在制造业中广泛使用的测量系统分析，高质量的数据来源于可靠的测量系统。产品的质量与制造过程有关，而与检测无关，但有些检测还是必须要做的，特别是对特殊过程参数的检测。

测量系统包括仪器或量具、标准、操作方法、软件、人员和环境等。

5）PPAP——生产件批准程序，定义了生产件批准的一般要求。进行生产件批准的目的是确定组织是否已理解了顾客工程设计记录和规范的所有要求，以及该制造过程是否具有潜力在实际生产运行中依报价时的生产节拍持续生产满足顾客要求的产品。

4.1.3 CQI-12标准评审过程

整个《CQI-12特殊过程：涂装系统评审》的评审过程犹如ISO9000的认证一样，按照图4-1所示程序来进行。

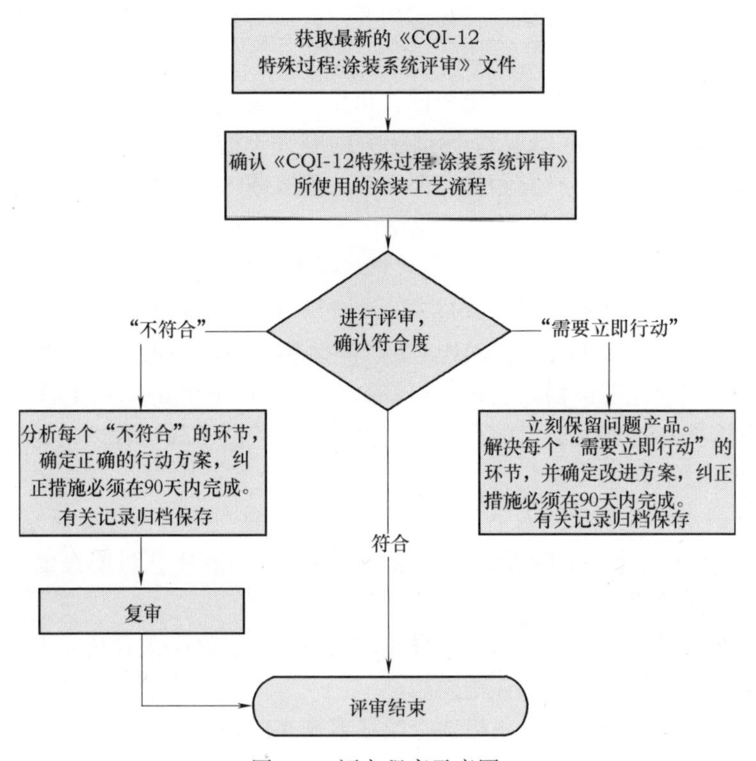

图4-1 评审程序示意图

为确保《CQI-12特殊过程：涂装系统评审》评审过程的实施，要求审核员必须具有下列具体经验才能来进行涂装系统评审：

1）资深质量管理系统（QMS）内部审核员（如ISO/TS16949：2009，ISO9001：2008）。

2）审核员必须具有涂装专业知识。包括至少五年的涂装工作经验，或接受过正规化学/化工教育和涂装工作的时间不少于五年。

3）审核员必须具有包括统计过程控制、测量系统分析、生产件批准程序、潜在失效模式和后果分析，以及产品质量先期策划和控制计划等汽车质量核心的相关知识并能熟练运用。

4.1.4 CQI-12标准评审内容

1. 管理责任与质量策划

1）现场有否具备相关资格的涂装专业技术人员？

为了确保能够随时得到专业指导，必须有专门的且具有相关资格的涂装技术人员在现场，而且是专职的、有相应的资历并且有五年以上的工作经验。

2）涂装工厂是否进行先期质量策划（APQP）？

每一个新零件或新工艺必须先做可行性研究并认可，按相同的质量要求分组，经客户认可后未经同意不得更改。

3）涂装厂的FMEA失效模式与效果分析是否被更新并与当前的工艺过程一致？

企业应当运用文件化的失效模式及结果分析（FMEA）程序，并确保其随时更新以反映当前零部件的质量状况。

4）所完成的过程控制计划是否被更新并与当前的工艺过程一致？

企业应当运用文件化的控制计划程序，并确保其随时更新以反映当前的控制。该控制计划必须符合所有相关文件，如操作手册、工艺卡和FMEA。

5）涂装相关标准和引用标准是否为最新的，且符合行业及企业标准？

企业应有客户提供的有关涂装标准与规范，并有程序确保所有客户和行业的工程标准和规范，以及按照客户要求计划表所作的改变，得到及时审查、分发与实施。该程序应立即执行。

6）所有的操作过程是否有书面的过程规范？

涂装厂应具有所有作业工序的工艺说明书，并具备各项参数和控制范围。

7）是否在过程改变之后，首先进行有效的产品性能分析？

每当工序的设备移动或大修后，企业应当进行产品的性能测试，以验证每道工序均能生产出合格品。企业必须建立可行的性能检测，定期进行检测，一旦发现有不符合客户要求范围的现象必须有处理行动方案。

8）涂装厂是否长期保持对涂装设备数据的收集和分析，并且根据数据进行调整？是否有适当的记录？

对产品和流程进行持续分析，为缺陷预防提供重要信息。企业必须有一个自始至终能收集、分析产品和工艺资料的系统。分析的内容应包括对特殊产品或工艺参数的历史数据分析及趋势分析，企业应决定分析中使用那些参数。所有记录至少要保留一年。

9）内部评估是否每年进行，并至少与AIAG的CSA评估一起进行？

企业必须每年使用AIAG的CSA评审标准进行内部评估，及时提出存在的问题并进行处理。

10）是否有合适的系统授权进行返工处理程序，并对其进行记录？

质量管理系统应具有专人授权的文件化返工流程。所有再加工都应由合格的技术人员发给新的工艺控制表，指明必须的涂装改动、如何返工，返工后的产品由专门指定人员验证通过。

11）质量部门是否检查、处理和记录客户意见和内部意见？

质量管理系统应有一套程序记录、评估和处理客户及内部关注的问题，并运用规范的方式解决问题。

12）是否对评估范围内的每个过程建立了适用的持续改进计划？

涂装厂应制订一个程序，在 CSA 的范围内实现对每个涂装工序的质量和生产率的持续提高。

13）质量经理或指定的责任人是否批准对封存状态物料的处理？

质量经理或指定的责任人负责授权合适的人员对隔离物料进行处置并留存文件证明。

14）涂装工是否可以获得详细说明涂装过程的操作指南？

涂装工必须得到包含涂装流程的工作程序和具体说明，这些流程或说明必须易于车间工作人员理解。

15）管理部门是否提供有关涂装方面的员工培训？

企业必须对每一职能规定资格要求，为员工提供所有涂装作业的培训，所有的员工包括后备和临时工都必须接受培训并保留有关培训证明。

16）是否建立责任矩阵表，以确保由有资质的人员履行所有关键的管理职责和监控职责？

企业应建立职责矩阵，确定所有的主要管理者和监管职能，以及可执行这些职能的合格人选，关键职位还应指定候补人员。

17）是否有预防性维护计划？维护数据是否被用来形成预防性维护计划？

企业必须对重要的流程设备制订正规的定期维护计划，设备操作人员所反映的问题必须以闭环方式做出回应。

18）涂装工厂是否建立了关键零部件备件清单，以保证最小程度的生产中断？

应建立并保持关键零部件备件清单，并应确保每一个零部件是适用的，以保证最小程度的生中中断时间。

2. 工厂与物料处理责任

1）工厂是否能够保证输入到接受系统的数据与客户发运文件的信息一致？

企业应具备有文件记录的工序和合格证，工厂必须有适当的详细流程来解决接收的差异。

2）产品是否在涂装过程中被清晰地标识并实施？

零部件及装运容器的识别程序应可帮助避免不正确的流程或货物批次混淆。客户的产品必须在涂装过程中进行明确区分和配置。

3）一批产品是否在所有过程中都保持可追溯性和完整性？

发出的货物必须能追溯到进厂的货物以达到可追根求源、持续改进。

4）是否有足够的措施防止不合格产品进入生产系统？

为防止发件时出错，对可疑品和不合格品应进行控制，不合格品应有专门的存放区。

5）是否具有能够在整个涂装过程中识别漏洞的系统，以减少零部件混淆的风险？

涂装厂必须有正规的流程来识别和监测每个流程/设备的漏洞。

6）包装容器中是否存在不适当的物料？

处理顾客产品的集装箱应没有异物。

7）零部件装运是否有明确的要求、记录，并被很好地控制？

装运参数必须被详列、证明和控制。

8）操作人员是否进行过物料处理、封锁行动和产品隔离的培训？

操作人员必须接受过物料处理、封锁行动和产品隔离的培训。设备发生紧急情况时应能应急处理。

9）是否有适当的处理措施在储运和包装过程中保持产品质量？

涂装厂在流程处理和装运过程的装/卸系统必须接受零部件损坏或其他质量问题的风险评估。

10）厂区清洁、日常维护和工作环境是否有益于控制和改善质量？

对厂区进行清洁、日常维护，以控制和改善环境和工作条件。

11）定时监测的流程控制数据是否在过程表中有详细说明？

流程控制数据的监测频率必须在过程表中明确说明。车间流程数据必须由指定人员通过签署记录条或数据日志来检查。

12）没有受到控制/分类的数据是否应检查，并做出反应？

对于工艺参数的失控和超出规定，应有文件化的应对计划，且有文件证明该计划的实施。

13）过程中/最后的测试间隔是否在过程表中有明确说明？

过程中/最后的测试频率必须按过程表的要求进行。

14）产品监测设备是否受到审核？

测试设备必须按使用客户细则标准或适当的共同标准如 ASTM、ISO、NIST 等标准进行检验/校准。检验/校准结果必须进行内部检查、审批和证明。

15）检查地区的照明是否充分？

检查工段的照明必须充分以允许对所有表面的评定。照明的排布应排除点光源、眩光或阴影，防止不可调或对检查面产生散射光。

16）水清洗控制方案是否纳入到文件和很好地反映到实践中？

确定的操作参数包括：工艺槽数量、槽的类型、水质要求、温度（如采用）及控制方法等。

17）水的质量是否符合要求？

水的质量不应对任一道特殊过程产生影响，工序有特殊要求应用纯水。通过在涂装现场对第一部分及第二部分内容进行考核，确定其符合程度。

3. 对工作审核（作业审核）、成品检查进行评审

1）是否由专业人员对合同、先期质量策划、FMEA、控制计划等，进行检查？

2）涂装厂是否有客户关于零部件的具体要求？

3）是否根据客户要求编制工艺过程卡？

4）涂装过程中是否保持物料的标识（零部件编号、批号、合同号等）？

5）是否有符合标准的接受检查的证明？

6）是否明确装运/装载的要求？

7）是否采用适当的程序或过程明细？具体参数参考过程表。

8）产品检查的要求是什么？（检验方法、检测频率或次数、样本选择、具体要求）

检查的主要内容：外观、颜色、光泽、涂层厚度、附着力、耐腐蚀性能（可选）、修复完好率、尺寸精度（可选）和客户具体要求等。

9）相应的过程步骤是否停止过？
10）控制计划中规定的所有检查步骤是否被执行？
11）有没有执行控制计划中没有的步骤/操作？
12）如果有另外的步骤被执行，这些步骤是否被授权？
13）操作细则中是否允许再加工或返工？
14）订单如何被确认，确认书是否反映了其操作过程？
15）确认书的签署人是否被授权？
16）零部件和装载容器是否与外来物体或污染物隔绝？
17）是否明确规定了包装要求？
18）包装是否最大程度地降低了零件混淆的可能性（按容器高度分装零件）？
19）零部件是否有适当的标识？
20）运载容器是否有适当的标识？

4.1.5 运用过程方法实施涂装系统评估的审核思路

1）首先必须完全理解第一至第二部分包括问题和对每一个问题的要求与标准。

2）评审员必须通过对比涂装厂提供的证据与“要求与标准”栏中所列内容，进行评审涂装厂第一和第二部分的符合度。

3）第三部分以及后面的十二张附录的审核表的填写均是参照 CSA 第一、第二部分相关的条款比照的符合度来进行认证的。

在对评审表填写方面，标准作了如下的提示：

1）在“要求与标准”栏中，“必须”一词表示要求，“比如”一词表示所给出的建议仅供参考。

2）“要求与标准”栏目将向评审员显示与过程表相关的问题。当过程表与问题相关时，评审员必须对涂装厂进评审，检查其是否符合过程表的特殊要求。

3）如果问题不适用于涂装厂，评审员必须在无（N/A）栏里打勾。如果符合，则必须在“客观证据”栏目中记录并在“符合”栏中打勾。如果客观事实与问题不相符，评审员必须在“不符合”栏目中打勾。

4）如果在评审中的某一问题上发现有不符合要求的产品，评审员必须在“需要立即改进”（NIA）栏目中打勾，NIA 要求立即封锁可疑产品。

4.1.6 CQI-12 标准的特点

（1）突出国际标准　强调特殊过程使用 ISO/TS 16949《汽车行业质量管理体系技术规范》过程方法进行评审。使 ISO/TS 16949 的贯标和评审与涂装系统评审结合起来，克服了企业涂装技术专业与贯标联系脱节的问题。

（2）强调预测预防、防患于未然　特殊过程、特殊工序是通过本过程或工序生产的产品的质量在本工序不能检测，需要在下一道工序或破坏性的检测才能确定的加工过程或工序如焊接工序、涂装工序、淬火工艺（过程）等。涂装这一特殊过程的产品质量要靠制造材料质量、执行施工工艺参数和确保施工设备的完好率来保证。不能完全依靠其后的检验来把关，使质量不合格的产品很容易混过检验关。于是，产品的质量缺陷在后续的工序或产品使用中才会暴露出来，这给企业自身带来较大的经济和信誉损失。因此，CQI-12标准就很好地体现了预测预防、防患于未然这些观念，对于APQP（产品质量先期策划和控制计划）、FMEA（潜在失效模式及后果分析）、SPC（统计过程控制）、MSA（测量系统分析）、PPAP（生产件批准程序）等都有具体要求。

APQP确定和制订确保某产品使顾客满意所需的步骤，以确保所要求的步骤按时完成。

FEAM原理的核心是对失效模式的严重度、频度和探测进行风险评估。在进行FEAM时，产品并未生产出来，而是一种潜在的可能性分析，是“防患于未然”。

（3）突出专业人员，强调人力资源　CQI-12标准非常重视涂装专业技术人员的作用，多处提到要有涂装专业技术人员，并要求要有一定资格条件和培训。提出了“现场要配备相关资格的涂装专业技术人员”。

（4）突出客户要求，强调顾客至上　CQI-12标准中强调：①涂装厂是否有客户关于零部件的具体要求；②是否根据客户要求编制工艺过程卡；③在零部件批准过程（PPAP）获得顾客批准后，不允许发生任何工艺过程的更改，除非得到顾客批准。当要求进行工艺过程更改确认时，涂装供方应主动联系顾客。企业应获得顾客所有相关的涂装标准和规范，且确保其状态是可使用的最新版本。

（5）标准列举若干涂装工艺类型，通过组合扩大了标准的适用性　CQI-12标准在对重要问题突出的前提下，充分考虑了该标准广泛的适应性，在具体实施时，具有很强的可操作性。进行审核时，标准列举了10种涂装类型评审过程表可供涂装工厂选择和组合使用。

4.1.7　对《CQI-12特殊过程：涂装系统评审》标准的应用的思考

1）学习相关知识，提高应用标准的水平。CQI-12标准是提高涂装系统管理水平的一个重要涂装标准，全世界知识的总和每十年增加一倍，涂装行业因环保及成本的问题在材料、涂装工艺、设备方面不断地更新，CQI-12标准审核的内容也会有所变化（CQI-12标准的第二版已发表于2012年2月7日），需要在应用中不断完善。在应用CQI-12标准中，一定要克服形式主义。

2）配合质量体系认证，丰富完善涂装系统标准的评审技能。在应用CQI-12标准中，CQI-12标准介绍的虽然是涂装，实际上是一个系统工程的问题。需要由特种工艺管理部门牵头，各部门配合组成一个综合小组，做好与企业各部门的联系沟通工作，在企业应用CQI-12标准评审涂装系统的过程中，需要涂装技术人员与质量管理人员，在应用中学习，在学习中提高，丰富完善涂装系统标准的评审技能，进一步提升涂装系统水平。

4.2　SUV涂装混线生产通过性的设计

刘晓梅　魏宇（华晨金杯汽车有限公司）

4.2.1　前言

随着中国汽车市场的发展，SUV逐渐由小众化走向大众化，SUV车型越来越受欢迎，每年都以较高的增长速度发展。在合资品牌牢牢占据了中高端SUV市场份额的背景下，近期，自主品牌开始纷纷涉入SUV领域，成为SUV市场上的新生力量。华晨金杯汽车有限公司再次准确把握住市场动态，推出了适合城市、城乡结合及山地道路的一车多用全能型SUV。

由于汽车厂生产汽车理念的不同，消费者对汽车车型的需求也不同，因此在一个汽车生产厂要同时生产多种不同的车型，即多种车型的混线生产。目前国内汽车涂装车间进行混线生产的车型车身尺寸差别不大，然而涂装车间生产车型种类多、车体长短尺寸不一，而SUV与其他的车身尺寸相差较大，那如何在涂装车间实现SUV的混线生产呢?

为了实现SUV车型在涂装车间实现混线生产，同时体现现代汽车厂柔性化生产的理念，在现有的涂装生产线上，适当地进行设备改造来实现多种车型、多品种与SUV车混线生产。下文主要介绍了对如何针对SUV车型进行相应涂装输送设备的改造。

4.2.2 生产工艺及设备现状

1. 生产工艺

涂装工艺作为汽车生产四大工艺之一，在多款车型混线生产条件下，把白车身安全地转接到涂装台车上，并满足工艺流程生产要素条件，将漆后合格车身平稳地转到装配；各工序设备必须满足通过条件，如电泳防浮锁紧安全性、各信号的自动识别、升降机着落准确性、台车吊具支承干涉等。白车身由装焊车间转载上线后经主要的涂装工艺包括前处理、电泳、密封胶、中面漆、修饰后完成漆后车身的生产，工艺流程如图4-2所示。

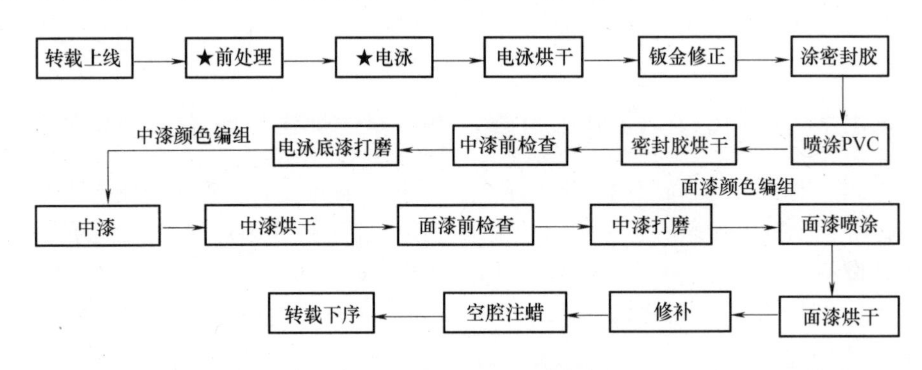

图4-2 涂装工艺流程图

2. 设备现状

涂装车间主要包括输送设备、喷漆设备、烘干设备、输调漆设备，其中需要针对SUV车混线生产进行改造的是输送设备和喷漆设备。原因是输送设备承担车身在涂装车间的自动化运输，即车身在车间内的通过性必须要满足，而现有输送设备包括涂装台车、升降机、吊具上并没有SUV车型的支撑点，故要在相应设备上增加针对SUV车型的支撑以使这些设备能承载SUV车，解决其在车间内通过性问题。其二由于车身在涂装车间内的喷涂工作主要由自动喷漆设备来完成，而SUV车在外形上与其他车型的差别必然要对喷漆设备的工作路径进行修订。喷漆设备如图4-3所示。

图4-3 喷漆设备

4.2.3 改造方案

1. SUV 车身在吊具上的搭载

在有新车型投产时为满足车身在吊具上的搭载通常有两个方案。方案一是在吊具上增加相应支撑点；方案二在车身上临时加装支撑工装满足其在吊具上的搭载。通常，车身尺寸相差不大的车型混线生产时，只要在吊具相应位置新增支撑点即可满足新车型在原有吊具上的搭载，然而由于海狮轻型客车的尺寸与 SUV 相差较大，且 SUV 属非承载车身，车头部位不可作为受力点，因此按通常的新车型混线生产改造吊具。在吊具上新增支点应对 SUV 的承载需要对吊具进行的改动较大，会对现有车型的正常生产造成不稳定性。因此，采用方案二即先把 SUV 车身搭放在转接架上，同时将转接架与车身互锁，而吊具承载着转接架，这样达成 SUV 车身在吊具上的搭载，同时保留了吊具的完好性，也不对其他现生产车型产生干涉。SUV 车身与转接架结合示意如图 4-4 所示。

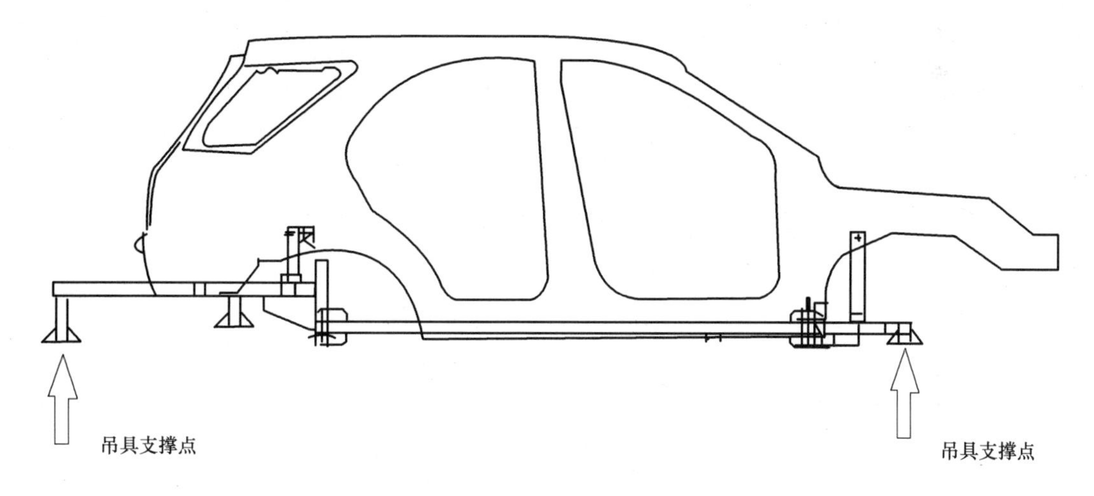

图 4-4 SUV 车身与转接架结合示意图

经实践证明通过转接架与车身相连，不论是 PVC 吊具或是前处理吊具都能良好地满足 SUV.车的通过性，并且由于制作转接架的费用约占改造吊具的费用的 1/3，因而大幅节约了资金。但同时需要注意的是由于有转接架在车身底部，会对喷底涂胶作业造成一定的影响。

2. 转载侧顶机新增支撑点

由于 SUV 车身已经搭载在带转接架上通过，故在经过转载侧顶机转载过程中，只需考虑增加针对 SUV 转接架的支撑点就可实现转载。由于转接架上的支撑点是参考其他现有车型的支撑点的位置制作的，故转接架在涂装台车上的相对位置也与该车型相同。因此，在侧顶机进行转载时其首先从涂装台车上顶起 SUV 转接架，后转接架再落回到 PBS 台车上的位置也是固定的，如图 4-5 所示。

经实践证明搭载在转接架上的 SUV 车在进行侧顶机转载改造时是比较顺利的，原因是转接架上提供了良好的支撑点。因而只在侧顶机上增加对应的支撑，可避免与其他车型的干涉问题。

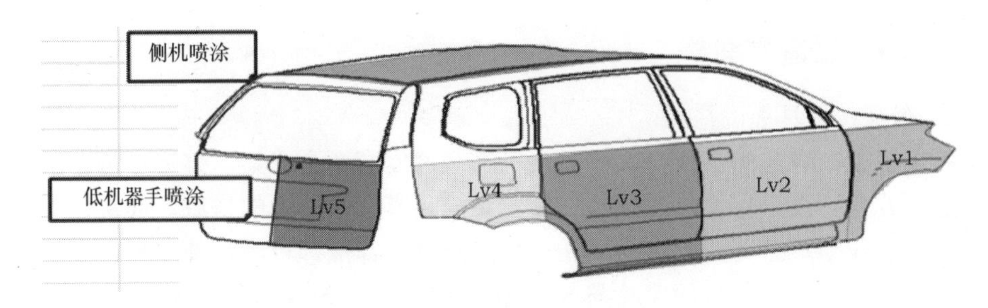

图 4-5　SUV 在侧顶机上进行转载

3. 喷涂仿形程序的设计

因为 SUV 车型与其他车型外形尺寸区别较大，所以不能直接借鉴现有的自动喷涂机器人的程序进行喷涂，SUV 车型要重新开始设计程序，且 SUV 车型的喷涂面积接近机器人喷涂面积的最大能力，如稍有不合理的动作，将无法完成整车喷涂。首先示教了现有几款车型喷涂程序，记录了机器人的启动脉冲、开始动作，观察机器人的运行轨迹，测量机器人喷涂时移动的距离，查看机器人喷涂的速度，研究机器人喷涂时间段的规律。经过上述准备工作，顺利地完成了 SUV 程序仿形的设计工作。针对侧喷机与机器人喷涂设定了各自的喷涂区域，如图 4-6 所示。

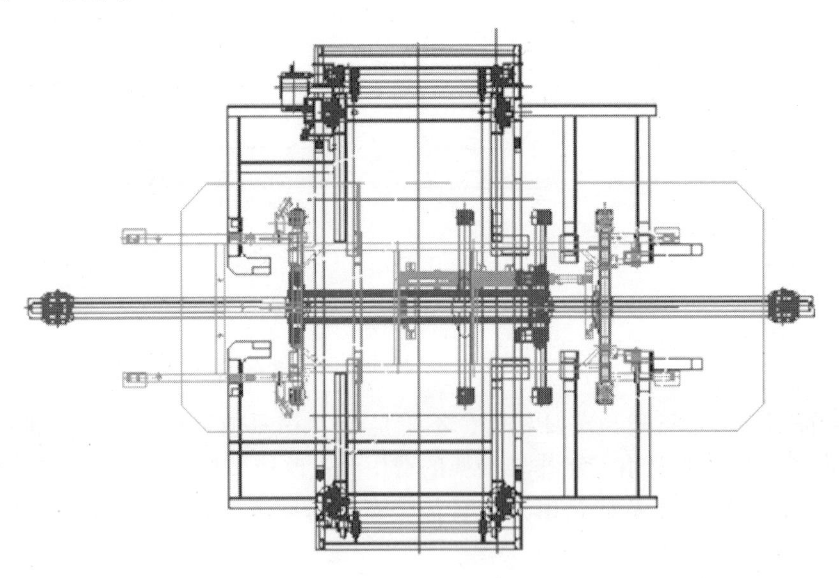

图 4-6　自动喷涂分区

4.2.4　结论

本节主要介绍了在涂装车间对新车型 SUV 进行混线生产所进行的改造方案，包括制作 SUV 转接架、改造转载侧顶机及制作涂装机器人的仿形程序。实践证明，经过以上改造 SUV 车型能够满足涂装车间顺利批量生产的要求。对于车身尺寸差别较大的两种车型混线生产，采用转接架承载车身即可满足新车型的通过性，同时又避免了对前处理吊具及 PVC 吊具进行针对性改造，对车间目前生产的其他车型无影响，设备改造时间短、投入少，降低了新车型投资成本。

4.3 关于涂装工厂信息化建设的探究

张伦周　王青（奇瑞汽车有限公司）

4.3.1 前言

信息化工厂是伴随着自动控制技术和网络应用的飞速发展应运而生的，尤其是现代互联网的普及使得一些传统方式难以实现的现场控制和管理技术有了革命性突破。通过信息化工厂可以实现产品质量监测、运行成本控制和设备管理的高效化和便捷化。工厂数字化将来也会成为工厂规划和建设的典范。通过对国内大多数汽车涂装生产线的比较，奇瑞汽车股份有限公司第二涂装车间是目前国内涂装行业较为先进的数字化工厂之一。

4.3.2 车间设备网络基础

1. 设备总线

设备总线采用能够自诊断的西门子 PROFIBUS-DP 用于现场层的高速数据传送。总线上连有多个主站 PLC（西门子 S7 400 系列）。这些主站与各自从站构成相互独立的子系统将车间热工工艺设备、自动化输送设备、自动高压喷涂设备等组成统一总线控制网络。DP 主站和它控制的所有从站构成一个 DP 从站，在一个段上最多可以有 32 个站，在整个网络上最多可以有 127 个站。一个 DP 主站可以控制的 DP 从站的数量取决于主站的具体形式。设计人员也可以将编程设备以及人机接口设备、通信模块或 DP 从站等连接到 PROFIBUS DP 网络中。

主站之间的传递方式在 20 世纪八九十年代盛行令牌环网的模式，令牌环网是一种以环形拓扑结构为基础发展起来的局域网，虽然它在物理组成上也可以是星形结构连接，但在逻辑上仍然以环的方式进行工作，如图 4-7 所示。与以太网 CSMA/CD 网络不同，令牌传递网络具有确定性，这意味着任意终端站能够传递之前可以计算出最大等待时间。使得令牌环网络适用于需要能够预测延迟的应用程序以及需要可靠的网络操作的情况。但是在通讯的速度上不如以太网。本涂装车间组网是采用工业以太网。

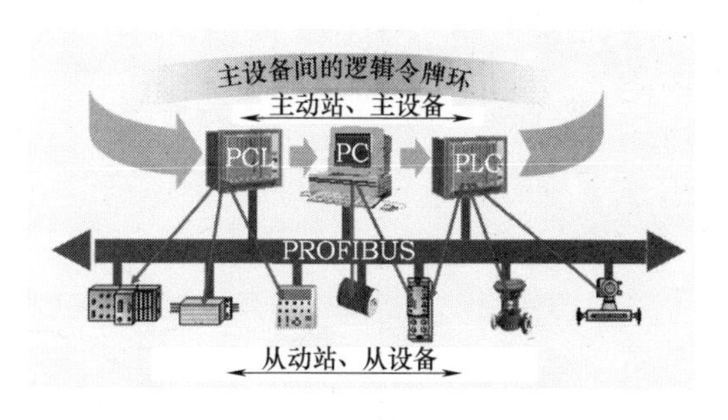

图 4-7　主设备间的逻辑令牌环

通过 PROFIBUS-DP 诊断能对现场故障进行快速定位；诊断信息在总线上传输并由主站采集，诊断信息分三级：

一级本站诊断操作：本站设备的一般操作状态，如温度过高、压力过低。

二级模块诊断操作：一个站点的某具体 I/O 模块故障。

三级通过诊断操作：一个单独输入/输出位的故障。

目前国内涂装生产线大都采用传统 PLC 控制方式，这种方式已经无法满足该行业对其产品要求高的特点，采用现场总线的布线方式能节省空间和成本，更重要的是能够利用各环节上的 PROFIBUS- DP 接口直接访问和修改控制器内部参数，可以协调整个涂装线的运行。

2. 工业以太网

以太网作为一项比较成熟的技术正向自动化领域逐步渗透，从企业决策层、生产管理调度层向现场控制层延伸。以太网由于采取冲突竞争的传输方式，具有传输不确定性的特点。但随着带宽的增加、冗余措施的加强和自诊断程序的完善，以太网完全可以满足中小型控制系统实时性的要求。同时以太网具有相关网络产品价格低廉、开放性好、技术成熟等优点。目前，Profibus、Devicenet 和 Controlnet 等都使用以太网传送它们的报文，制订现场装置与以太网通信的标准，使以太网进入工业自动化的现场级。

某公司第二涂装车间现场按不同区域分别安置 5 个以太网网络柜，如图 4-8 所示，具体分布在前处理线、PVC 涂胶线、中涂线、面漆线、修饰线，中央控制室可以拓展到所有需要连通的 PROFIBUS- DP 主站。网络柜内部均采用德国赫斯曼品牌交换机并配有备用供电系统以保证网络在断电情况下仍继续保持连接畅通。网络柜之间采用环形双光纤线连接使得整个网络达到千兆级高速以太网。

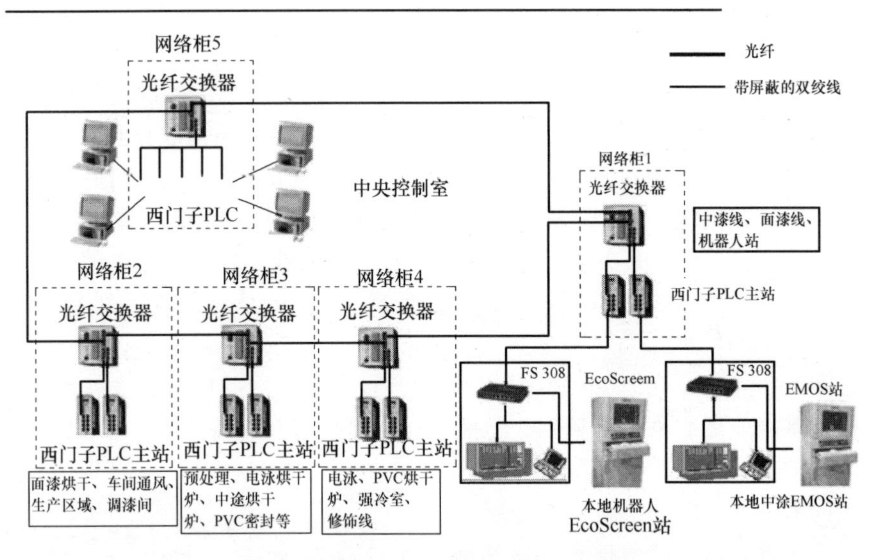

图 4-8 第二涂装车间以太网控制系统

3. OPC 技术应用

当现场智能设备将现场信息通过工业以太网传至监控计算机后，存在着信息共享与交互的问题。一方面，监控计算机内部应用程序需要对现场信息进行处理；另一方面，车间生产管理层需要与监控计算机进行信息沟通和传递。OPC 的出现则解决了控制系统突破“信息孤岛”的瓶颈问题。OPC 技术建立了一组符合工业控制要求的接口规范，将现场信号按照统一的标准与上位系统软件无缝连接起来，同时将硬件和应用软件有效地分离开。只要硬件开发商提供带有 OPC 接口的服务器，任何支持 OPC 接口的客户程序均可采用统一的方式存取这些设备，无需重复开发驱动程序；这样大大提高了控制系统的互操作性和适应性。目前车间是通过 STEP 7 在现场 PLC 主站建立统一的 DB 数据块，每个 DB 块都有唯一的名称；主站运行时会自动将设备信息保存到这些数据块，这样在与上位系统通信时只要将需要的数据与 DB 数据块进行一一对应就可完成现场信息的共享。

4.3.3 过程管理信息化

(1) 重要工艺参数可视化 根据工厂制造环境和工艺特性，对工厂的温湿度、电泳环节槽液温度、液位、电导率、烘干环节5个不同区域烘房温度，4台高压喷涂机油漆流量、颜色、高压、转速等进行量化，并能实时跟踪其趋势变化，便于上位系统查询分析。

(2) 车身输送与识别 由于是多种车型混线生产，因此对车身正确识别显得尤为重要，车间将每一种车型进行标号，利用MOBY-I车身识别系统控制车身的自动运行、自动存储和自动转接。系统根据设计的工艺路线和车身的MOBY-I数据，决定车身的走向，如合格车身自动去喷蜡线，不合格车身去点修补线。当几条平行的电泳车身存储线、中涂车身存储线、面漆车身存储线中的一条存满车身之后，后面的车身会自动存储到下一条存储线。

4.3.4 可视化人机界面应用

涂装二车间EMOS监控系统是一种友好的大型人机交互系统，主要负责生产开关机自动手动操作、适时故障报警通知、温度湿度范围调节、油漆车身定色以及生产数据统计等，在生产和设备维护过程中起着重要作用。

图形化的EMOS人机界面系统分层面、分窗口显示生产线上所有设备的运行状况，可以远程自动开启、关闭生产线和手动开启、关闭生产线上的风机、阀门、水泵、电动机等单个设备单元，动态显示现场各工位上的车身数量，实时获取设备的报警信息和工艺参数，监控温度、湿度、液位等参数，显示其变化趋势曲线。图形化的软件界面便于准时和安全启动设备，快速发现和排除设备故障，及时修改和实时控制设备参数和工艺参数。

涂装生产线每台设备都配备了EMOS（Equipment Monitoring and Operating System）人机界面系统和西门子PLC软件、硬件控制系统。PLC从现场设备采集设备参数、工艺参数、报警信息等数据，通过工业以太网传递给网络柜（Network cabinet），网络柜通过光纤传输给其他网络柜和中控室服务器；控制系统允许通过现场任意一台EMOS站操作和监控车间的所有设备。当网络断开时，各EMOS站操作和监控本地设备，例如中涂喷房EMOS站操作和监控中涂喷房设备。

4.3.5 上位系统具有多维度的分析能力

把所有量化的参数统一经数据库系统加工形成依据现场实施情况的产品多维分析系统。

基于Apache tomcat 4.1 + SQL 2000开发的EMOS-SM（EMOS Supervisory Management System）上位机系统，如图4-9所示，管理生产线上所有的EMOS人机界面系统。此系统可以分析故障信息和操作信息发生的频率和优先级，优先列出发生频繁、优先级高的故障；可以分析设备开动率、动能消耗、各班次和各车型的产量，实时查询生产线上车身的车型、颜色信息和跟踪车身所处位置；可以自定义单班模式、两班模式、三班模式下设备自动开关机的时间表，自定义用户的设备操作和监控权限、数据分析和处理权限。强大的数据库处理系统便于合理制订生产计划、加快生产信息的传递、快速应对生产异常。

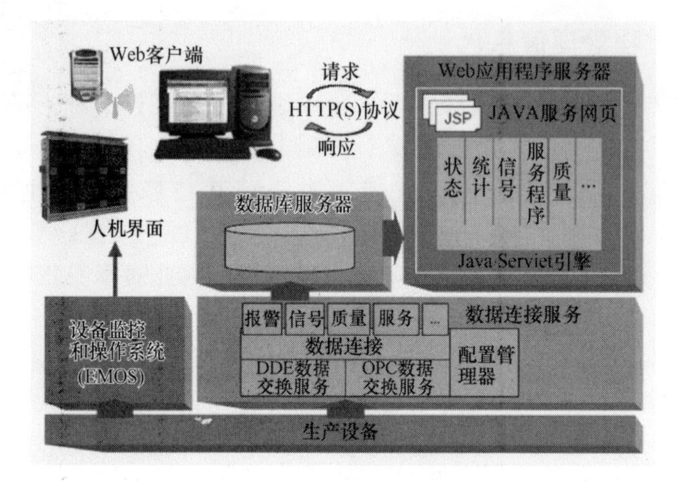

图 4-9　EMOS-SM 系统

4.3.6　总结语

随着微电子技术、计算机技术和电力电子技术的不断发展，自动控制领域发生了很大变化。信息技术的不断进步正在引领自动化系统结构的巨大变革，以网络集成自动化系统为基础的生产企业信息系统已逐渐形成。特别是现场总线控制系统，更以其开放性、网络化、智能化为建设现代化、数字化、信息化的工厂提供了支持。

4.4　喷涂机器人项目的管理及应用

肖丽娟（一汽吉林汽车有限公司技术部）

4.4.1　前言

涂装机器人以其涂着率高、节能省漆、涂装效果好，已经越来越多地应用于各种喷涂领域。从长远利益着眼，机器人喷涂是发展的趋势，人工喷涂存在着诸多弊端，例如漆膜质量不稳定、漆膜效果差、涂着率低等不利因素；喷涂是有毒有害作业，工人的身体健康必然受到影响，从经济和人性化管理的角度考虑，应用机器人进行喷涂都是一举多得的好事。由于发展的需要，公司进行了几次大规模的改造，这其中就包括增加机器人喷涂项目，从立项到实际喷涂。

4.4.2　技术交流阶段的注意事项

（1）技术交流参与人员及内容　在开始选择设备时，与将有意向的厂家进行技术交流，每家交流至少要进行 2～3 轮，交流的内容要详细，要涵盖日后可能涉及的所有问题。技术交流阶段必须要召集设备使用部门和维修部门的人员参加，因为有些问题，只有使用过的人才具体知道。

（2）技术交流后比较　技术交流后列表横向比较各厂家的优势和劣势；再纵向比较近 5 年内该厂家设备业绩情况，这样比较后才能有所发现，通常有参考价值的优势有如下几方面：

1）喷涂工作范围。工作范围越大意味着机器人使用数量越少，可以降低投资成本。

2）涂着率。涂着率即喷涂效率，喷涂效率越高越好，在使用过程中也越节省涂料。

3）需要的喷房宽度和高度。根据这两个值可以确定喷房面积的大小。喷房面积小可以节省空调的送排风量，就可以降低运行成本。

4）机器人结构。该项目可能是很难比较的，但是实际却很有用，如果一台机器人结构比较简单，用的零部件也比较少，而且很多件都可以拆开，这样一方面可以减少备件的数量，另一方面今后使用中有件坏损也不用花很多钱把全部件都换掉，只需拆个别零部件更换即可。

5）机器人喷涂过程中清洗用量和漆的损耗量。这两个数值小也可以节省溶剂和油漆的用量，降低喷涂成本。

（3）实绩考察　做完表比较以后，再对有意向的厂家设备进行实地应用的考察，考察主要内容涉及设备使用情况、常出现的问题及是否易损件较多、备件较贵等。

4.4.3　编写技术要求阶段的注意事项

（1）基本内容　基本内容要编写全面、准确，常规的内容包括生产纲领、设备开动率、返工率、生产节拍、车型尺寸、工件涂装面积等。

（2）接口问题　供货范围、能源接口、漆膜质量的描述要详实准确，以防产生纠纷。

（3）备品备件　备品件、易损件清单要清楚明了；设备质保期、编程软件都要详细备注。

（4）设备接口　需要与其他设备，如输送链、消防系统、喷房、扫描系统等有交接的，一定要在技术要求里明确提出这些设备要提供哪些条件，于什么时间完成等。

（5）产能预留　编制技术要求时，要考虑到一旦产能提升，机器人是否能对应，所以机器人要预留10%～20%的产能，如果产能预留太大投资成本就会大大增加，而且运行成本也会提高；所以预留产能一定要选择一个合适的比例，这项数值主要参考该线生产车型的市场前景，因此市场前景预测要准确。

4.4.4　项目建设阶段的注意事项

（1）编制项目实施日程表　项目实施日程表在技术要求完成时就应该进行编制，初期可以粗一些，但是随着日程变更，应该越来越细化，最后要细化到日工作量及工作用时，日程表是一个项目的灵魂，必须做好做细，项目才有可能做好。

（2）实施问题　如果在前期选择的厂家较为正规，那么项目实施阶段，要解决的问题就会很少。如是原厂房改造项目，涉及较多的是施工进度和现场物流通道的问题，需要项目负责人根据施工进度表进行跟踪；物流通道若是由多个厂家共同施工，施工前要协调好各厂家的时间；如果是新建项目，进度也要每天跟踪，通道问题通常不需要考虑。项目管理人员的主要任务就是沟通协调，通常做一个项目沟通和协调所占的时间约为75%。

（3）预验收　该阶段通常要进行预验收，在厂家内的预验收一定要进行，要求厂家提前通知。设备使用和维护部门必须一并参加设备的预验收，检查内容包括厂家是否检验螺栓、气路、阀门、阀岛单元，机器人是否进行过初期测试，测试了哪些项目及测试后是否有测试记录。

（4）机器人基础问题　在项目建设阶段，对于机器人基础的确认一定慎重对待。通常做法是：机器人厂家提供机器人布置图，并提出动、静载荷的数值，由喷房厂家进行确认；或者是把两家召集在一起开会确认，如果该项确认不好，后续就会出现机器人晃动的问题，影响机器人正常使用，而且也会耽误工期。

（5）机器人的能源问题　能源问题主要在压缩空气上，机器人自身对压缩空气质量要求较高，在编制技术要求阶段就要把要求的压缩空气质量提供给能源部门。通常新建的压缩空气管线都要进行吹扫，吹扫时阀门全开，边吹边敲打管线，吹扫5～7天即可；吹扫后用50mm×150mm试验板喷白漆做缩孔试验，板上无缩孔即可（必须正常温度烘烤后），吹扫时间的选择上要有所考虑，由于吹扫时噪声刺耳无法施工，要考虑尽量避开施工期。

（6）积放式输送链的问题　如果输送链是积放式的要注意链子抖动的问题，链子最好不要有爬坡段，否则容易出现机器人与车身碰撞的问题，如果是滑橇就不存在该问题了，因为滑橇运行起来会比较平稳。

（7）项目施工图册　项目从初建到最终完成，一定要分阶段建立图册，这样做有两点好处：第一总结得失，为以后建设同样的项目作参考；第二是使维修、保养的人能更清晰明了地知道设备结构、基础，便于维修、保养。

4.4.5　机器人调试阶段

（1）概论　机器人调试阶段是问题最多的阶段，通常电气、涂装机硬件、软件都比较容易出问题，这阶段也是工艺、维修、操作人员学习的最好阶段。

（2）条件准备　在机器人即将安装完成前，要为机器人调试做好准备。一般每种车型需要准备车身3～10台、试板（金属漆每种车型100片，素色漆每种车型70片）、试验用锡纸（每种车型宽幅的锡纸300m）、高温纸胶带、橡胶手套等，而且调试前要召集相关厂家和部门开会确认做好准备工作。

（3）厂家测试　机器人安装完毕后，首先厂家要进行一系列测试，例如硬件方面的测试、接口测试、供电测试、空气连接测试、油漆连接测试，测试后正式进入机器人喷涂调试阶段

（4）工艺参数调试和喷涂轨迹调试　调试主要有以下几方面内容：

1）调试前喷漆室及烤炉保洁。进入油漆调试前每个车型要先准备好1～3辆车身，由于喷漆线刚刚施工完毕，空气中灰尘较多，要用1～3辆废车身涂满凡士林或者油漆，在线上转几圈粘走灰尘，但是粘灰前，必须进行细致的保洁，否则，只靠车身粘灰是不可能粘干净的。

2）喷涂参数调试。第一次喷漆，先是机器人模拟喷涂，然后车身贴试板喷涂，试板主要检测漆膜厚度、色差、长短波值，这些数据调整好后再喷整车。

3）喷涂轨迹调试。整车调试就是主要对喷涂轨迹的调试。因为在喷涂车身时，一些细节的地方喷才能体现喷涂轨迹，通常比较容易出问题的部位是立柱，膜厚会比较薄，需要调整喷涂轨迹，而一些边缘位置、车身门拉手位置会容易出现流挂，也需要调整一下轨迹。

4）其他需要注意的问题。最容易调出来的漆是白色素色漆、中涂漆、罩光漆，这类漆不含金属铝粉，没有色差问题，但是该类漆通常粘度都会比较大，分散性差一些，所以也要注意车身是否有小缩孔。有些看着像缩孔实际是未被雾化的漆点，这类缩孔的特征是出现位置比较固定，喷涂后经过一段时间流平缩孔会慢慢变小。这时需要调整一下旋杯的转速即可，当然也要要求油漆厂家的漆及调漆用的溶剂尽量稳定。因为油漆生产厂家在生产时，每批原材料都不同，会多少有变化，需要厂家控制好原材料这关。其他的金属色漆相对难调一

些，轨迹的调整相对容易一点，但是有可能产生色差。由于金属漆色差多个角度看都会不同，所以在调整时一定要把各个角度的色差都调整到要求的范围内，否则今后会容易出问题。

5）吐出量调整的问题。吐出量的分配在开始调试时都要按平均喷涂遍数进行分配，例如四台机器人喷两遍时，某一部位吐出量分配就是，240mL 和 240mL；如果出现色差，那就增加第一遍喷涂的比例，通常前后两遍的比例 1.0～2.3∶1，素色漆也适合上面的比例。尽管机器人不同，但是通常油漆的工艺参数都是大至相同的，其他参数如成形空气量、旋杯转速、高电压值都控制在设备本身最佳使用范围内即可，而且一般不会做太大调整。

4.4.6 机器人使用阶段的注意事项

（1）维护保养　机器人使用阶段主要要做好维护保养，人员培训必须到位，操作人员要对设备基本操作、常规维护保养全面掌握，否则由于误操作会出现很多问题。维护保养一定要定期进行，机器人某些器件决不允许拆卸，否则会降低机器人使用寿命。

（2）机器人日常清洗　如果机器人只喷一种漆，要注意增加日常长清洗的频次，否则管路阀门会容易出现堵塞，如果是粘度较大的漆也要增加日常长清洗的频次。

（3）拷贝文件　机器人由于日常都是计算机控制，通常都不会把控制机器人的计算机与任何网络连接，因为网络病毒较多。所以在日常拷贝文件时，要加强管理，否则由于 U 盘或者移动硬盘携带病毒而感染给计算机时，将影响机器人计算机正常工作。

4.4.7 结束语

以上内容是做项目的一点经验总结，侧重点在于做机器人项目的过程，实际使用中机器人涂装还有其他问题。通常机器人涂装出现的问题都有规律性，比较容易查到原因。

4.5 汽车涂装技术精益化发展

马汝成　宋衍国　盖东辉（机械工业第九设计研究院）

4.5.1 精益设计的重要性

伴随着国内汽车制造业的不断发展，汽车涂装行业涂装技术发展到今天，已经进入技术优化和技术创新的竞争时代。在技术优化和技术创新的前提下，通过应用新技术、新工艺和新装备，结合精益设计和优化的实施，达到新建设的涂装线高效率和高回报率的目的，使涂装产品质量不断提高、成本不断降低是涂装精益设计的最终目标。

涂装线精益设计的另一个重要目标是节能减排。通过研发新型环保涂装工艺、材料和设备，实现涂装线的节能减排。

如何使涂装工艺更优化，设计更精益和卓有成效，这是涂装设计研究人员面临的重要课题。研究和实施涂装精益设计势在必行，与企业未来的竞争力关系紧密。

4.5.2 涂装精益工艺

1. 前处理工艺

目前涂装磷化处理工艺正在趋向由新一代环保型表面处理工艺替代，它们是锆盐材料、锆盐与硅烷复合材料、硅烷材料的表面处理工艺，通过形成低于磷化处理成本的转化膜，达到磷化效果。

（1）氧化锆转化膜处理工艺　氧化锆（ZrO_2）转化膜是一种无磷酸盐前处理新技术。转化膜是非结晶质，膜重 100mg/m^2，膜厚 40nm 左右；取消表调工序，成膜处理时间 90～120s，缩短了设备长度；沉渣减少 90% 以上，消除了 P、Ni、Mn，与磷化处理工艺比较 F 离子减少到小于 1/8。转化膜的性能接近锌盐磷化膜。

转化膜具有优异的耐酸性和耐碱性，被处理表面覆盖率高，与底材和涂膜的附着力好。ZrO 转化膜处理与磷化处理比较见表 4-1。

表 4-1　ZrO 转化膜处理与磷化处理比较

序　号	项目名称	磷化处理	ZrO 处理
1	污水处理量	100%	-10%
2	清洗化学品消耗	100%	-15%
3	劳动力成本	100%	-20%
4	能源消耗	100%	-50%

据 PPG 公司介绍年产 14 万辆乘用车的工厂，使用 ZrO 转化膜处理工艺，每辆车可平均节省约 3.2 美元。

（2）硅烷转化膜处理工艺　硅烷转化膜技术取消了表调和钝化工序，缩短了工艺时间和设备长度。目前使用的前处理设备不用改造，仅需更换槽液即可投产应用；适用于多种金属底材（冷轧板、镀锌板、铝板、预涂板）的混线处理。处理膜重：有机组分 20～40mg/m^2，无机组分 40～80mg/m^2；处理时间约 2min，温度为室温。转化膜与金属表面和涂层附着力好。

硅烷预处理与锌盐磷化处理相比不含重金属，如镍、锌等；出渣少甚至无渣（所有类型的基材的出渣量均 <0.1g/m^2）；耗水量少，废水量少；具有环保、节能、操作简便、成本低等优点。

（3）ITRO（意脱洛）处理法　ITRO 处理法是国外正在开发的一种火焰硅烷气相处理工艺，即在火焰中混入微量的硅烷化合物，在处于氧化火焰环境中被涂物面上形成纳米级的氧化硅膜的方法。与原来应用的前处理方法（如火焰处理、抛丸处理等）完全不同，它是在常温常压状态下，在基材表面蒸涂一层氧化硅膜。经过 ITRO 处理的基材与涂料、粘结剂等附着力大幅度提高，处理时间为 0.1～1s，被处理的基材可以是金属、橡胶、塑料、玻璃、陶瓷等。它也适用于溶剂型漆和水性漆涂装工艺。

ITRO 处理法能够达到以下效果：

1）经 ITRO 处理过的表面状态能达到涂底漆相同的效果，无需涂底漆。

2）ITRO 处理能改善材料之间的附着性，使异种材料之间达到很好的附着力。

3）ITRO 处理使用的添加剂不含有机溶剂和重金属等有污染的物质，实现环境友好型。

4）改善涂装工艺流程，可取消涂底漆涂层使工艺流程简化，适用于多种涂装工艺。

如果开发成功并能推广应用，可以显著减少涂装车间的建设和生产资金投入。

2. 电泳工艺

新型节能低沉降电泳漆，在保证电泳使用功能的前提下，解决了电泳漆不能停止槽液搅拌的问题并开始应用。新型电泳漆很好地控制了颜料沉降，在电泳涂装停止生产时，电泳槽液停止搅拌，停止搅拌时间的长短取决于设备条件和电泳漆种类，短时间可停止 1～3 天，最长可达 10 天。这种电泳漆节约了搅拌能耗和维护费用，取消了电泳备用电源，是降低 CO_2 气体排放量的有效方法之一，也是降低涂装电力成本和废弃物处理成本的一种手段。

3. 中涂面漆工艺

应用中涂面漆工艺能够减少 VOC 排放量、节能减排和降低涂装成本，国际上各大汽车公司与涂料公司都在积极协作，开发研制新型中涂和底色漆（溶剂型和水性涂料），在不断改进它们的施工性能，简化工艺的基础上，成功开发了 3C1B 和双底色涂装工艺。

具有代表性应用公司有：马自达和丰田公司的 3C1B 涂装工艺，大众公司的 2010 涂装工艺。

（1）3C1B 涂装工艺　3C1B 涂装工艺削减了中涂烘干工序，将中涂与面漆喷涂系统合到一起“湿碰湿喷涂”，又称为“三湿”涂装工艺。

3C1B 与传统工艺（3C2B）相比，简化了涂装工艺，降低了能耗，提高了生产效率，减少了有毒气体（VOC、CO_2、NO_x，SO_x）的排放，节省了涂装设备投资、运行成本及占地面积等，见表 4-2。通过取消中涂烘干和中涂后的打磨工序，使得涂装工艺更简洁和紧凑。同时，与传统的 3C2B 涂装工艺相比，能节省成本和节能减排。

表 4-2　溶剂型涂装工艺的 3C1B 与传统 3C2B 比较

序　号	项目名称	3C2B 涂装工艺	3C1B 涂装工艺
1	新工厂投资	100%	-15%
2	劳动力成本	100%	-20%
3	能源	100%	-18%
4	非生产性材料	100%	-20%
5	CO_2 排放量	100%	-8%

丰田公司规划采用的 3C1B 新工艺与传统三涂层工艺比较的目标是：VOC 排出量削减 87%，CO_2 排出量削减 52%，废弃物减少 40%，节省能源达 50% 以上。

（2）双底色涂装工艺　双底色涂装工艺是以开发的底色漆具有中涂功能（抗紫外光功能、耐崩裂性、展平性等）为前提的免中涂工艺，使涂装工艺更简化、紧凑和精益。与传统的 3C2B 涂装工艺相比，更省成本和节能减排，见表 4-3。

无论是溶剂型漆还是水性漆的双底色（2C1B）工艺与传统的 3C2B 工艺，都有很好的推广应用价值。水性漆涂装工艺的双底色与标准 3C2B 比较见表 4-4。

表 4-3　溶剂型涂装工艺的 2C1B 与传统的 3C2B 比较

序　号	项目名称	3C2B 涂装工艺	2C1B 涂装工艺
1	固定成本（设备投资、工艺面积）	100%	-20% 以上
2	运行成本（五气动力耗量）	100%	-25% 以上
3	材料耗量（涂料、溶剂及辅助材料）	100%	-15% 以上
4	生产效率（流程时间比例）	100%	+30% 以上
5	油漆 VOC 排放量	100%	-35% 以上

表4-4　水性漆涂装工艺的双底色与标准3C2B比较

序　号	项目名称	水性漆双底色工艺（2K）	水性漆标准3C2B工艺（2K）	水性漆3C2B工艺（1K）
1	工艺能耗	-30%	100%	+2%
2	喷漆室溶剂排放	-6%	100%	+34%
3	油漆消耗	-22%	100%	+6%
4	溶剂消耗（含换色）	-9%	100%	+23%

4.5.3　涂装装备的进步

（1）电泳槽循环系统的改善　日本近年来推出的电泳槽液逆向流循环系统，已经开始实施应用。与传统电泳线相比，该电泳槽两端都设溢流槽，槽液循环系统采用与工件运行方向相反的逆向流动，显著提高了电泳涂装的质量，使槽液的垃圾、颗粒降到10%以下；实现铁粉捕集率几乎达到100%；解决了入槽段表面泡沫易产生不合格品的问题；循环次数由4~8次减少到2~3次，使循环系统运行能耗减半，使得电泳线的质量得到提高。不论是新建电泳线或是改造老电泳线，应用效果都会很好。

（2）烘干室结构与热源的优化　早期直通式烘干室由于两端气封效果不好，产生热气外溢和进出口顶部易冷凝滴油等问题。因此，开发了U型桥式或Π型烘干室。同时，导致了设备造价和维修费用的提高。工艺布置也可以采用Γ型结构。由于解决了烘干室门洞热损失问题，可以使用直通型烘干室，造价低，无升降机的投入和维护。

据了解为了节能减排，日本已开始研究开发应用CO_2热风热泵技术作为新型热源，它与其他热源组成混合热源，用于涂装的烘干室供热。初步试用效果较好，达到了节省热源和降低运行成本的目的，减少CO_2排放量达10%以上。

（3）干式喷漆室的应用　随着节能减排的不断深入，人们更加认识到不产生或少产生危险废弃物对保护地球环境十分重要，欧美也开始限用水洗式漆雾捕集装置。因此，德国杜尔和艾森曼涂装公司分别开发了新型的干式喷漆室漆雾捕集装置和静电除漆渣装置。

与湿式喷漆室比较，干式喷漆室的优点是：低运行成本、低维护成本、低建设投资（目前含技术开发费用仍较高）和低作业环境噪声；无废水处理；供风量显著减少。

干式喷漆室无论在经济方面，还是在环保方面均有优势。因此，国内外新建涂装线已经开始使用。据介绍：德国某年生产15万辆汽车工厂的涂装线采用了干式喷漆室，其能源、水和化学品消耗成本降低了60%。干式喷漆室与湿式喷漆室的比较见表4-5。

表4-5　干式喷漆室与湿式喷漆室的比较

序　号	项目名称	干式喷漆室	湿式喷漆室
1	水耗量	-87%	100%
2	电能耗量	-60%	100%
3	新鲜空气和废气	-95%	100%
4	运行成本	-50%	100%

4.5.4　涂装精益设计的同步工程

采用计算机模拟仿真设计的同步工程，能够顺利完成产品开发与生产制造的转化，达到降低产品成本，提高产品质量和市场竞争力的目的。随着汽车设计同步工程的开展和深入，涂装同步工程也开始逐渐受到重视。它主要是在产品开发和施工设计过程中提供工艺性分析和产品通过性分析。

(1) 工艺性分析 产品需要工艺孔满足运输吊挂或支撑以及装配涂装的电泳孔、排气孔、排水孔、注蜡孔等的需求。无论是利用结构开孔作为工艺孔，还是增设专用工艺孔，都将直接增加建设投资。由于以往涂装工艺设计滞后，需对产品增设工艺孔来满足涂装生产，这就需要改进模具，而增加模具投资。同步工程使涂装工艺设计与产品开发设计同步进行，经过工艺分析能够与产品设计相结合，达到节省模具投资的目的。例如，开发新产品时，产品开发与工艺设计同步进行使结构开孔直接作为涂装工艺孔，即可节省模具投资。

产品的涂装质量不仅与材料和操作有关，也与产品结构及涂层要求等有关。同步工程进行涂胶、喷漆和注蜡等作业性工艺分析，可以及时发现影响涂装质量的结构问题。例如，白车身钣金结构与PVC（焊缝密封和车底防护）工艺的实现，产品开发与工艺设计同步考虑，能通过合理的钣金拼接，减少PVC材料消耗，使工艺操作性好，提高产品的密封性及整车性能。同步工程能使工艺设计和产品开发更相互适应。

(2) 通过性分析 利用数字化工厂模拟仿真技术，实现产品生命周期中的设计、制造和质量控制等各阶段的功能。通过在计算机虚拟环境中对整个生产过程进行仿真、评估和优化，从而现实由产品设计到制造的转化过程，可大大缩短从设计到生产转换的时间。

在新建工程产品投放或在原有生产线通过新开发的产品时，工艺通过性设计与产品开发同步进行，利用模拟仿真技术进行通过性分析，可以在工程实施之前准确了解产品生产通过情况，可避免与实际生产相差较大，造成不必要的设计修改，增加额外的建设投资。例如：通过模拟仿真可以准确地发现和调整新产品在生产中的通过性故障点；验证确切的运输工件的吊具数量和滑橇（或小车）数量；对于多品种共用吊具或滑橇（或小车）状况，也能及时发现吊点或支点是否合适或者新产品的结构与吊点或支点是否相互干涉等问题。

4.5.5 推进精益设计建议

涂装工艺设计水平的不断提高，使涂装行业更加注重新的精益工艺的吸纳，对新的涂装建设项目进行精益设计。

1）由于车身正在逐渐增加高强度钢板或铝合金板制件的含量，目前普遍采用冷轧钢板和镀锌板，在应用新型转化膜前处理工艺时，应同时满足几种金属材料的处理要求。应该注意某些处理工序的安排、处理方式、工艺时间等环节的设计。

2）转化膜前处理工艺已在零部件涂装线上开始投产应用，新型的转化膜处理工艺必将成为涂装前处理工艺的主流。国内企业应该尽快纳入轿车车身涂装工艺更新规划并着手促进推广应用。

3）跟踪研究开发ITRO处理工艺，如果能够研发设施应用，可以简化涂装工艺，减少涂装车间的生产面积、设备投入、建设投资、运行成本等，更有利于涂装精益化生产。

4）3C1B涂装工艺对喷漆环境洁净度要求高，应该设法防止超标颗粒、灰尘、杂物进入喷漆室内。要求对喷漆室内部、空调送风、压缩空气、涂装车身、喷漆工、有关工装和材料等严格进行洁净处理，保证达到无尘涂装环境。日本马自达工厂为了防止人员带入脏物，全部采用机器人喷涂（内外表面）。双底色工艺对底材电泳表面粗糙度要求很高，电泳漆的

表面粗糙度 Ra 值应≤0.35μm。白车身经过前处理和电泳后，应避免出现斑纹、脏点、缩孔、针孔等。应用双底色或3C1B涂装工艺时，前处理和电泳线采用旋转式输送机更有利。

5）3C1B和双底色涂装工艺不论是在建设投资和运行成本方面，还是在节能减排等方面都有很多优越性。根据国外的实际应用效果和国内涂装工艺发展趋势，在今后的轿车涂装线设计中应尽快推广应用。但是，新建涂装喷漆线应用的涂料，应该能够同时满足使用3C1B或双底色涂装工艺的多家供应商提供的涂料。

6）直通式烘干室是一种通过不断技术进步和改进的优化设备，它避免了Π型烘干室的输送升降设备造成的故障率并节省了投资。国内涂装行业应该学习吸收、掌握技术关键。

7）干式喷漆室是创新型的涂装节能减排设备，应用这种设备是必然趋势。由于是新型设备投入含有技术创新投资，目前从国外采购价格较贵。国内涂装行业应该引起重视并投入资金尽快研发。

8）涂装线的同步工程设计，有利于提高涂装线的建设质量，通过计算机模拟仿真确定、检查和发现产品开发与工艺设计的准确性。同步工程更有利于使产品开发和制造技术应用有机结合，实现涂装工艺精益设计，国内外已经开始应用。国内应在涂装工程设计和制造企业推广普及。

9）应用 CO_2 热风热泵技术作为新型热源与其他热源组成混合热源，用于涂装的烘干室供热，具有很高的应用价值，值得研究探讨。

10）在涂装工程设计、建设进程中，工程的“先进、可靠、经济、环保”和涂装生产“优质、高产、低成本、少公害”和节约资源意识在不断增强。涂装工程设计人员必须重视新建涂装项目，要节能、省资源、高效、低成本，比较国内外先进的经济技术指标，实现精益设计。

11）国内外的市场竞争促使我们提高质量的观念和创名优产品的意识不断增强。结合产品的使用环境和国情，应该重视强化关键性能和削减剩余功能。在涂装工艺设计和设备选型上要下工夫和下气力，通过应用新技术，提高一次合格率和降低涂装成本达到精益设计的目的。

4.5.6 结束语

我国一直在倡导建设环境友好型、资源节约型和创新型社会，实施节能减排，提高生产效率和资源利用率，在确保提高质量的基础上降低成本，提高质量竞争力。必须紧跟涂装技术发展趋势，加快推进应用涂装节能减排新技术，合理应用新材料、新工艺及新设备，实现涂装工艺精益设计。

4.6 汽车涂装线环境降温措施与管理

李文峰　白珊　李德有　张霆　任河（一汽轿车股份有限公司）

4.6.1 前言

汽车涂装线因清洁度管理要求，采取多项措施对厂房进行多层密封，并采取多种控制方式和方法，防止灰尘和污染物进入，从而提高涂装车身质量。不管夏季多么炎热，涂装车间禁止打开门窗进行通风降温，其主要原因就是保证涂装整体环境的清洁度。

涂装车间一般采用“三涂一烘”的工艺布置，烘干炉和烘干后的车身，成为涂装车间内的主要热源，怎样控制热源、降低车身和环境温度成为近一阶段主要改善内容之一。

4.6.2 厂房采光窗对环境温度的影响与措施

在涂装厂房的设计中，广泛使用采光窗的设计，采光窗可以降低厂房内照明用量，降低电能的使用，有效利用日光这一清洁能源，如图4-10所示。因受清洁度的影响，采光窗不能开启通风，这样采光窗就像温室大棚一样聚集热量，使该区域内的室温升高。

图4-10 厂房屋面采光窗

(1) 厂房采光窗温度测量 通过对厂房采光窗照射区域内的室温，进行8h连续测量（见表4-6），与其他区域温度趋势对比发现（图4-11），采光区域的室温，随着室外温度变化而变化。

表4-6 采光区域温度与其他区域温度对比表

时间 / 温度 / 地点	数据采集时间									
	8点	9点	10点	11点	12点	13点	14点	15点	16点	17点
采光区域温度/℃	28.4	28.5	29.1	30.5	31.2	31.5	32.6	31.4	29.7	28.9
其他区域温度/℃	26.5	27.1	27.7	28.9	29.5	29.4	29.8	29.4	28.2	27.5

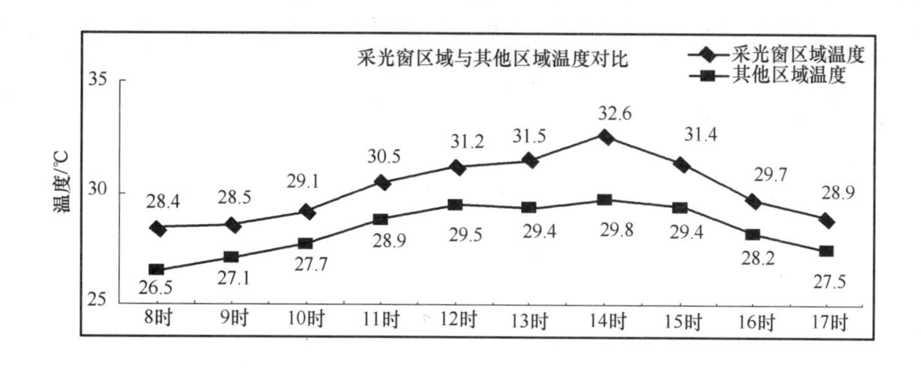

图4-11 采光窗区域与其他区域温度对比趋势图

通过采光区域使用的照度调查，采光区域大多是车身储存区、工艺设备顶部和无人操作区域，该区域内照度可以进行改善。

(2) 厂房采光窗温度改善 因厂房采光窗距离室内地面高度在6m以上，在室内改善过程中，试验表明安装拉帘遮蔽、透光板遮蔽等多种措施和方法，都无法达到预期效果。

我们又把着眼点改在对室外采光窗进行遮蔽上，通过使用多种材质，同时进行10个月的防风、防雨、耐寒、耐高温和透光率等项试验，通过逐级淘汰，最后选择遮光网（图4-12）做

图4-12 使用遮光网遮蔽的厂房采光窗

为遮蔽材料。通过安装遮光网前后室温对比趋势图（图4-13）发现，午后两点降温幅度最高达到5.8℃，达到了预期降温的要求。

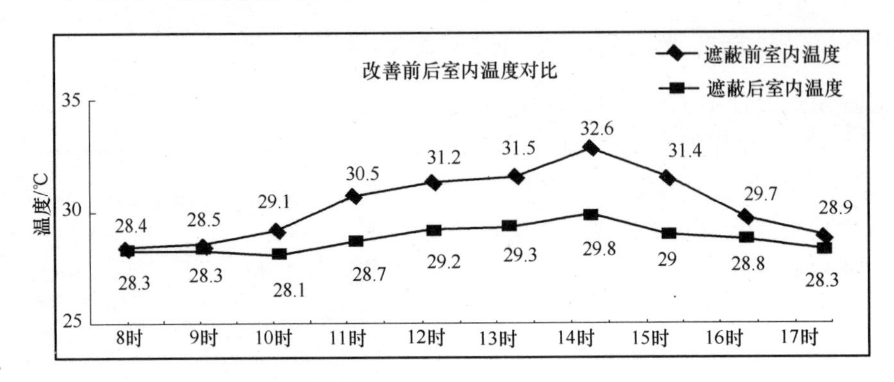

图4-13　安装遮光网前后室温对比趋势图

遮光网在使用16个月之后进行点检时，发现遮光网出现发白、粉化现象，经过进一步分析发现，普通的遮光网不具备耐候性要求，长时间使用就会出现粉化现象，通过与遮光网厂家进行沟通，重新定制具有耐候性的遮光网进行安装，再次经过18个月的连续使用，没有出现粉化现象。

耐候性遮光网可在厂房采光窗上广泛运用，在使用中具有很多优点，见表4-7。

表4-7　耐候性遮光网优点

类　别	内　容
优点	1）遮光网幅度较宽，可做到无接缝完全遮蔽采光窗
	2）透光率、遮光率符合现场使用要求
	3）遮光网安装简便，成本较低，并可以多年使用
	4）具有耐候性，抗紫外线照射发生粉化的能力较强
	5）因遮光网是黑颜色，冬季吸光性强，融雪率较高，可防止采光窗积雪

耐候性遮光网在安装过程中，应对采光窗的边角进行软化防护，防止因风力造成的磨损，延长耐候性遮光网使用寿命，其中为防止锈蚀采用镀锌钢条或铝塑板边条进行固定，可达到无锈蚀的效果。

4.6.3　涂装线内部降温措施与管理

在涂装内部降温过程中，采用多种加湿降温、制冷降温等多项措施。

涂装线在生产过程中，需要使用烘干炉对通过各工序涂装后车身进行高温烘干。因车身大多是多层钢板结构，有沥青垫片和PVC的保护，导致经强冷后的车身，经过车身内部热传导，出现逐步释放热量现象。因热量不断在车间内释放和聚集，导致涂装车间的环境温度不断升高，员工在高温环境下操作，直接导致体能下降，严重会出现中暑现象。环境高温同时也会加速电器元件的老化速度，降低使用寿命，增加备件成本。

（1）强冷后车身持续降温措施　经过烘干强冷后的车身在到达操作工位后，车身温度经过内部和底部多层钢板的热传导，车体表面温度达到32℃（图4-14），车身内部多层钢板处达到45℃（图4-15），车身的热量直接散发到操作环境中。

图4-14 车身外板温度测量

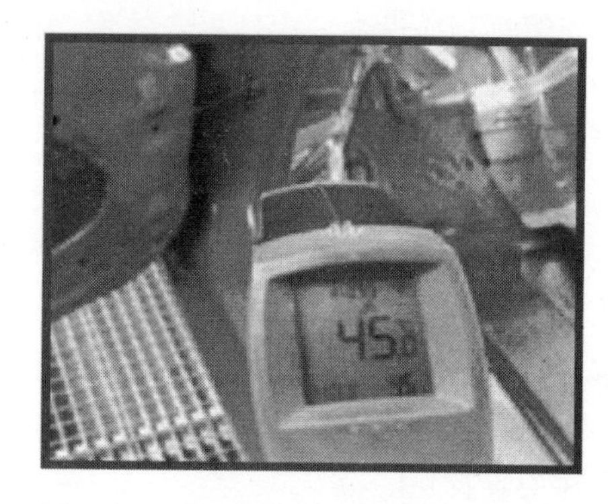

图4-15 车身内板多层钢板处温度测量

1）烘干后车身水扇降温措施。通过在强冷室出口安装多台水扇加湿器（图4-16），使用纯水直接喷到车身内外表面，达到为车身持续降温的目的。为保证水扇加湿器和相关设备的清洁度，在水扇和管路安装前后要分别进行缩孔试验和水质化验，根据水扇加湿器数量、车身不同位置的温度、车身运行速度、蒸发量计算，加湿量设定在28~36L/h之间，在保证加湿降温的同时，保证车身不留下水痕。

图4-16 水扇加湿器

2）车身在自动运行过程中的降温措施。车身在到达下一工序的自动运行过程中，分别在出强冷室20m处制作安装吹风环装置，利用厂房空调送风继续为车身内外部降温，为达到更好的降温效果，吹风口分别吹向门口多层钢板位置和车身内部。

在安装吹风环前，对厂房空调内的风进行清洁度测量，如测量值达到清洁度标准，可直接使用，如测量值超过清洁度标准，可以在连接处安装过滤装置，保证吹风环送风的清洁度。

3）车身达到工位前的降温措施。车身在到达操作工位前，通过7m长的半封闭制冷通道，继续为车身降温，半封闭制冷通道由一台10P制冷空调、两台轴流风扇、一组吹风环和半封闭室体构成。

制冷空调分别为吹风环和风扇提供冷风，吹风环主要为车身外表面降温，风口朝向车身来向。两台轴流风扇悬挂在半空，呈45°角向下吹风布置，在使用过程中主要是使冷空气由轴流风扇加速后，由车身前风挡向车内强制送风，达到车身内部降温的目的。经过改善前后的对比测量可知，车身内外板温度分别降低了6~9℃，见表4-8。

表4-8 耐候性遮光网优点

类别	车身外板温度	车身内板温度
改善前	32~42℃	36~45℃
改善后	26~33℃	29~36℃
温度降幅	6~9℃	7~9℃

（2）厂房内降温措施与管理　一般涂装线设备空调和厂房空调都没有安装制冷设备，其主要原因是制冷设备一次性投资较大、能耗较高、运行成本较大。涂装车间内的温度，因受清洁度影响，厂房各大门不能敞开通风，车间内部热量很难快速散发到车间外部。下面介绍几种适用于涂装线的降温措施：

1）水盘降温措施。水盘降温措施是将水盛放在塑料盘（图4-17）中，通过使水在室温条件下自然挥发而达到加湿降温目的。根据现场温度和所需蒸发量的不同，选用容量为600mm×400mm×60mm或600mm×400mm×100mm的水盘。

水盘降温措施之所以在涂装线得到广泛应用，是因为其具有铺装面积大、容易清理和维护，一次性投资成本低廉，不需要消耗动能，水的利用率高，灰尘一次性落入无漂移，防止了二次污染等特点。

2）喷枪加湿降温措施。喷枪加湿降温措施是使用报废的空气喷枪，把喷枪空气帽横置到水平扇面，将水雾化加湿降温的一种措施，如图4-18所示。

图4-17　使用中的水盘加湿降温措施

图4-18　使用中的喷枪加湿降温措施

当空气压力达到4.0Pa时，空气雾化有效距离可以达到11m，有效控制区域达44m²，降温效果很明显，参见图4-19、表4-9。

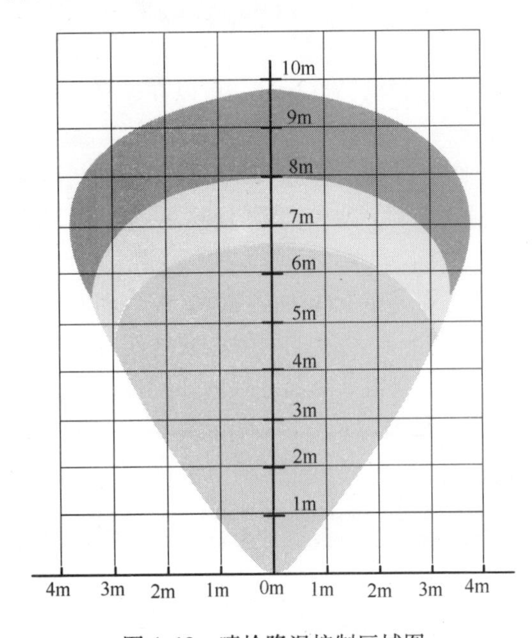

图4-19　喷枪降温控制区域图

表4-9　喷枪降温区域表

区域类别	降低幅度	备　注
白色区域	0.5℃	喷枪加湿开启2min以后，加湿区域测量温度
橘黄色区域	1.5℃	
浅黄色区域	3.4℃	
浅绿色区域	6.2℃	

喷枪加湿降温措施在使用区域，应尽量远离电气设备，防止因湿度过大存在安全隐患。喷漆加湿器也可用于特定区域大流量的加湿降温。

3）可移动水幕加湿降温装置。可移动水幕加湿降温装置（图4-20）由水泵、循环管路、储水槽（图4-21）、加湿水幕（图4-22）和防干烧装置组成。可移动水幕加湿降温措施解决了电柜区域无法进行加湿降温的难题。该装置具有占地面积小、移动方便、水循环利用率高和制作、安装容易等特点。

图4-20 水幕加湿降温装置

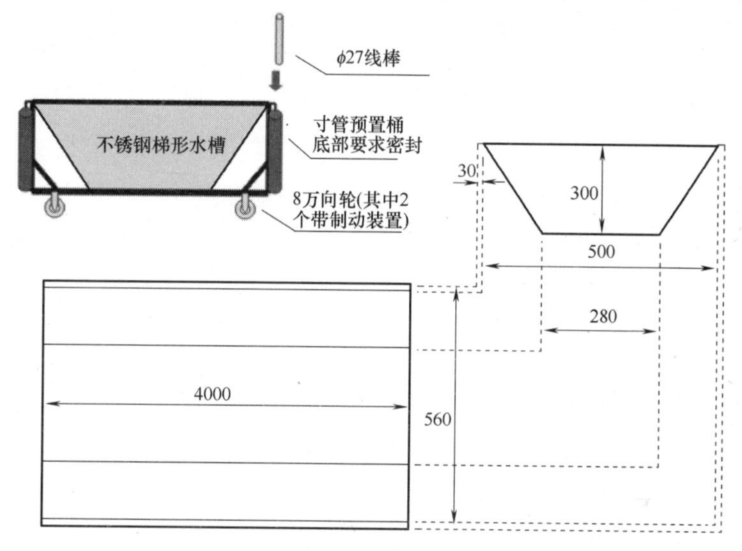

图4-21 储水槽尺寸示意图

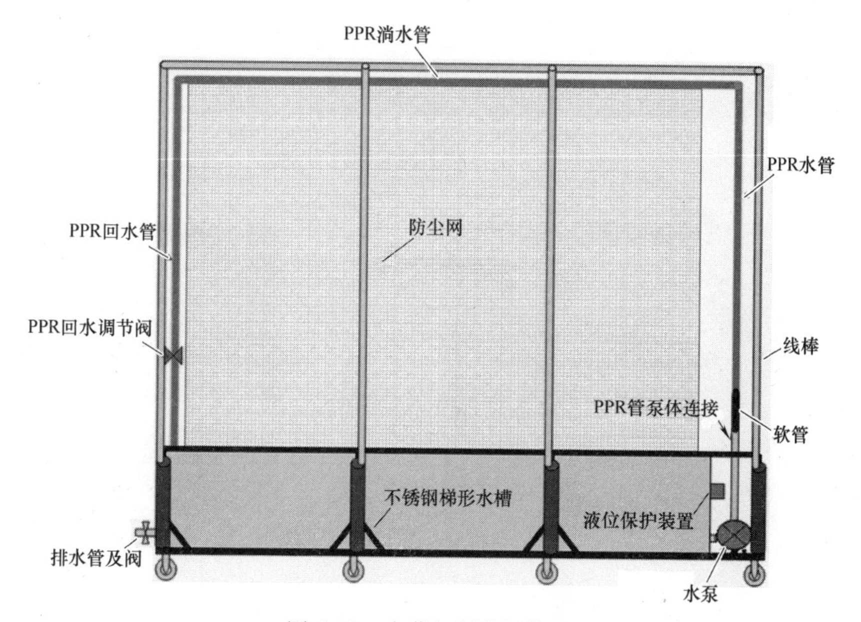

图4-22 水幕加湿降温装置

4）加湿降温通道。加湿降温通道如图4-23、图4-24所示，它是由循环水泵、循环管路、储水槽、水幕、喷水装置、防干烧装置组成。加湿降温通道跨越辊床和车身，车身在加湿降温通道中间通行，车身在通行的过程中达到降温的目的，该区域内的温度也同时降低。

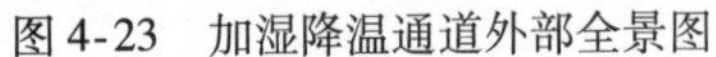
图4-23　加湿降温通道外部全景图

图4-24　加湿降温通道内部全景图

5）全自动水扇加湿降温车组。全自动水扇加湿降温车组（图4-25）是由自动补水防干烧装置（图4-26）、轴流风扇、自动控制系统（图4-27）组成的。通过轴流风扇把雾化后的水雾快速吹出，达到加湿、降温的目的。全自动水扇加湿降温车组可快速、持续对敞开区域进行不间断降温。全自动水扇加湿降温车组经过2年不间断的使用，能达到预期的效果。

图4-25　全自动水扇加湿降温车组

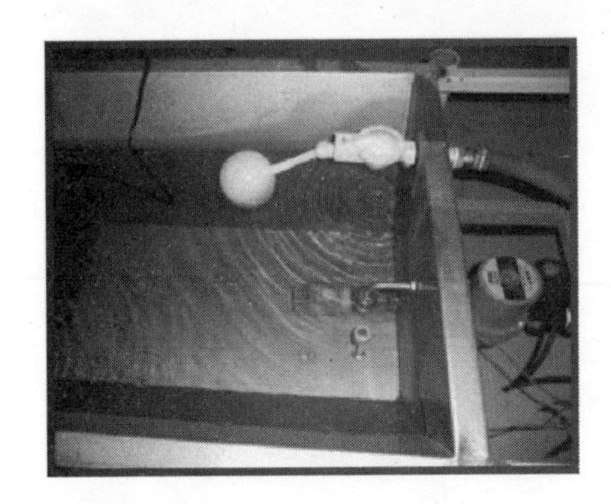

图4-26　自动补水防干烧装置

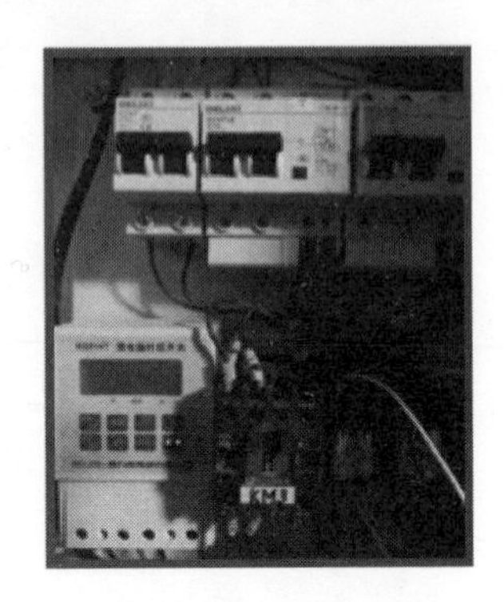

图4-27　自动控制系统

6）固定式全自动加湿降温水幕。固定式全自动加湿降温水幕（图4-28）主要由自动供水系统、水循环系统、电气控制系统、排水系统（图4-29）和淌水板（图4-30）及主体框架（图4-31）构成，固定式全自动加湿降温水幕主要在主通道或特定区域实施，通过循环水达到加湿、降温的目的。

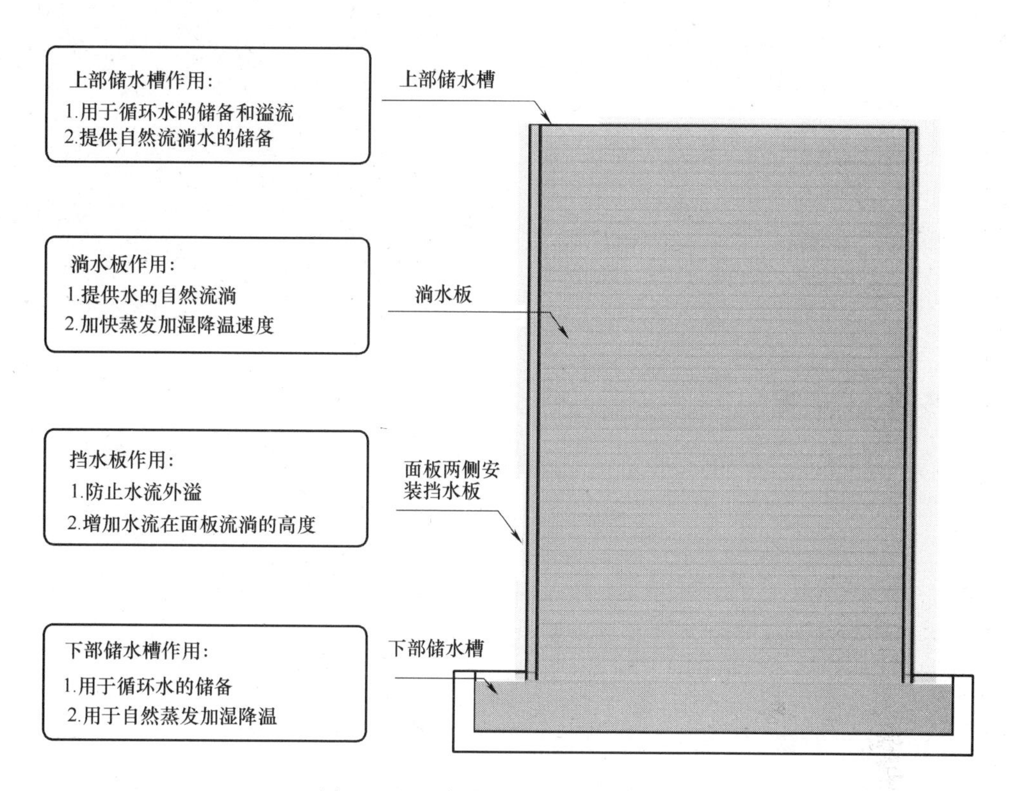

图4-28　固定式全自动加湿降温水幕

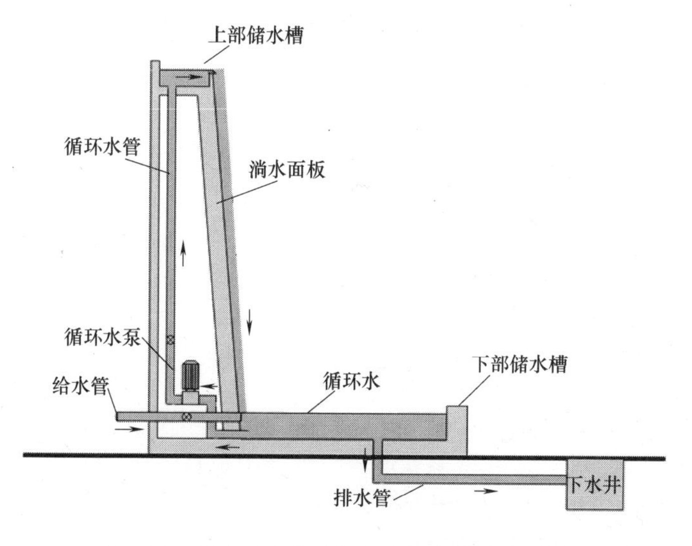

图4-29　固定式全自动加湿降温水幕结构示意图

图4-30　淌水板示意图

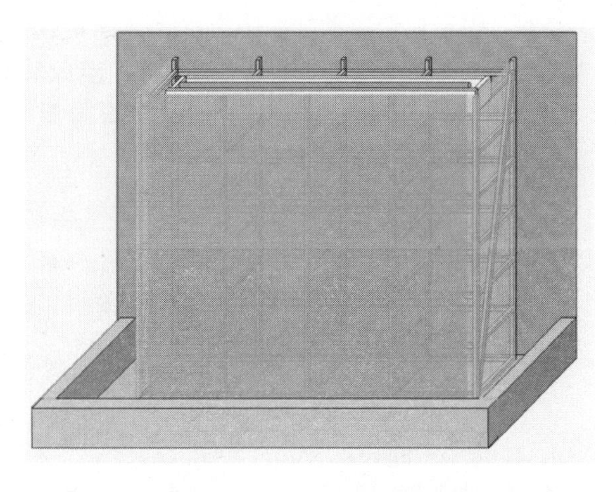

图4-31　固定式全自动加湿降温水幕框架示意图

4.6.4　小结

随着涂装行业降低成本的趋势，以上多种加湿降温方法在涂装线的应用，可有效降低涂装线环境温度。

4.7　汽车涂装工艺设计中的文件管理体系

华云　梁旭（长城汽车股份有限公司技术中心，河北省汽车工程技术研究中心）

4.7.1　前言

随着我国汽车工业的进步，各汽车厂也在不断地扩大产能，尤其是近几年来，国内新建的汽车车身涂装生产线的数目呈现出直线上升的趋势。众所周知，对于新建的涂装线，其前期工艺规划十分重要。然而，除去合资品牌以及少数有实力的汽车公司，一般汽车制造厂的初步工艺规划设计一直依赖于设计公司。究其原因，人员的流动使得设计能力不能积累和沉淀。在这种现状下，就需要在工艺规划设计过程中建立一套完整的文件管理体系，及时将所进行的工作总结和归纳，用以规范新线体的设计，从而缩短工艺设计时间，为抢占市场赢得时间。笔者近些年来，一直从事涂装线的工艺设计工作，对大型涂装线的工艺设计有着一定的心得，同时针对工艺设计阶段规划了一套完整的文件管理体系。本节将重点从如何做好文件管理体系进行探讨与分析。

4.7.2　汽车涂装工艺设计的概念和重要性

涂装工艺设计是根据被涂物的特点、涂层标准、生产纲领、物流、用户的要求和国家的各种法规，结合涂装材料及能源和资源状况等设计基础资料，通过涂装设备的选用，经优化组合多方案评选，确定出切实可行的涂装工艺和工艺平面布置的一项技术工作，并对涂装厂房、公用动力设施及生产辅助设施等提出相应要求的全过程。

涂装车间设计包括工艺设计、设备设计、建筑及公用设计等方面，工艺设计贯穿整个涂装车间的项目设计。一般在初设计阶段，主要进行工艺设计（或称概念设计），在对扩初设计方案进行审查论证后，方进入施工图设计阶段。在施工图设计阶段，工艺设计师要对初步设计方案进行优化、深化，然后向其他专业提供相应的工艺资料，同时将其他专业的设计在平面图上汇总，发现问题及时反馈给相应专业设计人员，进行调整。当某些专业由于某种原因不能满足工艺要求时，工艺设计人员需要及时拿出调整方案。

工艺设计的优劣直接影响着汽车涂装的品质，同时也直接影响工厂的经济效益，如果涂装材料、设备未选好，还可以更换，但工艺方案选得不好，平面布置不好，则质量问题难以解决。因此，必须高度重视工艺设计，应做到集思广益，多方案比较，精心设计，以达到资源、能源利用合理，物流通畅，涂装成本低，方便生产管理，对不同的涂装材料及不同的涂装对象有一定的适应能力。下面对汽车涂装工艺设计各阶段的工艺文件进行说明。

4.7.3 初步设计阶段

1）此阶段是根据被涂物的特点及质量要求，结合材料及能源状况和用户的要求（设计基础资料），确定切实可行的涂装生产工艺。在此阶段，首先输出涂装初步工艺方案，明确产品质量要求和总体工艺过程，以及对各阶段的目标制定和资源需求识别等内容。

2）涂装初步工艺方案确定以后，需要详细规划涂装工艺流程，绘制涂装工艺流程图，体现工艺参数，控制项目，对设备防错、设备的选型和检测设备的配备提出要求。此阶段需要对每一个工位进行详细讨论研究，同时考虑物流配送、公用资源需求等，包含以下内容：

1）过程名称/作业内容：逐工位进行描述，详细描述作业内容和作业目标，重点体现设计者对该工位的一个工艺概况要求。

2）工艺设备：设备及辅助设备和辅助工装，为了达到作业目的而必须具备的设备。

3）测量设备：检测仪器、仪表，包括在线检测以及离线检测所需仪器和工具等。

4）变差来源：从人、机、料、法、环、测等方面进行分析对作业内容和目的有影响的项目，对于重要度级别高的项目在设计初期需考虑防错，例如温度、液位和浓度等。

5）产品特性：产品质量要求。

6）过程特性：工艺上的过程特性，这个也是工艺设计的关键，重点识别工艺控制参数。

7）搬运方式：拟采用的机械输送方式。

8）所需资源/来源：该工位操作所需要的电、工业水、纯水、压缩空气、蒸汽等资源。

9）工位长度和工艺时间：依据产能和车体大小计算。

10）考虑新工艺新材料的预留和使用。

以往的工业设计，往往会出现与现场脱离的现象。例如随着工艺的发展，表调药剂分别使用纯水或工业水，在材料选型未确定的前提下，表调工位需要同时配置纯水和工业水资源。这就需要在此阶段，充分评审此文件，结合生产作业方式，合理布置工位操作内容，使配置的资源合理、节约。主脱脂工位的涂装工艺流程见表4-10。

表 4-10 主脱脂工位的涂装工艺流程图

工位号	过程名称/作业内容	工艺设备	测量设备	变差来源	产品特性	过程特性	所需资源/来源	工位长度
03	脱脂/用浸洗+入槽洪流+出槽喷淋方式清洗车体内外表面油污	脱脂设备/槽液加热/过滤/除油装置/除铁粉装置/加料系统			车体内、外表面无油污、铁屑等杂物		电源接口/蒸汽/工业水	26m
			液位计			槽液液位：23～35cm		
			酸式滴定管	化验方法		总碱度：20～30Pt		
			温控仪表	温控装置		槽液温度：40～60℃		
			压力表	喷淋泵、阀门开启程度		入槽喷淋压力：0.10～0.15MPa		
			压力表	喷淋泵、阀门开启程度		出槽喷淋压力：0.10～0.15MPa		
			压力表	过滤袋精度、更换周期		过滤器压差≤0.05 MPa		
						过滤袋精度：100～150μm		
				检测方法		槽液含油量<5g/L		
			温控仪表	温控装置				
				喷嘴的数量、型号、方向		喷嘴喷淋状态：不堵塞、不串槽		
					循环次数≥2次/h	倒槽周期：1次/6个月		

注：工艺时间为3min，以车身中立柱与与窗框下交点进出通过槽液时间计算。

4.7.4 平面图设计阶段

当工艺流程图完成后，需要绘制工艺平面图。工艺平面布置是涂装车间工艺设计的关键项。它将工艺流程图中体现的逐个涂装工艺、各种涂装设备（含输送设备）及辅助装置、物流人流、涂装材料、五气动力供应等优化组合表示在平面布置图上。

平面布置设计在整个涂装车间设计中是一项极为重要的部分，它将工艺流程图中的机械化设备、热非标设备及辅助设备等合理地结合起来，布置在涂装厂房内，确保最大的工作便利、最好的工位和设备之间的运输联系，最小的车间内部物流量。它是工艺设计文件的主要部分，是所有计算结果的综合。它需要对生产用设备及用具的数量和特征、工作人员的数量、特殊作业组织方式和车间内及相邻车间的运输关系等给予明确的说明。总之，它可以形象地反映涂装车间全貌，也是编写其他工艺说明书，进行机械化设备设计，热非标设备及土建公用专业设计的重要依据。这是一项工作量最大最复杂的文件，需要从多方案中选择最佳方案，需要反复评审后才能最后完成。

在设计平面图时，需要与生产管理模式相结合，同时考虑车间的便利作业，因此在绘制平面布置图时，还需要制订平面图检查表，对工位操作的功能和物流、存储等信息进行评审，增加车间管理中的简便性。

平面图检查表见表4-11。

表4-11 平面图检查表

序号	项目	标准及要求	结果
1	是否确定年时基数、生产节拍、设备有效利用率	年时基数、生产节拍和设备有效率计算后与设计产能相符	
2	是否对线体、设备外形尺寸进行了计算	人工操作工位合适；前处理电泳线体通过仿形得到，设备外形有参考计算数据	
3	辅助设备所需面积是否进行了考虑	输送链的驱动站、风机、转移槽位置需考虑	
4	辅助设备的位置是否靠近主体设备	空调区、风机、转移槽等就近布置，旁边或地下、空中	
5	是否考虑了输漆系统和机器人的预留	产能提升或者预留车型时喷涂面积增加需要预留机器人；考虑套色和试制时需要预留卫星罐	
6	是否考虑了炉温车的储存和行走路线	炉温车无需经过喷漆室而直接上烘干炉路线畅通	
7	是否考虑了示教车的储存和行走路线	示教车进入喷漆室，同时有不进烘干室和进入烘干室两条路线	
8	是否考虑了相关工位的离线和上线路线	ED离线打磨和上线；中涂离线打磨和上线；面漆返工中涂和返工面漆路线；终检进入小修和到报交的路线	
9	分区是否合理	高温区、人工操作区集中化	

4.7.5 工位技术条件和非标设计任务书的编制

（1）工位技术条件　工艺平面图完成后，就需要再对局部细节细化，由设计转化到人工操作层面。根据提出的品质要求，规范员工操作要求，对各操作进行明确，同时明确工位对照明、室体结构，对其他公共资源点的细节提出要求。脱脂工位技术条件见表4-12。

表4-12 脱脂工位技术条件

	槽液温度/℃		照度/lx		处理时间/min		入槽喷淋压力/MPa		出槽喷淋压力/MPa		循环次数/(次/h)	
工艺技术条件	范围	40~60	范围	200	范围	3	范围	0.04~0.05	范围	0.1~0.2	范围	≥2
	精度		精度		精度		精度		精度		精度	
	总碱度/Pt		游离碱度/Pt		槽液液位/cm							
	10~25		5~10		30±3							
公用	工业用水/MPa				蒸汽/MPa							
	0.1~0.2				0.2~0.4							

工位作业目的：除去车身内外表面上油污及铁屑等杂物

工位作业内容：

工位操作：采用入槽洪流喷淋+全浸+出槽喷淋处理方式对车身进行清洗

技术要求：①本工位设入槽洪流喷淋确保喷洗部位为车身内底板，出槽喷淋系统确保能喷淋到整个车体，喷淋压力符合工艺要求；②本工位需设计加料系统，与预脱脂工序共用两个加料箱，实现脱脂剂A剂、B剂分开加料，加料点设在副槽，药剂使用工业水或脱脂槽液稀释此文件将该工位从人、机、料、法、环、测等各方面进行一个了全面的介绍，各职能部门从中总结归纳自己部门需要进行控制的项目，并对各项目采取控制措施或者进行培训，提炼员工技能培训项；同时设备设计时应考虑设备防错；公用土建配置、工艺部门确定工装和工位器具以及工具的条件，是设备设计、工艺准备的重要输入条件。

（2）编制非标设计任务书　工位技术条件完成后，每一个工位的工艺要求已经很明确了，并且涂装设备大部分都属于非标设备，工艺对设备的要求必须用文件化的资料来描述，就需要编制非标设计任务书。编制非标任务书的目的和意义在于将工艺的要求以工程化的语言向相关专业提出要求，其主要内容包括：用途；技术规格，包括生产能力、输送方式、吊挂方式以及零件重量和动力来源等。同时提出工艺要求及操作方式，此外还包括对设备的特殊要求，如温湿度和允许的最大外形尺寸以及在此工位可能进行的工艺特殊操作等，必要时进行简单的工艺附图以明示。下面是脱脂工位部分示例：

用于车身焊接总成涂装前的脱脂、磷化及清洗。设备年时基数：4560h；生产节拍：1.2min/台；设备利用率：95%；节距 = 6.5m；$V = 5.42\text{m/min}$。

脱脂工位要求：采用喷浸结合的处理方式，配置循环管路和泵，保证槽内搅动≥2 次/小时。循环管路设置袋式过滤器（100～150μm）、铁屑分离装置和换热装置。除油装置与预脱脂共用一套，除油后的清洁液回到本槽，设置脱脂剂加药，自动进行工业水供给，同时实现脱脂液补加到加药槽便于提高脱脂剂的溶解速度；通过液位计进行液位控制。出、入槽安装喷淋管路，入槽喷淋液采用自身槽液，出槽喷淋液采用 No. 1 水洗管路和从脱脂置换槽到本槽的管路。自动温度控制，用电磁阀控制水洗槽液流入。脱脂液需考虑消泡设施。

非标设计任务书是设备招标和设计的基础书，它将工艺转换到设备，对工厂的投资起决定性的作用，是工厂涂装设备质量设计的保证，同时也是所有工艺流程的一个具体体现。此文件需要工艺规划人员进行多方评审，结合国内国际先进经验，做到低成本高收入。

汽车涂装工艺设计中的文件体系是一个从点到面，然后再从面到点的过程，其基本组成如图 4-32 所示。

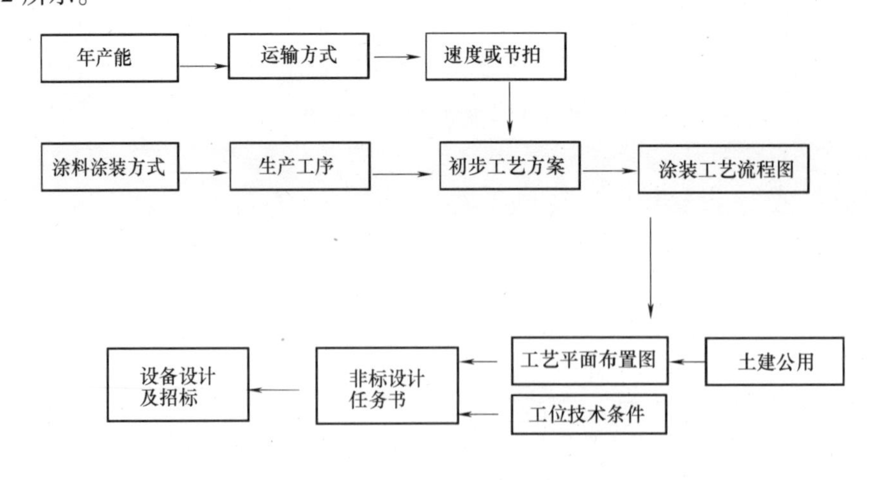

图 4-32　涂装工艺基本组成

当工艺设计部门输出非标设计任务书后，涂装工艺设计就相对结束了。涂装工艺设计水平不能只靠设计单位人员设计出来，需要主机厂工艺设计人员进行多方案对比评价，与国内外同类型涂装线体的先进经济指标来对比，作出每项涂装工程设计的工艺设计优劣的评价，针对差距及问题，逐个攻关解决。总结建设中的经验教训或在引进技术的基础上再创新和自主创新。

4.7.6 总结

汽车涂装设计水平的高低决定了汽车涂装水平的高低，国内与欧美汽车水平存在差距，很大一部分原因在于经验的缺乏，设计人员与现场管理模式和生产模式的脱节，同时存在着盲目生搬硬套的作法，因此设计出来的生产线也存在成本高但无法充分利用优势的情况。这就需要我们汽车主机厂工艺规划人员将在评审和建设中总结的经验教训用工程语言固化到相应的工艺文件中去，形成一套完整实用的工艺文件管理体系，同时不断修订和补充。这样才能不断地提高我国的涂装工艺设计水平，同时提高项目管理水平，以缩短工厂设计时间，争取竞争优势。

4.8 浅谈汽车涂装新车型生产准备

张伦周 刘翔（奇瑞汽车股份有限公司）

4.8.1 前言

涂装的生产准备工作，在过程方面主要有以下几个阶段：产品设计输入→工艺规划→涂装工艺设计→工艺虚拟验证→工艺开发验证。

其中可行性分析、SE 分析、试制车涂装是各阶段比较重要的部分，可能对后续工作产生影响。

4.8.2 可行性分析

（1）产能分析 根据现有车型的生产状况，结合该新车型的规划产能，进行产能匹配分析。

（2）投资分析 新车型若在现有车型生产线上生产，则主要考虑设备通过性等改造的投资，若新建线生产则考虑新建线投资。

（3）资源分析 包括供应商资源、人力资源等。

（4）工艺性分析 包括沥液孔、排气孔、打胶分析及新车型在车间的通过性分析。其中通过性分析包括前处理面漆滑橇分析，前处理 UBS 吊具分析，前处理电泳槽体通过性分析。

（5）项目风险点 列出项目风险点，并进行说明。

（6）涂装分析结论 在各项分析中，设备通过性是整个通过性分析工作的重中之重，也是否决项，而通过性分析也是 SE 分析中的一项重要内容。涂装生产是四大工艺中最为特殊的，设备的最大通过性尺寸确定后，所规划车型尺寸必须小于该尺寸，否则就无法通过，一旦设备无法通过且无法改造或改造得不到预批时，则直接判定路线失败，需重新选择路线或声明项目涂装不可行。因此，设备通过性分析尤其慎重。

通过性分析中的关键设备与前述关键设备是同一概念，包括：

1）吊具。吊具分为前处理吊具、PVC 吊具和喷蜡吊具等。

① 前处理吊具。目前，前处理电泳有滑橇形式的，有采用 C 型钩形式的，有吊具形式的，主要分析吊具（滑橇）与车身涂装用孔的匹配情况。奇瑞汽车采用的涂装用孔是 ϕ30mm，翻边 6 ~6.5mm 的孔位，吊具支点均照此标准。

吊具分析原则上遵循四个要求：

a. 车身涂装孔与吊具支点孔中心完全一致。若因为纵梁位置无法达成，以支架等形式，需要 CAE 对强度作分析（不适合 RODIP 翻转形式）。

b. 车身前后孔高差与吊具前后支点高差差异小于 50mm，如果是垂直升降葫芦吊具，可以稍放宽，但车身与吊具间角度不宜超过 2°，否则支点孔 X 向就需要偏移（从车间通用性角度，不希望这么做）。

c. 车身重心与吊具摆动中心（RODIP 翻转中心）偏移在 250°以内；对于爬坡的形式，车身重心在运动时不能越过支点。

d. 车身任何部位不能与吊具产生干涉，如果干涉就要看改造可行性。

② PVC 吊具。PVC 吊具主要看两点，车身重心是否在前后支承之内（安全距离是 200mm 以外，小于 200mm 时实际验证重心安全性）；支承块与车身侧围受力处匹配的情况。

③ 喷蜡吊具。喷蜡吊具与 PVC 吊具情况类似，需注意是否能安全打开门进行喷蜡。

2）前处理及电泳槽的分析要注意以下方面：

① 注意最小的浸槽的通过性，以及某些槽前后喷淋管是否与车身产生干涉；即使有绘制好的数据，一般也需要实地勘测校验。

② 车身进槽排空的情况以及出槽沥液的情况。

③ 由于车身尺寸或位置不同，喷淋时是否能将整个车身都喷淋到。某车型在槽内摆动模拟图如图 4-33 所示。

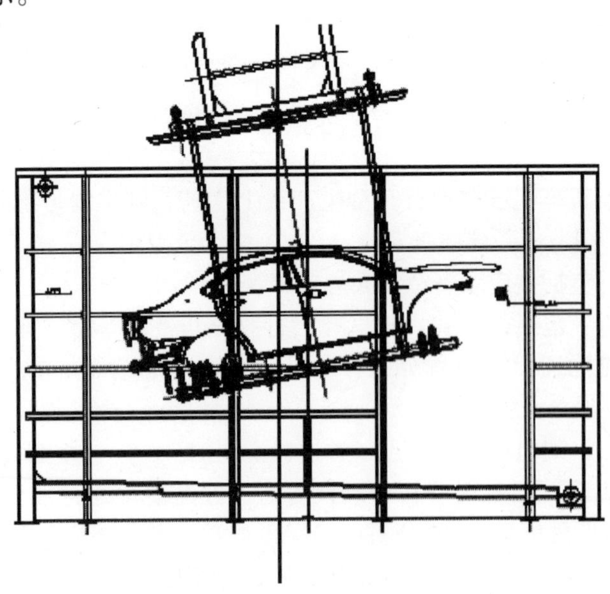

图 4-33　某车型在槽内摆动模拟图

3）烘干炉。烘干炉与车身不产生干涉。一般而言，Π 型烘干炉的通过性比较好评估，车身在炉内运行姿态稳定，而双行程桥式烘干炉需要考虑的问题较多，车身爬坡与转弯时更容易干涉。

图4-34为某车型在烘干炉通过的模拟图。

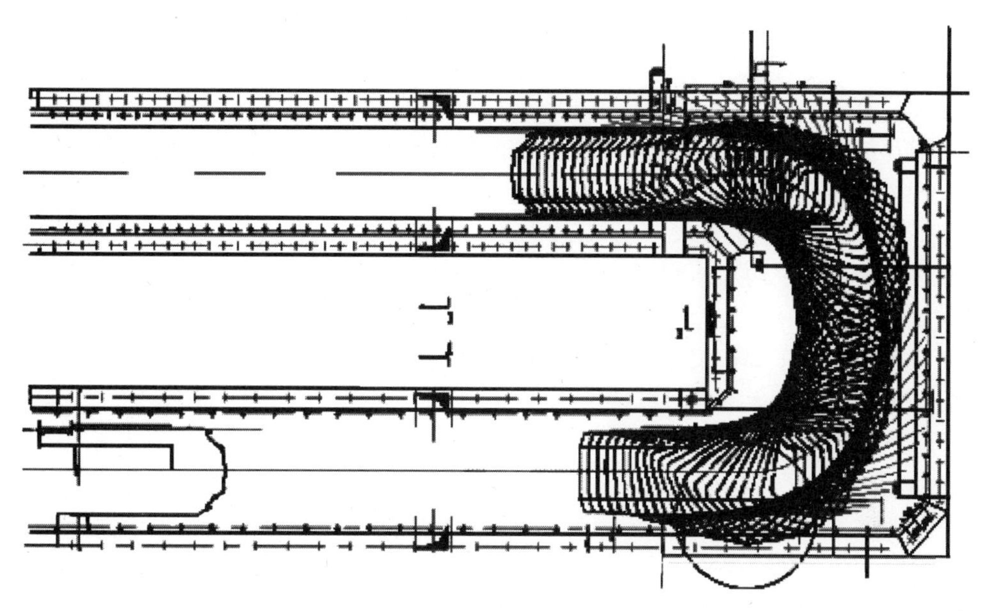

图4-34 某车型在烘干炉内的模拟图

4）升降机。此处主要考虑风窗吊具。这种吊具用于升降时，应考虑承重、车身在升降机上重心的情况和风窗部位的强度，以及车身是否会变形。

5）机器人等喷涂设备。

① 自动机。自动机行程要能照顾到车身所有位置，且不产生干涉。

② 机器人喷涂。机器人的最大喷涂范围能有效覆盖车身表面。

③ 鸵鸟毛擦净机及离子杆。最大行程不与车身产生干涉。

6）考虑实际情况，保留合理的余量。

分析工作中，考虑真实情况惯性及重心偏移等因素的影响，需要保留合理的余量。如前处理电泳通过性分析中，车身最前端与喷淋管间保留最少100mm，即使车型尺寸小于设备的最大通过性尺寸，也不能判断可以通过，还必须根据车身在吊具和滑橇上的相对位置、车身重心，判断运动状态下的车身是否和槽体等设备相干涉，如果干涉，则必须对机械化设备进行改造，或者调整车身支点孔位置。如果发现车身存在无法、难以通过的地方，或车身重量超出设备承受重量，则应明确指出不可行，如果勉强通过，会给后期试制带来很大问题或可引起安全隐患，应提出设备改造，无法改造的应另建车间。

4.8.3 SE分析

1. 定义

SE即同步工程（Simultaneous Engineering，简称SE），特指工艺与产品同步，意为在产品设计开发过程中，工艺早期介入，提前输入制造需求，协助产品设计部门优化产品制造工艺，改善和提高产品的可制造性，辅助产品实现。

SE过程即是新车型开发的过程，包括新车型开发的整个过程，即样车拆解—油泥模型—数据分析—电泳拆解。

现阶段SE分析特指数模阶段的工艺性、密封性、防锈性及涂装操作性的针对三维数模的分析。

2. 目的

涂装SE分析工作的主要目的是对于产品设计存在的问题在设计图样、数据阶段进行审核，预先对可能在生产线上出现的问题点采取改善措施，使车型在工艺性、密封性、防锈性、操作性等方面得以提高。

3. SE分析项目及期待效果

分析项目：防锈、防水结构及涂装性评价；涂胶操作性及生产性评价；涂装外观评价、商品性评价。

期待效果：使新车型在工艺性、密封性、防锈性、操作性等方面得以提高，减少后续因产品本身缺陷影响实际生产的可能性。

4. SE分析详细内容

工艺性分析：PT、ED车身进液、沥液及排气分析、内腔电泳防锈效果分析、钣金搭接防腐性分析、漏水性分析、PVC密封工艺性分析、堵件、沥青板、喷腊工艺性分析、特殊工艺分析。

操作性分析：喷涂操作性分析、PVC密封操作性分析、堵件操作性分析、喷蜡操作性分析。

5. SE发展目标及展望

将新产品开发过程中容易出现的问题解决在数模阶段，减少或避免新产品试制阶段问题的出现。随着SE工作的不断深入，分析水平的不断提高，SE分析在新产品开发过程中的地位将逐步提高，成为新产品开发的重要组成部分。

SE分析对于涂装的生产准备重要性不言而喻，如果前期就将车身所存在的问题在设计阶段解决，则后期实车阶段将大大减少成本和开发周期。笔者对工作中SE分析进行了总结，归纳出一些经验，仅供同行人员参考：

1）对内腔电泳防锈效果分析，降低后期冲压和焊装的模具、夹具、检具的投资。冲焊的模夹检具在新车型项目的投资中，占有很大比例，成本较高，尤其是模具。这也导致了后期设备变化造成项目投资居高不下。如果在SE分析阶段，将问题解决，模具可以减少后期修改，则项目投资将大大降低。

图4-35是某车型在SE分析中，针对内腔电泳效果提出的部分改进方案，而全车此种改进方案有20余处，如果这些问题留到后期，则模具更改费用为50～100万元。这些方案的提出，大大降低了冲压模具的投资。

2）对车型通过性进行分析，降低机械化改造投资。涂装车间是四大工艺中投资最大、周期最长，同时也是生产柔性最大，对环境要求最高的车间。往往是几个焊装车间公用一个涂装车间，因此涂装车间往往需要生产10多种车型，因此吊具和滑橇对支点孔位置要求较为严格，如果每种车型都设计不同支点孔位置，则每种车型都需要进行吊具、滑橇、转挂设备改造，将造成极大投资浪费。因此，在SE分析阶段就应对新车型支点孔位置进行分析，根据涂装车间的工艺平面布置及机械化输送方式提出满足产品柔性化生产的工艺要求，具体如下：

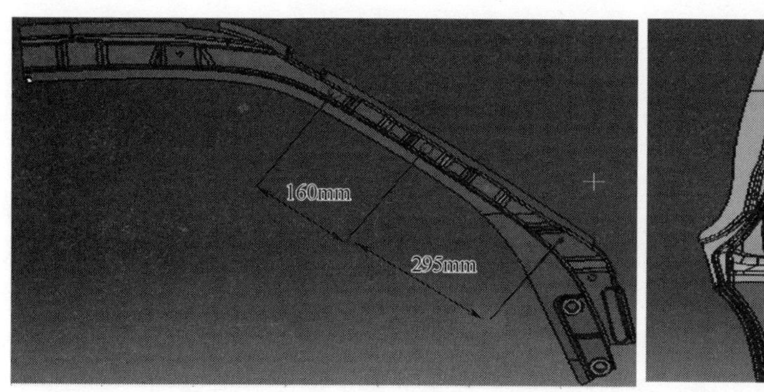

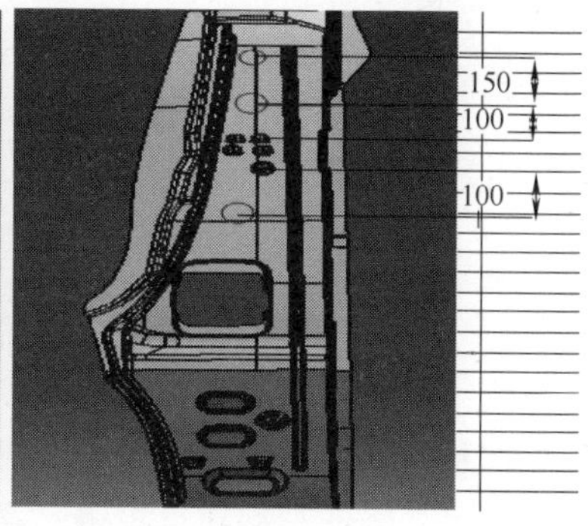

图4-35 某车型SE分析后改进方案

① 支点孔位置，前后支点孔间距应尽量使用现有吊具支点，同一车系支点孔应尽量沿用，并保证吊具可以锁紧。

② 车身重量应不大于设备最大可承受重量，重心位置应能保证车身在机械化设备上平稳运行，支点和车身强度应能支撑车身，不发生变形。

③ 支点孔应尽量满足焊涂总机械化设备通用。

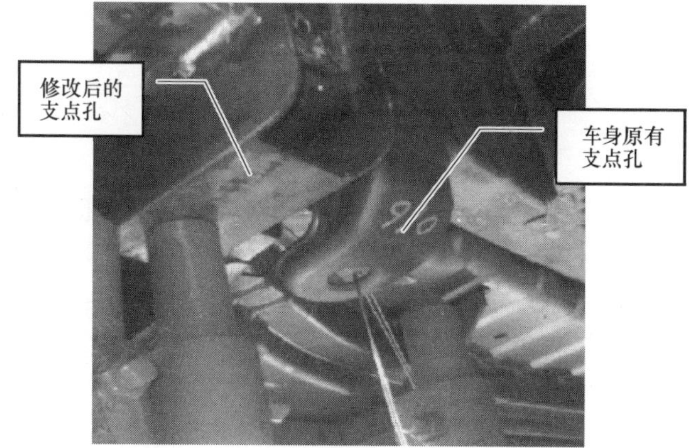

图4-36 修改支点孔

图4-36是某车型开发过程中，产品设计部门根据工艺SE分析结果，对车身前支点孔进行了修改，使得车型可以使用现有支点孔，将重心控制在合理位置，避免了大规模机械化改造。

3）通过对操作性和工艺性分析，尽量沿用现有工装和工位器具，减少工装费用。每种车型在进入试制阶段，都需开发辅助工装，而涂装的工装形式比较固定，有很高的通用性，尤其是同一系列的车型，基本都可沿用，而不同系列车型则应尽量寻找可以使用的现有工装。如工装可以沿用，则每种车型工装费用可节约5～10万元。

4.8.4 试制车身涂装的培训

当新车型进入试制车阶段时，必须对车间的操作人员和工艺人员进行培训，培训的内容主要有以下几项：

1）刷胶、方法位置培训。

2）沥青板位置培训。

3）随车堵件、一次性堵件位置培训。

4）UBS喷胶位置培训。

5）工装装配和使用培训。

通常由于车间车型较多，培训无法一次到位，因此需要对培训效果进行跟踪、巩固。新车型经常会发生设计变更，所以依照产品下发的 PDM 图进行操作可能会与实车有不一致的地方，这就需要尽快反馈产品设计部门，对 PDM 图进行修改。

4.8.5 总结

新车型是汽车企业的生命，车企只有不停地推出高品质的新车才能在市场竞争中提高自己的竞争力，一切研发、生产、设备都是为车型服务，每年各车企都会在新车型上投入大量资金。因此，提高新车品质，控制开发成本，是车企所有工作的重中之重。对于涂装专业而言，既要控制外观，又要保证内在，做好前期的分析以及后期试制车问题的跟踪和培训非常重要，可以大大降低车型项目投资，在早期发现、解决问题，缩短开发周期，进一步提高市场竞争力。

4.9 浅谈涂装车间质量管理

于超（一汽吉林汽车有限公司）

4.9.1 前言

随着国内、国外两大汽车市场的发展，市场竞争越来越激烈。汽车厂家都在努力增强自身的综合竞争实力，其中以强化营销网络、降低运营成本和提高产品质量为主要手段。作为生产车间的管理者直接承担着降低制造成本、提高产品质量的工作任务。笔者以本公司涂装车间管理实践为基础，简单介绍涂装车间的质量管理。

4.9.2 工艺背景

一汽吉林汽车有限公司涂装车间共有两条生产线：一条是 1986 年建设投产的微车涂装生产线，相对而言设备陈旧、工艺落后（手工喷涂）；另一条是 2007 年投产的轿车涂装生产线，设备良好、工艺先进（机械人喷涂为主）。作为车间管理者，在质量管理上面临着两个课题：一是稳定并提高轿车涂装质量；二是实现微车涂装与轿车涂装同质化。

4.9.3 涂装车间质量管理

1. 质量管理体系的建立

涂装作为整车生产四大工艺之一（冲压、焊装、涂装、总装），涂装车间质量管理应把好焊装受入质量关口，严控涂装生产过程，防止缺陷流出。在过程控制中，应注意以下几点：

1）设立品质广场，实现质量信息目视化。具体信息采集如图 4-37 所示。

2）品质信息数据管理流程化。具体流程如图 4-38 所示。

3）条件管理。包括重点工序工艺参数（前处理、电泳、涂料）、设备参数变化管理；车型变化、作业变化管理等，实现有针对性地对变化点进行点检、对策，防止缺陷发生。

4）异常管理。工程外缺陷流入、工程内缺陷流出工程外、设备出现异常状态等，需相关部门联合解决问题时，应使用异常报告书；工程内发生上下序间问题流入、流出时，发放“问联票”对问题联络解决。对所有工程内问题都要先防止再流出，然后再防止再发，实现异常发生时，快速对应。

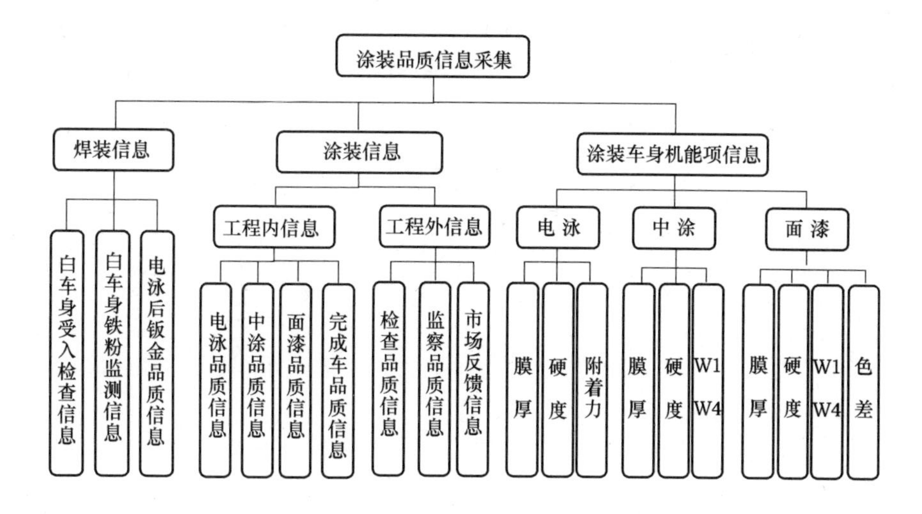

图4-37 涂装质量信息采集点明细

5）实现工程内自主检查和特别体制。一是工序内实现自检、工序间实行互检；二是建立特别对应体制，实行专检。如压线车管理体制、防水防锈管理（包含密封、喷蜡、磷化修补底漆使用）、中面漆管理（机能项）等。

6）实行日报、周报、月报例会制度。保证对当日品质问题进行解析、对策，实现本周问题跟踪验证，体现月质量走势，对改善对策效果进行评价。

2. 设备、工具的维护使用

古语说“工欲善其事，必先利其器”，所以想要保证涂装质量，仅仅有体系软实力还是不够的，设备、工具等硬件设备、设施同样要保障有力。

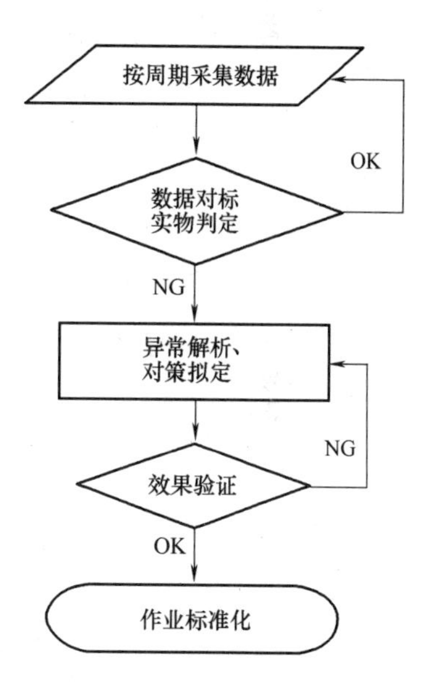

图4-38 数据管理流程

1）保证设备高可动率。当涂装生产设备出现故障停机时，一般会出现批量质量事故，如前处理会出现车身返锈、磷化膜粗厚疏松；电泳会发生漆膜溶解、过烘干；面漆会发生失光、色差、过烘干等质量事故。辅助设备出现故障时也同样会造成批量质量事故，如空调系统故障，可以因温湿度失衡造成流挂、橘皮、失光等漆膜弊病。所以，在提高维修效率的同时，要对设备进行点检、定检、定期维护保养，将应急维修转变为预判维修维护，防止出现因设备停机造成的质量事故。

2）改善设备防护方法，提高涂装质量。如改善喷涂机械人防护衣，将纤维纺织品防护衣更换为PE保鲜薄膜，会大幅度减少中面漆纤维颗粒、积漆颗粒等漆膜弊病。

3）喷枪管理。静电喷枪、空气喷枪都要及时保养维护，保证静电、雾化效果，防止出现流挂、漆点、漆花、色差等漆膜弊病。其中枪带也应注意更新维护，如果是软带应更换为硬带，防止由于人员踩踏枪带造成滴漆。

4）治具管理。治具一定要有详细的周转、清洗、调整、维护补充等计划，保证治具在使用过程中精度可靠，不产生负面影响。例如，车门治具如果不及时清洗，在喷漆室开关车门时，治具上的积漆便会因摩擦脱落，产生漆渣颗粒。

5）合理使用检测工具。涂装车间一般会配有膜厚仪、色差仪、橘皮仪、粉尘测试仪、放大镜、电子显微镜等检测分析仪器，只有合理使用这些仪器，才能充分发挥检查质量状况、正确分析质量事故原因的作用。

3. 涂装环境管理

涂装车间对洁净度要求非常高，减少颗粒便成为了涂装车间永恒的课题。在减少颗粒、提高车间洁净度方面要做到以下几点：

1）全封闭管理。员工统一穿着防尘、防静电服装，进入车间进行风淋降尘。

2）保证室内正压，防止负压吸入外界粉尘。

3）增加室内空气湿度，实现降尘。一般厂房空调加湿能力无法满足车间管理需求，但是可以通过放置水盘、增加水幕、雾化喷水等方式增加车间空气湿度，达到降尘目的。

4）在各个工位室体出入口、工位旁等位置增设简易防尘棚（防尘棚以线棒为框架，用防尘网包覆，并在防尘网上涂一层粘尘剂）。通过防尘棚，可以防止外界粉尘进入洁净度要求严格的工位，也可以防止产生粉尘工位的粉尘飘散。

5）多处设置粉尘检测点。通过对粉尘量和粉尘种类进行监控，有针对性地进行防尘控制。设立目视板，按周期（周、月、年）进行粉尘项目监控分析和改善。

4. 材料管理

加强原辅材料的管理，不仅可以稳定涂装质量，而且还可以避免批量质量事故的发生，所以，车间不但要严格控制材料进入，更要加强使用管理。

1）前处理药剂补加管理。只有当前处理各工序（热水洗、预脱脂、脱脂、表调、磷化、水洗）参数（温度、化学性能）稳定的时候，才能保证良好的除油、防锈效果，并为电泳提供良好的基础。为此，前处理药剂补加应采用多次少补的计量补加方式，即根据单台消耗，每10台车补加一次（过车数根据生产线实际情况确定）。当按照这种方式进行管理后，磷化膜的结晶粒径均一、皮膜细腻，间接提高了电泳涂膜质量。

2）电泳工序管理。管理内容如下：

① 电泳漆的补加与前处理药剂补加方式相同，这样的管理保证了电泳漆参数的稳定，主要避免了因固体成分波动大造成的不同批次车身电泳涂膜厚度存在差异的质量事故。

② 除车间化验室每日常规化验外，供应商每周需要做一次电泳槽液报告，全面掌握槽液各项性能参数，维持槽液稳定，保证电泳质量。

③ 当超滤液透过量衰减至75%以下时，要及时反洗超滤膜，确保超滤液透过量足以按周期正常更新UF水洗槽体中槽液，保证水洗质量，防止出现批量流痕事故。

④ 按周期对阳极液进行杀菌，防止嗜酸菌造成批量电泳漆菌斑颗粒事故。

3）涂料管理，包括以下内容：

① 粘度管理。生产过程中做好涂料粘度的检测工作，防止批量流挂、橘皮等漆膜弊病。

② 进库管理。新批次涂料一定要在化验合格、批次样板也合格的情况下，才可以入库待用（保证先入先出），这样可以防止批量色差事故。

③ 稀料配比管理。根据季节变化，及时调整稀料配比，防止出现批量流挂、橘皮、失光、针孔等漆膜弊病。

④ 液位管理。小漆种由于产量少，更新周期长，因油漆长期在管路内循环，铝粉形状会因磨损发生变化，进而产生批量色差，为此，小漆种油漆在没有产量时要实行最低液位管理。同样道理，遇到生产线长时间停产时，各个漆种都需要实行最低液位管理，以保证再生产时的产品质量。

4）密封材料管理。密封工序会产生胶脏、漏风、漏水、胶内气泡等问题，涉及了整车防水、防锈、降噪，所以不容忽视。

① 监测底涂 PVC、密封胶的粘度，根据季节变化，由供应商适当调整，确保密封工人操作便利性，不流淌、不脏车，同时保证外露密封胶条的美观度。

② 严格控制阻尼胶片的质量。易破碎的阻尼胶片会产生许多颗粒，污染车间，造成漆膜颗粒。控制胶片质量即是控制一种颗粒发生源。

③ 胶桶管理。确保胶桶在运输过程中不磕碰，防止因胶桶变形进入空气而产生的气泡缺陷；更换胶桶时候要将空气排尽，防止产生气泡；定期清洗过滤芯，减少因“发胶”而产生的气泡缺陷。

5. 人员管理

车间人员的流失、技能培训、奖惩激励等，与质量状态密切相关。

1）为防止人员流失，车间应有总人数2%～3%的多技能人员储备；同时，针对人员离职应制订提前一个月申请的制度，以便招聘新员工并进行入职培训，防止质量产生波动。

2）要通过班会、月会、车间活动等途径培养所有员工的安全意识、质量意识；制订合理的正向激励政策，提高员工的质量意识，鼓励大家积极参与质量改善，以期稳定提高生产质量。

3）多技能培训。在激励政策的支持下，有计划地将优秀员工培养为多技能人才，以应对缺勤、人员流失，保证正常生产，且不损失质量。

4）经常强调已发生过的质量事故，培养员工持续跟踪问题对策的意识，防止同样原因引起的质量问题再发生，保证质量稳定。

4.9.4 结束语

一汽吉林汽车有限公司涂装车间按照以上思路进行管理一段时间后，明显减少了质量事故的发生，提高了涂装车身的一次交检直行率。

由于本文是根据一汽吉林汽车有限公司涂装车间实际情况进行的综述，加之作者经验不足，许多问题未能进行深度剖析，没有做到全面总结，谨希望本文能够为各位同行在进行车间质量管理时提供参考思路。

4.10 色差控制与管理

曾月婷 邓斌（江铃五十铃汽车有限公司）

4.10.1 前言

随着经济全球化和数字化技术的发展，在汽车制造领域，产品的同质化越来越严重，消费者的审美眼光越来越高，对产品的选择不只注重形态、材质或功能，在色彩运用和搭配上也变得越来越挑剔。色彩作为产品品质的表现形式，给汽车制造企业创造了可观的附加价值，随着汽车外观、材质以及表面处理等多样化，我们对整车颜色一致性也提出了越来越高的要求。本文主要通过影响色差的主要因子及过程主要控制方法及评审来论述整车颜色一致性生产问题从而实现色差的控制与管理。

4.10.2 色差定义

色差从宏观角度来讲是人所感受到的颜色的差异，而为了准确地指导实际色彩统一性生产与控制，目前汽车行业主要采用1976年国际照明委员会（CIE）公布的LAB色彩模式来定量表示色知觉差异。Lab模型，包括明度L、红相a（红-绿）、蓝相b（黄-蓝）的差值，得到了ΔL、Δa、Δb及色差综合值$\Delta E=(\Delta L^2+\Delta a^2+\Delta b^2)^{1/2}$。

4.10.3 色差产生的原因

从汽车制造角度色差看，主要包括油漆因素造成的批次色差；由于车身造型，不同型面不同流量造成的色差；不同的喷涂工艺如返工造成的色差；不同材质外饰件间的匹配色差。

4.10.4 色差的日常管理

色差直接影响到顾客的外观目视效果，因此对色差的控制尤为重要，JMC建立了一整套完整的色差控制流程。

（1）成立色差评定小组　JMC成立了色差控制小组，主要由产品开发造型室工程师、采购中心STA辅料和配套件工程师、涂装车间质量和技术工程师、质保部涂装现场和外协及整车评价工程师、质管部理化计量工程师、总装工程师、配套件供应商、涂料供应商等经过相关颜色培训成员组成。

（2）规范了色差评审环境　自然日光采用北空昼光，并且比色区周围应没有彩色物体（如红砖墙或绿树）的反射光。在闭塞位置阳光应均匀，其照度不小于2000lx，一般在室外上午10点或者下午2点阳光下评判。

（3）确定了色差控制标准　评审以目视为准，若目视合格则视为该批车身或者样板为合格。若目视不合格，则测量色差值并进行分析。JMC根据不同颜色确定了具体的色差控制目标值。表4-13为部分颜色的色差标准值，标准值为初步确定的标准，后续将根据运行的实际情况进行微调。

表4-13　部分颜色色差标准

序号	车型	颜色	测量部位	与标准板间的色差值		
				45°		
				ΔL	Δa	Δb
1	N宽卡	深蓝金属漆	前围/角板/中网	±2.0	±1.8	±1.5
2	N宽卡	银灰金属漆	前围/角板/中网	±4.0	±0.3	±0.3
3	N宽卡	白色普通漆	前围/角板/中网	±0.2	±0.3	±0.3
4	N宽卡	蓝色普通漆	前围/角板/中网	±0.2	±0.3	±0.3
5	PK/SUV	深灰金属漆	车身/前保/后保	1.5	±1.0	±1.0
	PK/SUV		轮眉/扰流罩	2.5	±1.5	±1.5

（续）

序号	车型	颜色	测量部位	与标准板间的色差值		
				45°		
				ΔL	Δa	Δb
6	PK/SUV	香槟金金属漆	车身/前保/后保	±1.8	±1.0	±1.0
	PK/SUV		轮眉/扰流罩	±2.8	±1.0	±1.0
7	PK/SUV	星空银金属漆	车身/前保/后保	±3.5	±0.5	±0.5
	PK/SUV		轮眉/扰流罩	±3.5	±0.5	±0.5
8	PK/SUV	深黑金属漆	车身/前保/后保/轮眉/扰流罩	±1.0	±0.5	±0.5
9	PK/SUV	纯白普通漆	车身/前保/后保/轮眉/扰流罩	±0.5	±0.5	±0.5
10	PK/SUV	橘黄普通漆	车身/前保/后保/轮眉/扰流罩	±0.8	±0.8	±0.8

（4）色差评审分类

1）标准板色差评定。无异常情况两年更新一次，以造型室确定母板原始数据为基准，采用爱色丽 MA98 或 MA68-Ⅱ色差仪测量，依据色差标准挑选标准板。

2）批次板色差评定。理化计量工程师采用爱色丽 MA68-Ⅱ色差仪测量批次油漆板与标准板之间颜色的差异，并以此为评判批次油漆是否合格标准之一，将测量数据形成趋势图经色差小组成员汇总。

3）工程板色差评定。工程板的制作，首先制备工程板的油漆必须是稳定生产情况下，正常循环时间的油漆；其次，工程板的选择以稳定颜色的车身主要与外饰件交接处的色差数据为参考。工程板的制作考虑到标准板由油漆供应商提供，其制作过程中施工工艺与现场的差异（例如空气枪与机械手等喷涂的差异），采用在线随车制作工程板，工程板评审合格后将下发至外饰件配套供应商和各相关部门指导生产。

4）车身色差评定。由于车身各部位型面差异，相同颜色在不同弧面人感受到的色彩不一样，且在喷涂过程中，部分型面较复杂部位易流挂（如叶子板、尾门、侧围等部位），所以生产时会对个别型面流量进行调整，相同油漆在不同流量的情况下，色彩的变化也将受到不同程度的影响。车身的色差评审员主要是定期对涂装刚下线产品进行颜色的评审，以目视一致性为主，测量数据指导颜色监控；标准化色差测量操作方式方法，如车身及外饰件色差测量的时候规定了具体测量区域及测量点。

5）车身与配套件色差评审。定期对整车及外饰件配套颜色进行评审，以目视一致性为主，测量数据指导颜色监控及调控。

4.10.5 色差控制主要涉及过程及问题

色差的产生涉及诸多的因素，控制起来非常复杂，下面主要从 JMC 实际色差控制中进行介绍。

1. 加强涂料的日常监控

1）批次油漆颜色的变化根据色差控制小组制定的接收标准，对比批次油漆制作的批次板与标准板，评审其合格与否。其中涉及色板的制作，不同的操作者、不同的操作手法制作的色板的颜色差异很大，特别是金属漆 L 值，无法很好地指导操作，这就要求有稳定的操作环境和标准化的操作方式，参照 GB/T 9271—2008《色漆和清漆 标准试板》和 GB/T 13452. 2—2008《色漆和清漆 漆膜厚度的测定》。

2）金属漆涂料中含有大量的铝粉，此类油漆在油漆输送系统中长期循环或在长时间的管路剪切力作用下铝粉被粉碎导致颜色改变。实际生产应当尽量避免缸内油漆循环搅拌超过 2 个月。目前 JMC 为了监控缸内颜色变化和缸内油漆添加情况，每半个月取缸内油漆用空气枪喷板与标准板比较颜色变化，并将色差值的变化趋势发送至色差控制小组及配套件供应商。从图 4-39、图 4-40、图 4-41 可以看出，L 值随着时间的推移变化明显，b 值也出现一定的变化。因此为确保颜色的均匀性，需要对油漆的循环时间予以限制。

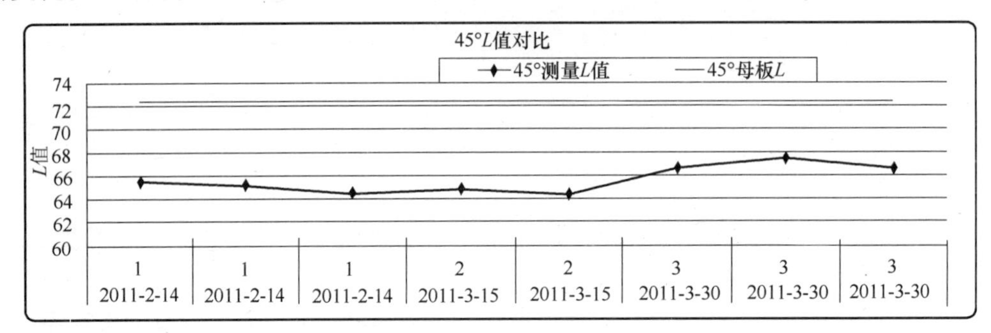

图 4-39 香槟金金属漆半月缸内油漆变化趋势图（45°L 值）

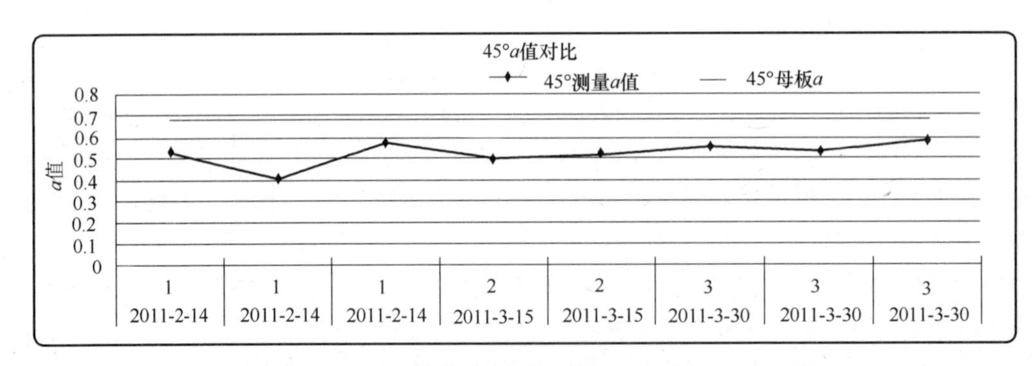

图 4-40 香槟金金属漆半月缸内油漆变化趋势图（45°a 值）

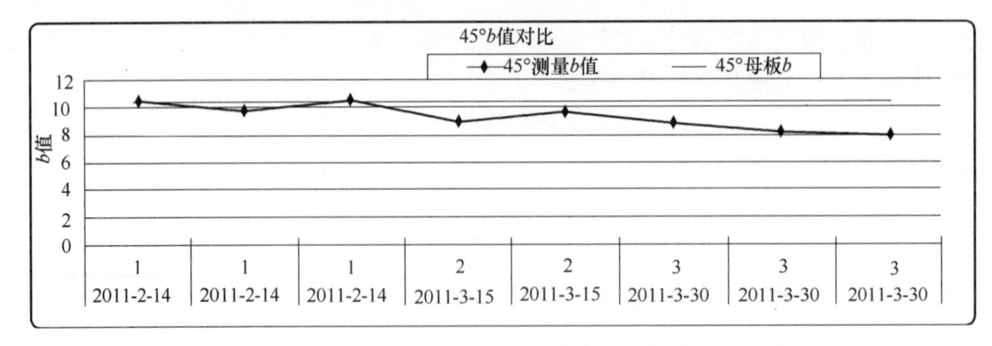

图 4-41 香槟金金属漆半月缸内油漆变化趋势图（45°b 值）

3）通过优化生产排序，尽量避免某种颜色长时间处于不生产状态，从而减少因涂料长时间单纯在缸内自循环导致颜色的差异。

4）定期检测油漆固体分。

2. 加强对机器人施工工艺的监控

1）定期检测机器人喷涂流量、转速、成型供气及油漆循环转速等。

2）根据测量结果适当修正机器人喷涂参数。

3. 对喷涂环境温湿度的监控

温湿度的变化主要影响金属漆颜色，例如温度较低的情况下，溶剂挥发较慢，金属粉的排布被打乱从而影响固化后漆膜颜色。

4. 对外饰件进行灵活控制

主要从基材、施工条件及参数差异的角度作出如下分析：

（1）外饰件基材　就喷涂基材来说，轿车通常采用冷轧板或者镀锌钢板，现在大多数汽车厂商外饰件采用PP或ABS等树脂材料成型，油漆在不同的基材、不同的成型面表现的平整度差异及不同底材使用不同体系油漆老化褪色时间、程度的差异，都易造成人眼视觉接收的颜色的差异；很多车型轮毂区域都采用了直接钣金冲压成形取代安装塑料件轮眉，同一底材和施工条件有利于减少轮眉和车身的色差问题。但随着汽车多样化的发展，从环保等多角度出发，多材质不可避免，但相信随着涂装科技发展及汽车造型不断创新，该因子引起的色差、视觉不满会日益减少。

（2）统一喷涂方式　喷金属色漆时，采用静电喷枪与空气枪喷涂出来的产品表面金属粉粒子的排布的差异也容易导致产品表面光泽、闪光度的目视差异。为了改善外饰件基材及施工引起的施工差异，可以采取外饰件同车身油漆喷涂一致采用静电喷枪的方式。

（3）调整喷涂手法　调整塑料件油漆，如通过改变铝粉粒径来改善某银色金属漆的闪光效果；根据整车造型的构造及色彩的协调，如在车身后保险杠的喷涂过程中比前保险杠多喷涂一道，从而使得L值偏负（偏暗），这样可以实现整车色彩的和谐一致。表4-14中数据即为喷涂膜厚调整后测量的色差数据，基本在控制的范围内。

表4-14　车身与外饰件配套色差

颜色	部位	比较基准	X-Rite分光光度计颜色数据											
			25°				45°				75°			
			ΔL	Δa	Δb	ΔE	ΔL	Δa	Δb	ΔE	ΔL	Δa	Δb	ΔE
银灰色金属漆实验车（暂未制作工程板）	左翼子板	标准板	-1.66	-0.22	-0.24	1.69	-2.90	0.46	2.14	3.63	-1.00	0.65	2.12	2.43
	左前保	标准板	-4.94	0.33	1.31	5.12	-1.30	0.22	1.91	2.80	2.46	0.16	1.34	2.81
	右翼子板	标准板	0.46	-0.28	-0.26	0.60	-3.31	0.27	1.79	3.77	-1.93	0.62	1.69	2.64
	右前保	标准板	-5.46	0.67	2.26	5.95	-1.27	0.45	2.40	2.75	1.87	0.50	1.60	2.51
	左侧围	标准板	-0.37	-0.24	0.11	0.45	-2.41	0.34	2.11	3.22	-1.31	0.56	1.88	2.36
	左后保	标准板	-7.94	0.67	2.18	8.26	-1.59	0.61	2.63	3.13	1.44	0.53	1.54	2.17
	右侧围	标准板	-0.75	-0.25	-0.17	0.81	-3.27	0.45	2.43	4.10	-1.03	0.67	2.12	2.45
	右后保	标准板	-10.05	0.41	1.56	10.18	-0.77	0.46	2.44	2.60	1.68	0.33	1.26	2.13

4.10.6　结束语

随着色差控制的逐步完善，目前JMC的整车色差控制体系基本建立，针对碰到各种色差问题也得到了有效的解决，但色差形成的原因有很多，色差的控制也涉及很多环节，色差控制的难度也仍然很大。

4.11 一汽解放商用车厂涂装线阳极系统细菌处理及日常维护

李晶 苏德辉 张慧敏 孙岩（一汽解放汽车有限公司卡车厂工艺技术室）

4.11.1 前言

电泳阳极系统细菌问题一直是电泳工艺的重大课题，细菌滋生快，难以彻底清理，堵塞流量计是主要特征，严重会导致阳极液循环不畅，无法排除有机酸，致使阳极板腐蚀、阳极膜管寿命缩短等一系列问题。这些问题困扰着阳极细菌滋生的生产线，在一汽解放公司货车厂新涂装阴极电泳线中也遇到了该问题。通过湖南湘江关西涂料公司专家的技术支持以及多年的摸索，最终基本解决了阳极细菌问题，并获得了一些解决阳极液生菌和阳极系统日常维护方面的经验。

4.11.2 阳极系统介绍

阳极液系统是阴极电泳涂装线的重要组成部分（图4-42），它的主要功能是将在电泳过程中不断产生的有机酸在膜管内被循环系统带出，保证电泳反应的持续稳定进行。系统本身通过纯水稀释或更新使pH值保持在合理的范围内，一般通过电导率来间接控制酸的浓度。酸排放不出去会逐渐腐蚀极板，而且膜管有漏点情况会进入电泳槽，造成槽液pH值快速降低，使槽液参数失衡。

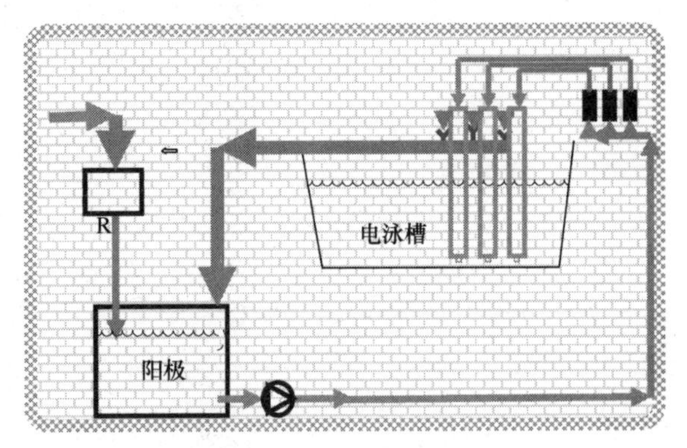

图4-42 阳极液系统流程图

4.11.3 解放新线阳极系统初次生菌情况介绍

一汽解放新线从2006年10月份发现阳极细菌滋生，首先在阳极流量计内发现，如图4-43所示，清理后管路内仍然不断出现，怀疑阳极管内已经大量产生，于是协调设备维修时间，制订具体措施，计划趁当周的周末两天时间进行倒槽，拆卸阳极管清理极管内的细菌。

1）细菌清理情况：细菌清理过程异常艰难，阳极管内细菌量很大，将阳极管拆卸下来进行清理。

① 为彻底清理膜管内细菌，同时避免损伤膜管，用擦布包住纯水水管头，伸到膜管内部进行冲洗。

② 将极板抽出，用杀菌剂进行全方位擦拭。

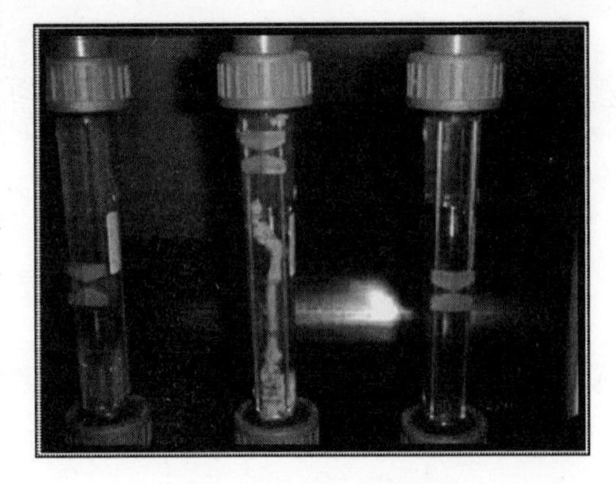

图4-43 阳极系统初生菌

③ 两侧回流槽内、阳极管内需要进行重点清理，有部分细菌都积聚在回流部位。

④ 拆卸和安装时要特别小心，避免损伤膜管，安装后开启阳极循环系统试漏，漏液严重的要进行更换。对有水滴落的情况可以酌情考虑是否更换，在电泳槽液和阳极液压力互相抵消的情况下，实际漏液情况将不会太严重，继续使用可以节约成本。

2）阳极系统细菌清理如图4-44所示。

a)　b)　c)　d)

图4-44　阳极系统细菌清理

3）阳极细菌清理小结：拆卸阳极管进行清理较为彻底，对细菌滋生较严重的生产线很适用，但是工程量大、拆卸安装困难，并且容易损伤膜管，所以在一般的清理中还需要找寻更加安全有效、省时省力的方式进行作业。

4.11.4　阳极系统生菌后的紧急处理及日常预防和维护

1. 日常预防及维护

为防止细菌继续滋生，我们采取了一系列现场阳极维护的措施：

（1）细菌监测　细菌监测主要通过湖南关西公司的细菌测试皿进行验证，细菌测试标准以控制在100个/mL以下为宜，细菌测试范围及频次见表4-15。

表4-15　细菌测试范围及频次

样品来源	阳极液	超滤液	电泳后冲洗	纯水
测试标准	≤100个/mL	≤100个/mL	≤100个/mL	≤100个/mL
频次	2次/月	1次/月	1次/月	1次/月
培养时间	48h	48h	48h	48h

细菌的密度可以通过说明书的比对图片来得出结果。

（2）紫外线杀菌装置　细菌产生的原因是多方面的，其中纯水带入的可能性较大，为此建议车间在纯水罐出口部位添加了紫外线杀菌装置，并定期更换杀菌灯及保证纯水的细菌含量在较低值。

（3）每日巡检、定时更新　每天检查泵的压力、阳极流量计流量、阳极罐体上层是否有菌漂浮，每日生产完毕后进行换水操作。

（4）纯水储罐、阳极管定期清理　纯水槽内储存纯水过程内壁会生长细菌，阳极管内有细菌尸体沉积到死角部位，定期的清理会减少细菌滋生的可能，通过手触摸内壁，光滑的即表示有细菌滋生。

（5）定期杀菌　杀菌是解决细菌问题的主要途径，针对湖南关西公司提供的方法，我们对各个杀菌产品进行试用，结论见表4-16。

表4-16　阳极系统各杀菌剂效果评价

杀菌剂	双氧水	硝酸银	SLAOFF
杀菌浓度	15kg/m³	0.12kg/m³	500kg/m³
价格	便宜	昂贵	昂贵
频次	2次/月	1次/季度	曾试用
效果	较好，时效短	效果不明显	效果一般

2. 生菌后的紧急处理

通过以上的维护仍然不能完全解决细菌问题，尤其是在死角再次滋生的细菌，以及杀菌后的残菌仍然会偶尔堵塞流量计及阳极管进出口部位，在日常维护中还需要对细菌堵塞问题采取一些紧急应对措施。

（1）极管改造辅助气吹清理　解放新涂装的原极管下部封闭，无法拆卸，我们建议将底部开口安装法兰，之后通过进一步改进，将法兰的开口加大，如图4-45所示方便了日常倒槽细菌清理，配合顶部气吹方式，使阳极膜管内细菌尸体更容易清出，对于少量的细菌问题更容易操作，也避免了对膜管的损伤。

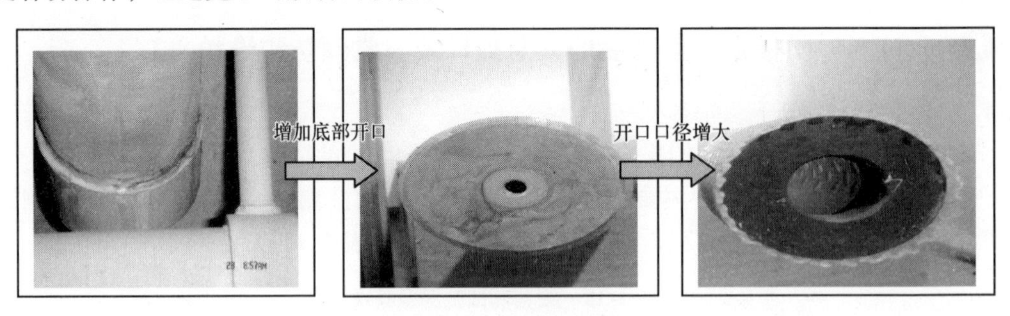

图4-45　底部安装法兰

（2）流量计清理　细菌滋生后流量计是最容易堵塞的部位，因为这段管路口径小，菌丝附着在转子上很容易堵塞流量计，清理时只要拆卸流量计部分，用来应对临时性的堵塞。

（3）生产间歇疏通　细菌堵塞还集中在阳极液进出阳极管的两端，整个部位的孔径也很小，并且需要在生产间歇停电，确认安全后再进行疏通。

（4）单管断电　对于较严重的细菌堵塞，可能发生在阳极膜与阳极管间隙内，生产任务较重，无停歇，暂时没有任何清理的方法情况下，建议将极管的电线先断开，使其不参与电泳反应的导电工作，没有酸的生成就不会腐蚀极板，但切记不能连续几根断电，防止对电泳膜厚造成影响。

4.11.5 细菌对新涂装线阳极的影响

阳极系统细菌问题得到有效控制，未因此而耽误正常生产，但是阳极细菌的问题并没有彻底解决，日常疏通堵塞极管的工作量琐碎繁重，安全风险大，而且极管的堵塞造成内部压力增大，使阳极膜管使用寿命大幅度降低，阳极管有个别脱落及漏液问题严重（图4-46），年度更换的极管量增加（见表4-17）。

图4-46 细菌对新涂装线阳极的影响

表4-17 2008—2009年阳极管发现损坏记录

质量缺陷项目	6月	7月	8月	9月	10月	11月	12月	1月	2月	3月	4月	5月	缺陷合计	缺陷百分比
因细菌堵塞阳极管损坏数量	3	1	2	1	1	1	3	0	2	2	3	1	20	95.2%
驾驶室刮坏	0	0	0	0	0	0	0	1	0	0	0	0	1	4.8%
其他	0	0	0	0	0	0	0	0	0	0	0	0	0	0
缺陷合计	3	1	2	1	1	1	3	1	2	2	3	1	21	

注：当月通过开关流量计来监测损坏膜管，在设备检修期间进行更换，每年倒槽次数为4~5次，也造成电泳漆的损失。

4.11.6 阳极系统细菌问题进一步改进

虽然通过上述维护处理，阳极系统细菌问题得到有效控制，未因为细菌影响而耽误正常生产，但是阳极细菌的问题并没有彻底解决，细菌长时间堆积堵塞极管现象仍然存在。

1. 问题分析

1）日常堵塞流量计及阳极膜管进出管路的多是细菌残渣，而这些残渣经常因为进入阳极管内通过循环泵重新回流，堆积到孔径较小的管口、流量计部位造成多次堵塞，可否通过残渣的过滤改善堵塞问题呢？

2）日常杀菌是否可以在保证阳极系统内的一定的杀菌剂浓度的情况下抑制细菌的生长，以此来解决效用短暂的问题呢？

2. 具体改进措施

1）在阳极系统循环泵出口安装袋式过滤器，如图4-68所示，每日定时巡检，根据压差进行清理，根据过滤袋情况更换，减少细菌堆积造成的阳极管堵塞。

2）每日在阳极管内添加杀菌剂 SLAOFF，早晚各 1L，如图 4-47 所示，使阳极液内杀菌剂效用延长，抑制细菌的产生，如图 4-48 所示。

图 4-47　每日添加杀菌剂

图 4-48　袋式过滤器

4.11.7　效果论证

经过一系列改善后效果明显，过滤器对过滤细菌残渣的作用使堵塞情况明显减少，从 2009 年 5 月到 2010 年 5 月只发生过两次堵塞事件，一根极管因堵塞损坏，成果非常突出，见表 4-18。

表 4-18　效果论证

年份	6 月份	7 月份	8 月份	9 月份	10 月份	11 月份	12 月份	1 月份	2 月份	3 月份	4 月份	5 月份	总计
2008—2009	3	1	2	1	1	1	3	0	2	2	3	1	20
2009—2010	0	0	0	0	0	0	0	0	0	0	0	1	1

另外每日添加杀菌剂的措施从 2009 年 8 月份实施以来，细菌得到有效控制，通过不断地改进，我们现在采用每天夜班停产后添加 3L 杀菌剂的方式，使杀菌剂的抑菌效果在管内保持相对长的时间，货车厂新涂装线未再出现过细菌超过 100 个/mL 的情况。

4.11.8　总结

从 2009 年 8 月份以来，阳极细菌控制获得了成功，但因为大胆的尝试未经过科学的验证，一直在通过不懈的努力，继续监测细菌及阳极管的使用状态，以改进杀菌的方法，确认该种杀菌方式对槽液、阳极膜管是否存在具有隐蔽性的影响。

4.12　涂装材料成本优化方法探讨

杨学岩　林晓泽

4.12.1　前言

市场竞争的法则是适者生存、优胜劣汰，各汽车生产厂越来越意识到成本与质量是企业生存、产品制胜的两大法宝，为实现成本领先战略，突出效益，加大成本控制力度，涂装材料成本优化改善也是必须思考和深入探究的领域。

4.12.2　涂装材料成本构成及特点

涂装内制成本包括零件、涂装材料、物流、废品损失、能源、设备折旧、维修、工具工装、人工、低值易耗、工位器具等，其中材料成本是其中重要的组成部分，包括辅助材料和低值易耗材料。

（1）分类及特点　涂装材料成本具体细化可分为如下几类：

1）主要涂装材料。构成漆膜的涂装材料是涂装功能性的实现主体，是涂装材料中最主要的部分，主要包括：前处理材料、电泳材料及其配套助剂、PVC密封及车底抗石击材料、聚氨酯裙边抗石击涂料、中涂前抗石击涂料、中涂及其配套助剂、面漆及其配套助剂、清漆及其配套助剂、空腔蜡及铰链蜡等一系列涂布到车身上的直接关系到整车涂装质量的主要材料。涂装材料的选型及替代直接受工艺要求的影响。

2）辅助涂装材料。一些辅助的涂装材料也是涂装工艺实现的主要部分，如废漆处理材料、车身永久及临时性遮蔽材料、清洗材料、修补材料、纯水制备材料、擦净材料等。这部分材料虽然不是漆膜的构成主体，但也会间接影响车身的漆膜质量，其受工艺要求、涂装喷涂操作稳定性及机器人喷涂程序的影响较大。

3）低值易耗材料。除了涂装的辅助材料，涂装材料还包括低值易耗材料，主要是指为维护车间清洁度管理、正常生产记录的一些材料，这部分材料成本受产量影响较大。

（2）构成比例　涂装材料成本由以上三部分材料成本构成，进入平稳生产时期，各部分材料成本所占比例基本稳定，如图4-49所示。

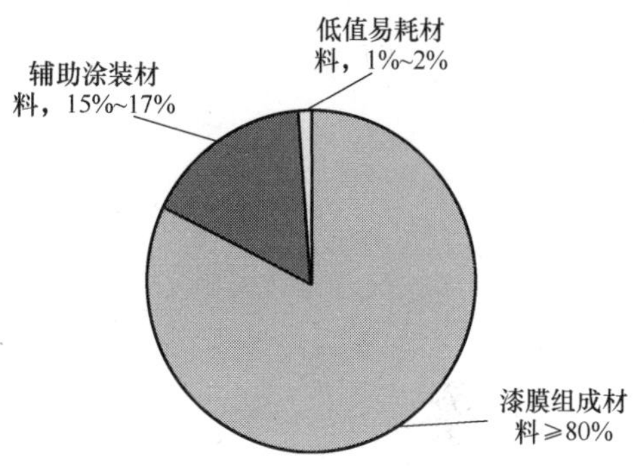

图4-49　涂装材料成本构成比例示意图

4.12.3　涂装材料成本管理模式

1. 定额管理

定额管理是材料管理的主导，定额成本就是目标成本，技术部门以产品文件或工艺要求为依据，制定辅材和低耗的单车使用定额；材料使用以定额为依据，在实际使用中控制使用量是降低成本的主要途径；定额管理要不定期进行抽检，建立完善的定额制定及调整机制，库房发放和车间使用量严格遵照定额。掌握并分析实际消耗数据，每年定额与实际领用做比对，及时更新定额信息或整改材料浪费，不断完善标准定额。

2. 结算方式

目前国内外普遍实行的涂装材料结算方式分为千克结算方式和辆份结算方式，即传统供货方式和系统供货方式。

千克结算方式即传统供货方式，它是指汽车厂按照涂装材料实际使用结果给供应商按单位价格及使用数量结算。

辆份结算方式即系统供货方式，它是指汽车厂按生产所需使用材料及产品涂装质量要求提供给供应商，供应商参与材料管理，最终以合格涂装车身数量进行结算。

4.12.4 成本优化改善的思路及途径

成本和质量遵循杠杆原理，只有找到两者的平衡点，才能实现良性的可持续发展，降成本的前提是必须保证质量不衰减，不能以牺牲质量为降成本的代价。因此，所有工艺改进、材料替代等成本优化的思路都需要在保证客户需求质量的前提下不断发掘、不断创新。

根据材料成本的构成特点以及成本管理模式，针对不同的材料、不同的管理模式有针对性地探索不同的成本优化途径，可以有的放矢，将成本优化改善工作以全方位、全过程、全员参与的方式推进。总结一些行之有效的降成本思路如下：

1. 生产准备过程中的成本优化

（1）新车型生产准备过程中的成本优化　新车型的生产准备过程中，应建立新车型目标成本管理机制，在新车型的产品定义阶段充分考虑已有车型的质量经验和级别定位，将成本概念融入开发阶段，对车型分级制定漆膜质量标准。实现源头降成本，但这一切的基础是大量的生产实践经验积累和实验数据支持，在新车型量产前将目标成本落到实处，使车型利润最大化。

（2）新工厂规划过程中的成本优化　新工厂规划建设过程中，在设备选型和工艺规划上，将成本优化理念融入设计开发过程中，将在投产时收获巨大的成本收益。如新工厂建设时考虑聚氨酯机器人增加自遮蔽系统，取消人手工操作，既可以实现人工成本的节省，又可以取消左右两侧聚氨酯遮蔽纸，实现材料成本的降低。另外设备选型时精确核算保证材料消耗控制精度，便于后期管理。

对于新生产材料招标评标要充分考虑材料成本的优化，尤其是已经采用的材料在新生产线竞标过程中会带来材料成本的降低，可以考虑低成本材料的推广。

2. 正式生产过程中的成本优化

（1）辆份结算　以往的千克结算方式材料供应商希望现场消耗量大，因此对现场技术支持很少，不利于技术优化，现场材料消耗完全依靠车间管理精度，而辆份结算方式将单车结算价格固定，因此供应商会积极参与涂装生产线的管理，从材料生产、运输到现场使用，投入技术力量加强，帮助汽车厂减少材料浪费部分，将领域内好的控制材料消耗的办法引入车间，降低了汽车厂自身的管理压力，实现双赢。

另外，辆份结算以交付合格车身数量为结算依据。因此，材料供应商会全力保证材料质量，减少返修报废等过程损耗，有利于质量、废品率等一系列的管理目标的优化。

（2）产能提升　工厂产能的提升不仅仅能单纯带来生产数量的增加，同时也会引起生产成本包括材料成本的降低。新生产线投产初期的材料成本是不稳定的，一般都较高，随着生产量的加大，材料成本会逐渐降低，并逐渐趋于平稳，如图4-50所示。

产能提升可降低涂装材料成本的其中一个原因是维持生产所必需的材料消耗，如设备清理维护、材料周期更新、班组低值易耗材料、车间清洁度维护等都会随着生产量的加大而导致平摊到单车的成本降低。

另外生产量加大后，材料使用量加大，循环周期缩短，废品率会降低，例如金属漆材料如果生产量小，铝粉在输漆系统中循环时间过长，形态发生变化，导致车身出现色差而引起材料报废损失。

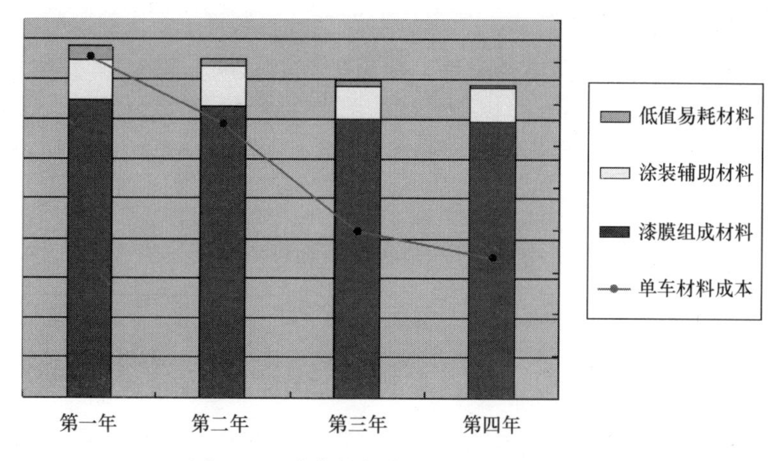

图4-50 涂装材料单车成本变化示意图

（3）设备改进 采用先进的设备也会在生产效率改进的同时带来材料成本的降低，因此在设备改进时要充分考虑材料成本的优化，如聚氨酯喷涂机器人自动刮胶装置改进，可以实现精确控制喷涂曲线，节省车身临时遮蔽材料；另外电泳阳极管路增加紫外杀菌装置，可以实现传统杀菌材料的节省。制作胶桶翻转装置降低PVC胶浪费等也可以降低生产成本。

另外，设备调试的优化也是成本优化的方法之一，设备的运行程序、运行曲线、运行参数的设置和优化可以实现对工艺过程的精确控制，减少喷涂材料浪费，降低修补材料用量，例如降低喷涂车底涂料的胶雾，减少擦胶雾的材料用量。

（4）新材料引进 正式生产过程中，新材料的引进主要指新材料替代，一方面可以形成竞争机制，保证在使用材料的质量不衰减；另一方面也可以形成良性的材料成本优化过程。但所有的新材料引进必须有大量的试验和试装数据作支持，保证材料切换的工艺稳定性。

（5）材料改进 在不引进新材料的情况下，对在使用材料的质量改进、规格改进等也会带来材料成本的优化。这种优化不一定单纯指价格的降低，在质量提升或规格改进时充分考虑操作的稳定性、材料的利用率或材料流失的可能性都会带来材料成本的降低。例如车身永久遮蔽的手撕灰胶带，因节拍提升后工人撕胶带的工作负荷加大，影响生产节拍，且手撕规格不好控制，撕裂的边缘不整齐，引起纤维脱落，影响美观及清洁度等，另外成卷的胶带不容易管理，材料流失现象严重。因此工艺上探究根据车身所有遮蔽孔的尺寸、形状进行设计，将手撕灰胶带改为固定尺寸的标准膜切片，虽然材料单价提高了，但是从生产节拍和工人的劳动负荷度上都有大幅改善，且材料流失得到控制，也有利于工艺控制。

另外根据生产实际和工艺要求，对材料规格进行精确控制，减少不必要的浪费，例如针对不同遮蔽位置整合应用两种宽度的遮蔽材料，实现材料成本精确控制。

（6）工艺优化 工艺优化降成本是从源头推进的成本优化过程，是必须要不断探究的领域，可以通过工艺方案、工艺参数、工艺布置的全面优化来拓宽降成本的途径。例如将生产量小且颜色相近车实现合并，可以整合已有的有限资源，为新颜色开发拓宽途径，且有利于生产组织时对颜色的编组，减少机器人换色频次，减少清洗溶剂用量。另外探索工艺过程的必要性，在保证质量的前提下，根据分级管理的思路，探究工艺过程的取消、整合，实现材料成本的降低。如通过控制镀锌板的质量，对车型分级制订抗石击涂料喷涂工艺。

（7）日常管理　通过日常的设备点检、设备维护、工具工装更新、材料消耗点检、员工培训、操作审核等方面的管理，可以在日常生产中实现过程持续降成本，使降成本观念深入维修、操作等各个领域，真正落实全员降成本理念。例如工具工装的磨损、管路滴漏、培训不到位等都会造成材料消耗的增加。

4.12.5　材料成本改善带来的问题及应对

（1）此消彼长　材料成本降低往往会引起其他成本的增加，其他领域材料成本的降低也会引起涂装材料成本的增加，因此在成本优化的过程中必须要综合考虑，整体着眼，不能局限于单一成本维度单一领域内的成本优化。

（2）质量衰减　在降低材料成本的同时，可能会引起产品质量的衰减，如何在成本和质量中找到平衡点是我们需要探索的焦点。因此成本优化就不仅仅是一个点，而是一个过程，需要后续进行大量工艺试验、现场材料调整、设备调整等工作，严格控制现场质量，加大检测频次，对出现偏差项重点跟踪，尽快调整，确保涂膜质量。

（3）成果固化　成本优化实现容易，固化难，为保证产品质量所必须进行的工艺调整会引起其他成本或生产操作的复杂性提高，而且可能具有延迟性，在成本优化措施实施的时候不能将问题完全暴露，在生产状态出现波动或其他工艺变化的时候，成本优化措施对生产状态的敏感性就会显现出来，呈现一种叠加的作用。因此，需要从各个方面固化成本优化的成果，多方面的改进来支持成本优化后的质量稳定性。

4.12.6　结语

成本优化是一个综合的过程，在成本优化改善的探索上不能眼光短浅，只关注于单一方面的降成本成效，每种改善措施可能在多方面都有影响，要综合考量实施的意义。另外，好的降成本思路可以跨领域推广，逐步形成全方位、全过程、全员参与的成本管理体系。

成本优化的思想要深入到工作的各个方面，在技改技措、设备改进等所有方面拓宽思路，不仅是材料方面，人工、能源、工具等所有方面都可以深度挖掘。伴随着降成本思路的不断创新和降成本工作方式的不断完善，技术降成本的成效才能不断提升，企业的市场竞争力才能不断提升。

4.13　涂装线改造过程中的环境安全与防火管理

张国忠　李鹏　李康　张伦周（奇瑞汽车股份有限公司）

4.13.1　引言

在涂装改造过程中，共有7支施工队在高空、中空、低空采用24h不间断的交叉作业，改造施工人员每天达到340人左右，每日动火点最高达到82个，氧气瓶和乙炔气瓶最高更换量达到130瓶/天。这么大的施工量、这么多的施工人员，这么高的危险等级是自涂装车间建线以来，一汽轿车股份有限公司没有经历和遇到过的，怎样管理、怎样预防、采取什么措施，是摆在公司面前的实际问题。

4.13.2 涂装车间的环境安全与防火

汽车涂装线是所有汽车制造厂环境安全、防火管理等级最高的单位，车间分别设有环境安全和防火管理组织机构，并专门设有安全员及相应的管理岗位，环境安全与防火管理是涂装车间日常管理主要工作之一。

因涂装线正常生产过程中，使用或储存一定数量的涂料、溶剂、助剂、试剂和化学品等物品，为防止危害发生，在汽车涂装线设有独立的安全监控室和消防间，并装备有全自动化的 CO_2 灭火系统（图4-51），在调漆间、喷漆间、喷蜡间设有温度、烟雾、光感传感器和声光报警装置，所有的设备和管理预防措施，就是要保证涂装车间的正常的生产秩序。

图4-51 涂装车间消防间 CO_2 灭火系统

在涂装产能提升改造过程中，采用节假日集中改造和休息日改造两种方式，为保障改造施工按计划正常进行，在施工过程中的人员安全、环境安全、设备安全、质量安全和防火措施就更显得重要。因为安全是所有工作的前提，预防工作重于事后整改，下面结合涂装线改造过程中的环境安全与防火管理的主要措施作以介绍。

4.13.3 改造前的环境安全与防火管理

在改造施工前，安全管理人员需要对施工内容、施工方法、时间进度、交叉作业、动火点、车辆使用、吊装物品和施工材料分类等进行危险源识别和分析，并制订相应的预防措施，保证施工期间的顺利进行。

（1）涂装改造前的危险源识别　改造前需要对环境安全、防火管理的危险源进行有效的识别，并针对识别的内容制订有效的防控措施，只有这样，才能有效保证改造施工过程的顺利实施。在经历了整个改造过程后，回过头来看对危险源的识别和预防措施的制订是非常重要的，如图4-52所示。

即使完成施工前的危险源识别，也不一定能安全顺利地进行改造施工。

通过对其行业在施工过程中出现的环境安全事故、人身伤害事故和火灾事故的案例进行综合分析，发现95%以上的事故发生原因是施工方为抢进度、抢工期而违章操作和违章指挥所造成的。在案例分析的同时，也给所有安全、防火管理人员和项目组成员敲响了警钟。

（2）涂装现场可燃物识别　涂装车间是公司重大危险源，因在每天生产中，需要使用大量涂料、溶剂、天然气等易燃易爆气体和物品。根据施工计划，在改造施工中采用改造与生产同步进行、改造与生产交替进行的方式，也就是说在改造期间，车间内存有大量用于生产所必需的涂料和溶剂等易燃易爆物品。而在改造过程中需要大量使用气体切割、电焊等明火施工，高温、明火是引发可燃物、助燃物并产生链式反应的主要因素。

1）涂装改造现场可燃物安全识别。我们对改造现场使用或存有的易燃易爆物品、可燃性物品、助燃性物品，根据物质燃烧定义进行安全识别和分类，见表4-19。

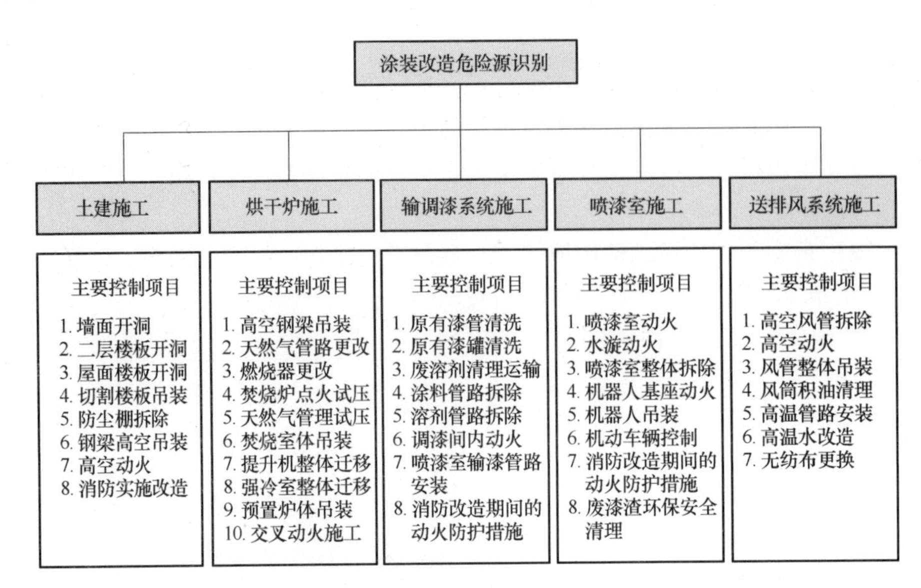

图 4-52　涂装改造危险源识别内容

表 4-19　改造现场火灾燃烧物质分类

分类	定　义	涂装改造现场物品名称
A 类	指固体物质，具有有机性质，一般在燃烧时能产生灼热的余烬，如木材、纸张等	木材包装物、塑料包装物、泡沫包装物、废漆渣、过滤棉
B 类	指液体和可熔化的固体物质，如乙醇、溶剂等	乙醇、溶剂、油漆、二甲苯、助剂、甲苯
C 类	指气体，如煤气、天然气、乙炔等	烘干炉加温用天然气、乙炔气瓶、氧气瓶
D 类	指金属，如镁、铝镁合金等	无

通过对改造现场物质分类与识别，我们采取了必要的预防措施，保证施工时不出现火灾隐患和火灾事故。

2）涂装改造施工中重大安全源识别。在涂装改造过程中，需要对原有设备进行拆除、整体移位等项内容，特别在电泳、中涂、面漆烘干炉施工中，需要更改原有的天然气管路，同时新增天然气燃烧段。在调漆间的改造中，需要对原有 26 个漆罐进行倒罐，对近千米长的漆管使用溶剂进行反复清洗，在天然气管路改造、涂料倒罐、漆管循环清洗、废溶剂进行运输的过程中，需要对整个过程所能发生的意外进行危险源和风险识别。改造危险源和风险识别见表 4-20。

表 4-20　改造危险源和风险识别

工序/人员/设备	危险源（危害）	危险（风险）
电泳烘干	烘干炉天然气泄漏潜在火灾	诱发火灾、爆炸
PVC 细密封	PVC 烘干炉天然气泄漏潜在火灾	诱发火灾、爆炸
中涂、面漆喷漆	喷房内油漆、稀料挥发	诱发火灾、人员伤害
中涂、面漆喷漆	排风桶油污堆积潜在火灾	诱发火灾及人员伤害
中涂、面漆喷漆	劳保用品穿戴	人员伤害

（续）

工序/人员/设备	危险源（危害）	危险（风险）
补漆	点补间溶剂挥发潜在火灾	诱发火灾及人员伤害
空调平台	天然气泄漏潜在火灾	诱发火灾及人员伤害
调漆间	油漆、稀料泄漏潜在火灾	诱发火灾及人员伤害
调漆间	油漆、稀料挥发	诱发职业病
调漆间	油漆、稀料搬运泄漏潜在火灾	诱发火灾及人员伤害
调漆间	使用铁制工具产生静电潜在火灾	诱发火灾及人员伤害
调漆间	防爆灯损坏潜在火灾	诱发火灾及人员伤害

在进行危险源和风险识别后，就有针对性地提高操作的规范性、安全性，在改造的过程中，采取必要的预防措施，保证施工时不出现火灾隐患和火灾事故。

（3）施工方的安全、防火管理内容　在施工前，对施工方的环境安全及防火教育必不可少，作为施工的主体，在改造前一周，我们对所有施工方的项目经理及相关负责人，共同制订了安全防火预案，并根据相关内容进行了培训。

1）施工方的环境安全、防火管理档案。车间根据施工方的安全管理要求，施工方在进入车间施工现场前，施工合同、施工单位施工资格审批表、项目开工通知单、人员临时入厂审批表、外来施工单位安全管理协议书、安全和防火责任保证书、班后及节假日施工审批表等文件的复印件，应由车间统一进行存档，在改造前一周建立完成施工方管理档案。

2）施工人员个人管理档案。因24h交叉施工，各施工厂家在改造现场的施工总人数达到340人左右，这么庞大的施工队伍，比正常单班生产的操作员工还要多出100人左右。因各施工方管理的不同，怎样有效管理这些人员的状态，成为车间安全、防火管理人员的一大难题。

通过多方面的查询和摸索，想到了在入伍服役期间，部队使用的《连级单位人员、装备管理台账》，台账里面的项目、内容和管理的绝大部分方法，可用于施工人员的管理。通过记录的内容和施工的实际情况，建立涂装车间施工人员管理档案，如图4-53所示。

各施工队需要提供外来施工人员安全防火教育文件和施工人员安全教育表，如图4-54、图4-55所示。

施工方必须提供个人临时入厂证、身份证复印件和联系方式。同时根据个人施工内容的不同，还需要提供个人的电工证、钳工证、电气焊工证、起重操作证、车辆驾驶证等证件的复印件。

（4）施工人员吸烟管理　在施工人员中，还要特别关注特定的人群——吸烟者。

烟头虽小，但因为吸烟所引发的火灾危害性极大。2008年2月15日吉林中百商厦特大火灾事故就是因为一名雇员在上午9点左右吸烟进入仓库，走时将未熄灭的烟头遗留在仓库中引发的。一个小小的烟头，慢慢地引燃仓库内中可燃物，大火造成54人死亡、70多人受伤，直接经济损失达400多万元，如图4-56所示。

涂装车间规定禁止吸烟，怎样管理施工人员中的吸烟者、车间现有的吸烟人员及火种应建立管理档案，见表4-21。

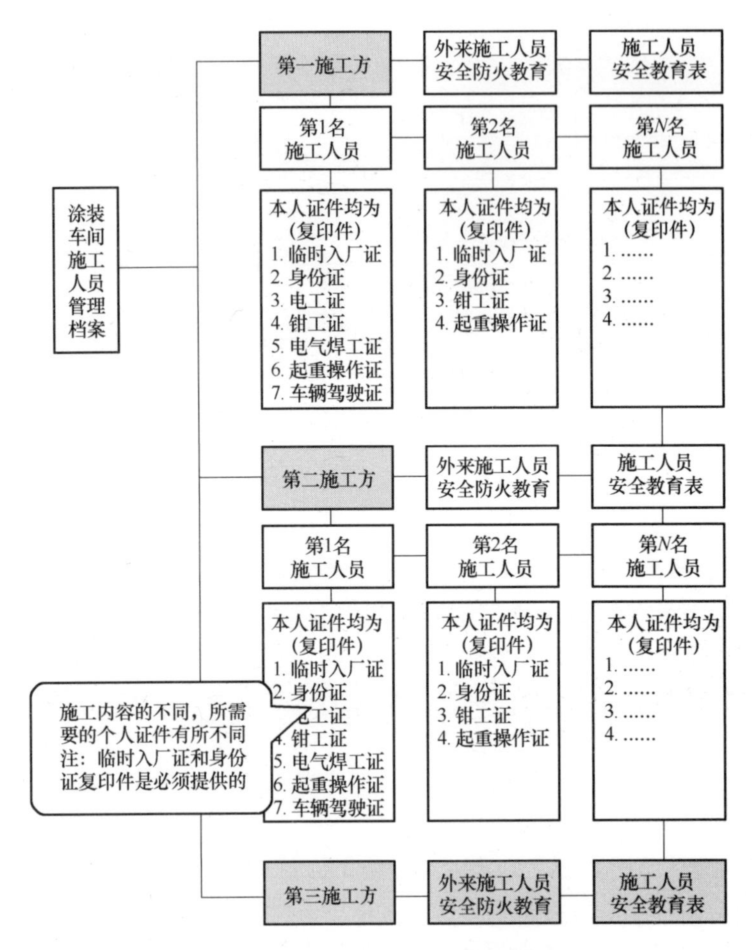

图 4-53　涂装车间施工人员管理档案

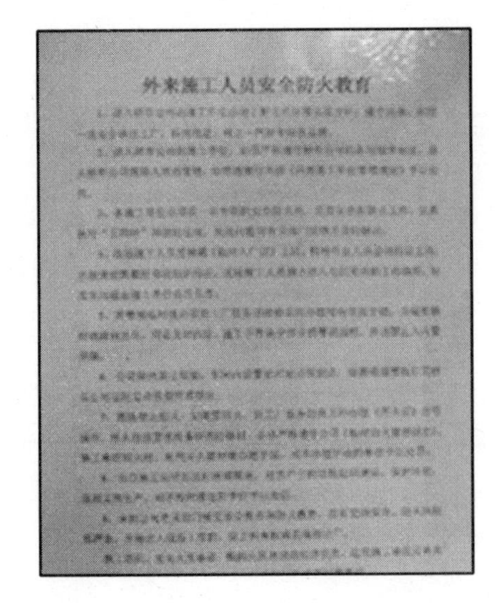
外来施工人员安全防火教育

图 4-54　外来施工人员安全防火教育文件

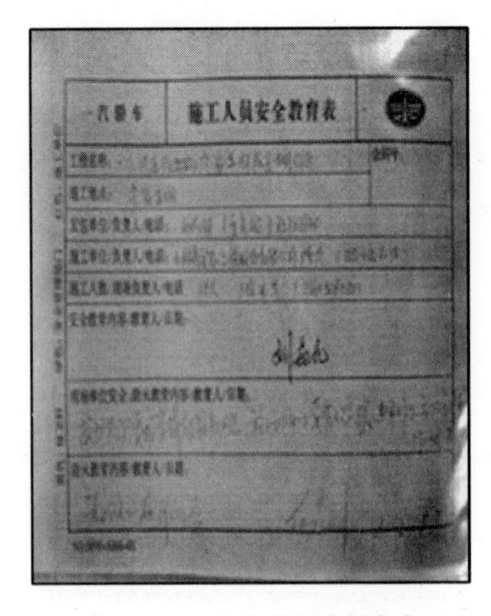
施工人员安全教育表

图 4-55　施工人员安全教育表

图4-56 烟头引发吉林中百商厦特大火灾

表4-21 涂装车间吸烟人员及火种管理档案

单位	序号	姓名	性别	年龄	烟龄	工种	是否同意携带火源		乙方证明人	甲方确认人	携带火源类型	携带火源数量	联系方式	身份档案	备注
							是	否							
××	1	××			×年	电气焊工	√		××	××	打火机	1个	13	1. 身份证复印件 2. 工种操作证复印件	
×	2	××			×年	安装工		×	××	××	—	—	13		
×	3	××													
	4														

在涂装车间吸烟人员及火种管理档案中，要求所有吸烟人员必须进行登记，同时吸烟人员需要提供身份证复印件。禁止私自把香烟、火种带入涂装车间现场，如私自携带香烟和火种进入现场，按公司相关处罚规定执行，并禁止该人在以后施工中进入现场。对于需要携带火种的人员，必须提供工种操作证复印件，同时经过甲乙双方共同确认。每天进入现场前必须核对携带火种类型和数量。

(5) 施工方的劳保穿戴管理　正确穿戴劳保用品是保护个人安全的必要措施，施工方的劳保用品管理同样纳入车间的安全管理范畴。

在进入施工现场前，要求施工方为每名施工人员准备安全帽、安全防护眼镜、口罩、连体静电服、钢头防砸劳保鞋等安全劳保防护用品，如图4-57所示。

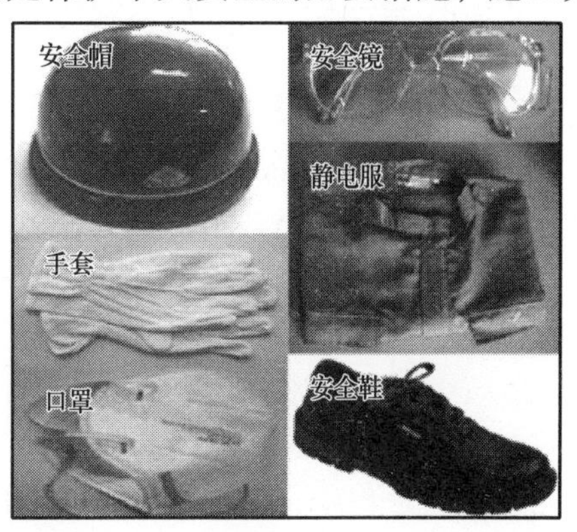

图4-57 施工人员必备的劳动保护用品

在施工人员进入施工现场时，通过公安科在车间设立的门卫，依据涂装车间着装管理标准（图4-58），检查每名施工人员的劳保用品穿戴情况，不符合穿着要求的人员禁止进入，达到标准要求的人员，核对临时入场证后，填写人员进出管理登记簿方可进入涂装车间现场。

进入—工厂涂装车间着装标准									
规范标识	标准	标准	⊖	⊖	⊖	⊖	⊖	⊖	⊖
服装	正确着装	戴工作帽 防静电连 衣领平整拉链到颈部 不卷袖口 不卷裤角 劳保鞋 正确着装	错误	错误	错误	错误	错误	错误	错误
规范	安全帽、防护鞋、防护眼镜	戴工作帽、穿连体服	没有穿劳保鞋	不要敞开领口	不要卷起袖子	不要卷起裤角	没有戴工作帽	请戴工作帽	请穿着防静电连体服
	防滑手套 防护口罩 防毒面具 防腐蚀手套 防静电手套	衣领平整 拉链到颈部 不卷袖口 不卷裤角	鞋底易带入沙土会对地面环境生产污染	皮肤纤维及内着衣物的沙土会在空气中散播	皮肤纤维及内着衣物的沙土会在空气中散播	皮肤纤维及内着衣物的沙土会在空气中散播	头发纤维及头部皮肤纤维，易对车间生产环境、车身质量产生严重影响	头发纤维、头部皮肤纤维及内衣，会对车间环境严重影响，造成严重的车身质量问题	不允许身着分体工作服在涂装车间内工作
	防护劳保鞋	劳保鞋	易对个人安全产生危险						易产生静电，对车间及生产等产生安全隐患
工作区域	生产车间	生产车间	不允许进入车间	不允许进入车间	不允许进入车间	不允许进入车间	不允许进入车间	不允许进入车间	不允许进入车间
	标准 进入车间标准着装					⊖ 严禁进入车间			

图 4-58　涂装车间着装管理标准

在着装管理标准中，不仅对施工人员的劳保用品穿戴有严格要求，根据现场清洁度管理规定，对施工人员着装的清洁度也有要求。

施工方着装颜色的管理要求：在立体交叉施工中，施工人员的观察能力是有限的，在立体交叉施工中最容易造成相互间的伤害，为避免安全事故和人身伤害事故的发生，我们采用 HPS－6S 的目视化管理措施，其主要方法是：通过统一并规范各施工方的服装颜色，用来区分施工人员负责内容。

在服装的颜色上，主要是根据施工方的施工内容决定。例如，某安装公司人员主要负责高空风管的改造和安装，因在施工中需要使用脚手架到达距离地面 7.5m 左右的区域施工，因照明和距离的关系，如穿深色服装，下面的人员会看不到脚手架上施工人员的状态，只有明亮鲜艳的服装颜色，才能让下面的人员注意到。根据这一点我们要求安装公司的施工人员的服装颜色为橘黄色，如图 4-59 所示。其他的施工厂家采取同样的方法，按甲方要求对施工人员服装的颜色进行规范和区分，如图 4-60 所示。

图 4-59　安装人员穿着橘黄色服装吊装风筒

在施工过程中，为区分施工方的管理人员和施工人员，我们要求施工管理人员必须穿着白色连体静电服（图4-61），以便于目视化管理，提高了甲方、本施工队人员的寻找效率，做到了在无阻挡的情况下80m内就能第一时间发现施工负责人。

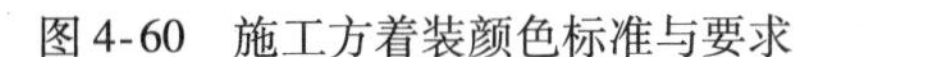

图4-60 施工方着装颜色标准与要求

图4-61 施工方的管理人员穿着白色静电服

（6）施工方的安全疏散培训 因涂装车间主体为三层结构，安全疏散中不仅对每层疏散路线和疏散安全门进行标注和目视，还要在施工人员的培训中，对疏散通道、疏散门的位置进行逐一的讲解，同时还要在车间现场入口悬挂1～3层安全疏散图。

在涂装改造施工中，施工方人员和甲方管理人员都要进行安全疏散培训。因施工人员在陌生的场地和区域施工，如发生安全、防火事故需要疏散时，不仅要知道自己所在的方位，还要清楚最近的疏散门和疏散路线，保证所有人员能够安全地疏散和撤离。

（7）环境/安全应急准备与响应管理预案 在各项措施制订和施工准备实施前，还要制订环境/安全应急准备与响应管理预案，此预案可依托于车间现有管理预案和组织结构。改造期间安全防火预案如图4-62所示。

改造期间安全防火预案

序号	事项		安全措施	备注
1	高温水泄漏		1.所有人员立刻撤离到安全区域，设立警戒线	
			2.如有伤者，立刻送往医院急救	
			3.立刻通知有关部门切断水源，电源	
			4.检查附近带电设备，防止发生连锁事故	
2	天然气泄漏		1.所有人员立刻撤离到安全区域，设立警戒线	
			2.如天然气吸入过多，立刻现场抢救并送往医院急救	
			3.立刻通知有关部门关闭天然气管道阀门，及时抢修	
			4.立刻通知消防部门	
3	现场	A. 施工单位操作不当引发火灾	1.如灾情较小尚未蔓延，应及时扑救	
			2.如灾情较大，有蔓延趋势，应立刻撤离到安全区域，设立警戒线	
			3.如有伤者，立刻送往医院急救	
			4.立刻通知有关部门切断电源，关闭天然气，防止引发连续事故	
			5.立刻通知消防部门	
		B. 天然气泄漏引发火灾	1.所有人员立刻撤离到安全区域，设立警戒线	
			2.如有伤者，立刻送往医院急救	
			3.立刻通知有关部门切断电源，关闭天然气	
			4.立刻通知消防部门	
		C. 疏散路线	一楼，四个逃离门，36号门（东南角）44号门（最西侧），47号门（西北角），56号门（西北角）若是遇到突发情况应第一时间改向就近的门	
			二楼，从东西侧楼梯及中间两个楼梯间一楼逃跑，再向一楼就近的四个门逃跑	
			三楼，根据自己的所在位置，就近向东西侧两个楼梯向二楼，一楼跑再分别从36号门和44号门逃跑	

图4-62 改造期间安全防火预案

在施工中如果出现重大事故/事件或紧急状态时作出响应，以预防或减少可能伴随的环境影响及人员伤害。环境安全科是应急准备与响应的主管部门，此预案本着“谁主管、谁负责”的原则实施安全防范工作，实行“人防、物防、技防”相结合的防范体系。应急的组织措施包括指挥、通信、保卫、抢救、疏散等。

在环境/安全应急准备与响应管理预案中，需要对紧急事故/事件进行分类，见表4-22。在分类的同时，还要制订相应的应急措施，只有事先进行多次应急响应演练，做好应急预案的培训，能够在最短的时间内做到：人员到位、车辆到位、器材到位、物资到位。随时做好应急准备，实施应急预案才能把事故、事件的影响和危害，降低到最小程度或范围。

表4-22 紧急事故/事件分类表

序号	紧急事故/事件类别
1	易燃、易爆品发生火灾、爆炸
2	化学品、油品的泄漏
3	安全控制设施失灵；操作过程的重大失误
4	灾害性天气
5	其他污染物的大规模泄漏/排放

依照应急程序能够准确实施，需要制订以下相关文件及内容：

环境因素识别、评价与更新程序，危险源辨识、评价与更新程序，重点部位防火档案，重大安全、火灾事故应急救援预案，灭火预案，防汛工作应急预案，起重机械事故应急预案，压力容器、压力管道事故应急预案，重大污染事故应急救援预案，污水处理操作规程，天然气管道事故应急救援预案，配电室意外事件应急预案，涂装车间急性苯中毒应急预案，涂装车间灭火救援预案，油品、化学品泄漏应急预案，触电应急预案，管理文件管理程序，培训管理程序。

以上文件主要是为环境/安全应急准备与响应时提供方法、流程和依据。在施工安全、防火管理中，主要以预防为主，只要按照管理内容执行，就可减少施工期间出现问题的可能性。

4.13.4 改造施工中的安全与防火管理

此次改造是涂装生产线建线以来，改造量最多，安装难度最为复杂，施工人员最多，安全防火等级最高，交叉施工最为紧密，安装设备最为精密的一次改造过程。

在改造前期，所有的安全、防火各项措施和预案提前完善后，就可以进入施工实质管理阶段。在施工中，必须把安全、防火管理纳入日常管理中。从管理者到施工者，由一个部门到所有部门，只有横向到边、纵向到底，随时随地讲安全，时时刻刻想安全，才能把安全、防火工作落到实处。

1. 改造施工期间安全、防火通报制度

在停产改造前一周，就开始实行施工早晚例会制度（图4-63），参加部门有环境安全科、保卫科、技术部、保洁公司、施工方、EN专家、涂装车间改造相关人和负责人。

在施工例会中，主要在通报施工小时计划的同时，对当日的动火点进行标注，保卫科根据当日动火点在现场就开具用火证（图4-64），车间对每个动火点配备4名看火人员，同时为每个动火点配备MSZ/3型5.2kg手提式水基型灭火器2个（图4-65），通频对讲机1部，实行24h“一对一”的看火制度，确保在动火施工中不出现安全、防火隐患。

图4-63　施工例会安全、防火通报制度

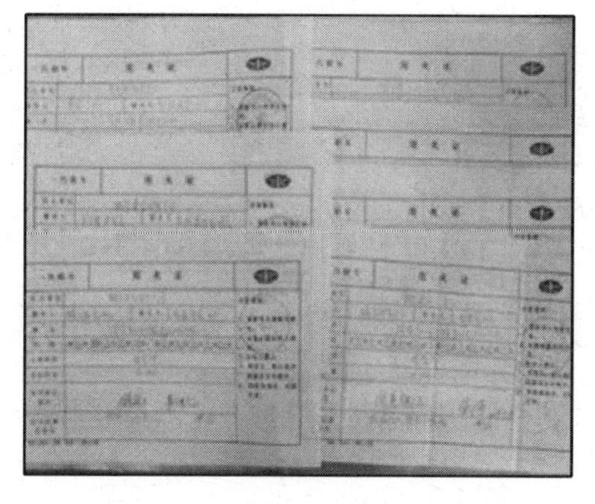

图4-64　对当日用火证进行存档备查

2. 每日现场安全、防火大检查制度

安全工作始终伴随着我们，安全是所有工作的前提，预防工作重于事后整改。停产改造期间，每天上午10点，由甲乙双方管理人员共同组成的联合检查组准时在前厅集合，按照工序流程对各施工地点进行安全、防火大检查（图4-66），对检查的安全隐患和问题（图4-67）进行现场照相、现场确认、现场落实责任人、现场整改，并在每天晚会上对整改前、整改后的对比照片进行通报。

图4-65　每个动火地点旁准备2个灭火器

在施工中提倡“三不违反、三不伤害”，即不违章指挥、不违章作业、不违反劳动纪律，不伤害自己、不伤害别人、不被别人伤害。只有增强安全意识，普及安全知识，提高自防自救能力，才能做到安全有保障。

图4-66　施工安全、防火大检现场照片

图4-67　施工安全、防火隐患示意图

3. 改造施工中安全、防火措施的运用

在改造现场，我们联合各施工厂家有效实施了很多安全防火措施，并有效避免了2项安全事故的发生。

（1）施工区安全标识的运用　根据涂装车间施工的特点，在施工现场根据安全标识用途（见表4-23），在各施工区悬挂指令标识（图4-68）、警告标识（图4-69）、禁止标识（图4-70）、指示标识（图4-71）、消防安全标识（图4-72）等标识。以上标识在使用过程中，悬挂在施工区域的附近，让施工人员随时都能看到安全标识，同时提醒现场管理人员，根据标识上的信息，提醒所有在现场的人员不要违章，注意安全。

表4-23　安全标识分类与用途

标识分类	含义及用途
指令标识	在此区域或地点，必须按照标识内容执行和遵守的行为
警告标识	提示和告知人员容易出现人身伤害的区域或地点
禁止标识	在此区域或地点，禁止人员违反标识内容的行为
指示标识	提示和告知人员在标识指引区域或地点的用途标识
消防安全标识	在发生火灾时，用于指引区域或地点的用途标识

图4-68　施工现场使用的指令标识

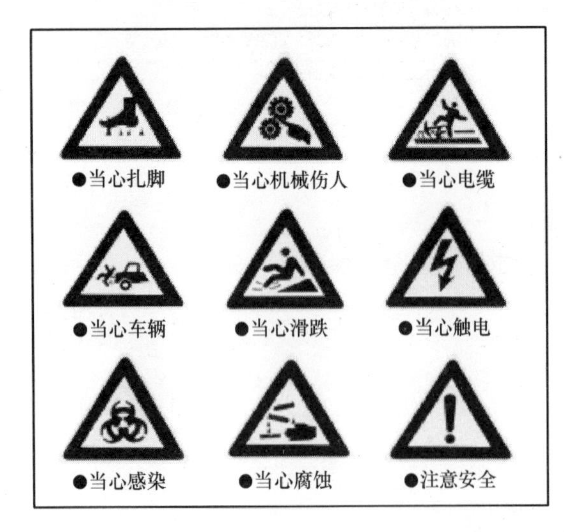

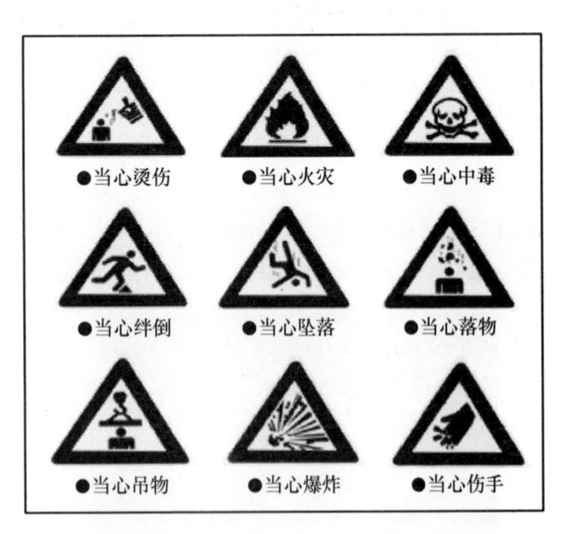

图4-69　施工现场使用的警告标识

（2）土建施工中安全预防措施　在土建施工中，0m新增点补间、底漆打磨间新增排风筒和12m烘干炉新增排烟道，需要穿过7.5m、17.7m楼板，因楼板施工下部在进行立体交叉作业（图4-73），会对下面的人身安全造成极大危害。

图4-70　施工现场使用的禁止标识

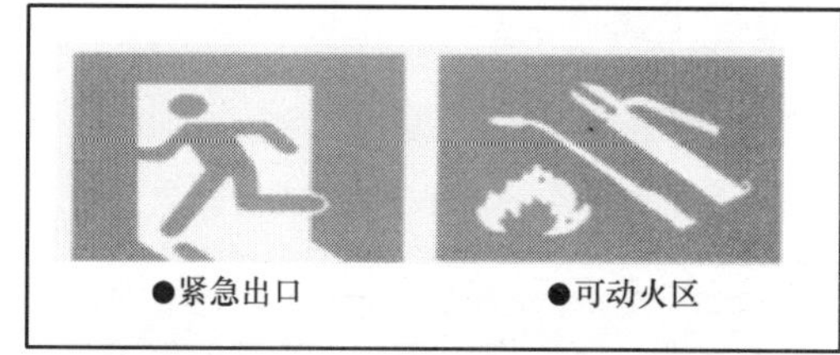

图4-71　施工现场使用的指示标识

图4-72　施工现场使用的消防安全标识

图4-73　烘干炉等区域进行立体交叉作业

以往的楼板开洞都是采用铁锤打击或使用风镐来破拆楼板。本次楼板开洞的方案通过安全评价，与施工方共同确定采取更为安全的整体切割吊装法，见表4-24。

表4-24　楼板开洞安全施工步骤与方法

步　骤	安全措施
步骤一	在开洞的下方，用钢梁在开洞四周进行安全支撑（图4-74）
步骤二	为防止碎裂石块在开洞处掉下，特使用帆布在开口下方进行牢固遮蔽，防止安全事故的发生（图4-75）
步骤三	使用塑料布在开洞的下方进行立体遮蔽和防护，防止人员进入而出现安全事故（见图4-76）
步骤四	使用帆布、木板对开洞下部的滚床及其他设备进行遮蔽，石块坠落时起到缓冲作用，保证设备安全（图4-77）
步骤五	使用防尘网建立大的屏障，防止掉落的石块飞溅到其他位置造成人员伤害（图4-78）
步骤六	使用铁链和移动吊装架把要切除的楼板进行吊装加固，保证整体切割后的楼板不坠落，使用无齿锯和水钻对楼板进行切割和打孔穿透（见图4-79）
步骤七	对切割下的楼板，使用移动吊装架提升后进行整体移动，在下面使用钢管保证安全移动（图4-80）
步骤八	对暂时不用的开洞处，使用加强钢板进行遮蔽，使用标识、隔离带等方式对开洞处进行隔离，防止人员出现高空坠落事故的发生（图4-81）

图 4-74　在开洞下方焊接钢梁进行安全支撑

图 4-75　使用帆布对开洞处进行安全遮蔽

图 4-76　对土建开洞溅落区进行立体遮蔽

图 4-77　使用木板、帆布对溅落区设备进行防护

图 4-78　用防尘网对土建开洞溅落区进行二次隔离

图 4-79　洞口吊装加固，水钻打孔穿透切割

以上措施的实施，虽然在施工进度上受到影响，但在安全上能得到有效的保证。

（3）施工车辆的安全、防火措施　在大件和重物运输过程中避免不了使用机动车辆，在机动车辆运行时会排放油气的混合物，如出现回火会出现爆燃的现象。因此，对涂装车间机动车辆是禁止进入的。

我们制定两项安全措施，保证了施工的正常进行。

图 4-80　移动吊装架对切割楼板进行整体吊装

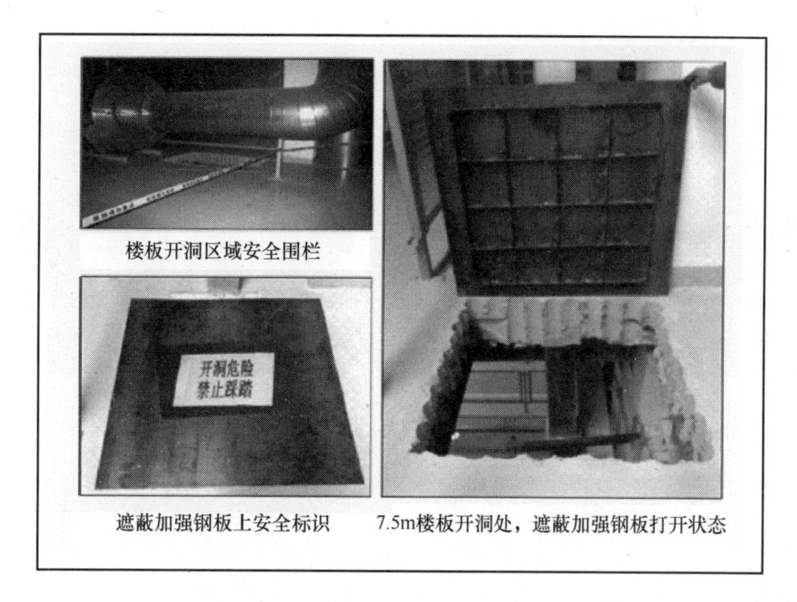

楼板开洞区域安全围栏

遮蔽加强钢板上安全标识　7.5m楼板开洞处，遮蔽加强钢板打开状态

图4-81　楼板开洞后的安全防护措施

第一，在公司核对《施工车辆入厂申请表》后，规定在车间外部到车间门斗大件运输过程中，必须使用以天然气为供给能源的叉车。叉车的主要排放物是二氧化碳和水，对车间内环境安全、防火影响较小。

第二，在车间内部使用电瓶叉车（图4-82），电瓶叉车的排放物几乎为零，完全避免了机动车辆产生的油气对涂装安全防火的影响。电瓶充电在涂装车间外部进行，每天早上充电后进入车间，晚上离开车间进行充电。

图4-82　施工现场使用的电瓶叉车

（4）施工期间的安全疏散与灭火演习　改造期间车间物流门、人员进出门，要求实行24h值班制度，所有大门不允许上锁，同时在无电的情况下，能够在门内外使用手动方式打开。其主要目的是车间内出现安全、火灾事故需要疏散人员时，能够在第一时间内把门打开，确保人员快速疏散，保证通道及大门畅通无阻。

施工期间，车间安全防火负责人，有针对性地对EN专家、施工人员、保洁人员等283名人员，进行了安全疏散和消防灭火演习，以确保所有人员在发生意外情况时，能够及时安全地撤离，如图4-83～图4-85所示。通过安全疏散演习计时，所有人员在80s内，全部按照安全疏散路线安全撤离。

在灭火演习中，工作人员分别使用溶剂、汽油、木材作为燃烧介质（图4-86），充分模拟火灾的真实性。施工人员代表和车间新员工代表进行灭火演习，掌握了使用水基型灭火器和干粉灭火器扑救溶剂、汽油、木材等三种燃烧方式的灭火方法与技能（图4-87），并为初期火灾扑救延缓蔓延程度，初步控制火势，减少火灾事故的损失，为后续灭火队伍的到达赢得了宝贵时间。

图 4-83　施工人员进行安全疏散

图 4-84　所有施工疏散人员进行列队清点人数

图 4-85　所有车间人员进行列队清点人数

图 4-86　模拟溶剂、汽油、木材三种燃烧方式

图 4-87　施工代表和新员工代表进行灭火演习

（5）喷漆室施工期间的安全与防火措施　涂装车间喷漆室因安装喷涂机器人，要对原有二氧化碳灭火系统进行拆除，对光电、温度报警装置进行屏蔽，同时需要拆接 18 个颜色、2 组溶剂、2 组清漆和 1500m 支线油漆管路，断点达到 176 处，每处都会有部分溶剂挥发在空气中，在油漆管路拆除时，还要对各种电缆进行改造，为确保安全，每个电气工作点，配备一名维修电工进行指导拆除、监护设备、配合施工，如图 4-88 所示。

为做到喷漆室改造万无一失，我们特别邀请了消防专家（图 4-89、图 4-90），汇同技术部、保卫科、环境安全科负责人、施工单位负责人和车间负责人等，对喷漆室等 56 处动火部位的操作步骤和方案，进行现场评估和指导，提出 5 项建议，并进行了现场整改，在消防系统拆除的情况下，确保施工期间的防火、安全隐患降到最低。

图4-88 维修人员指导施工人员进行电气改造

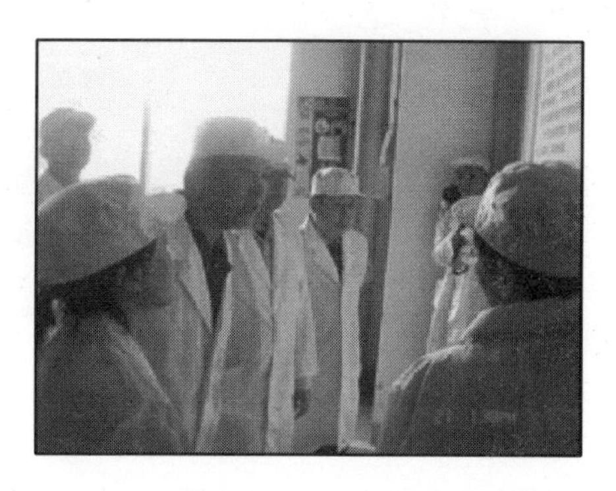

图4-89 消防专家了解喷漆室施工方案

同时为避免因易燃气体挥发遇火发生燃爆，技术部、车间联合公司保卫科，对该时段、该区域的人员应进行登记和留影备案，进入现场前进行100%携带火种检查，对必要气体焊接和切割动火人员，进行专人管理火源制度，在每个动火点，使用石棉布进行遮蔽和隔离（图4-91），并确保两人同时监护。

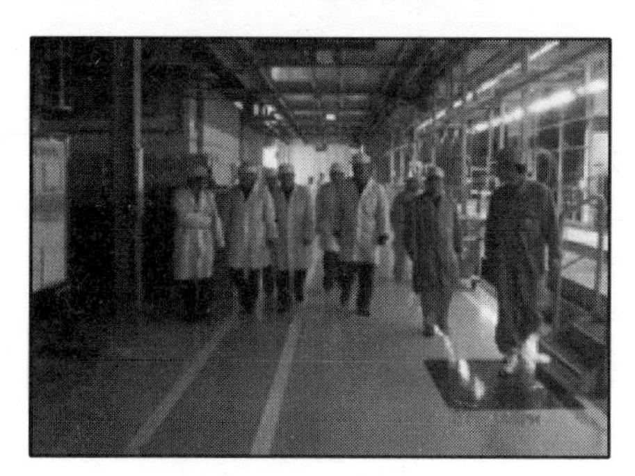

图4-90 消防专家对改造点进行安全、防火评估

图4-91 使用石棉布对地面滚道进行遮蔽和隔离

对自动机底座比较厚的钢板进行切割时采用边切割边加水降温的措施，防止因切割温度过高引燃其他物品。

在焊接或切割过程中，会产生高温的焊渣和飞溅火花，溅落在可燃物上就会造成快速燃烧，因此焊接或切割是引发火灾的重要危险源。为防止切割过程中的发生火灾，在切割物的下面放置水槽（图4-92），水槽中的水可有效防止焊渣迸溅，并能为焊渣迅速降温，同时也可消除烟雾对施工区域环境的影响。

图4-92 使用水槽主动防止切割迸溅确保安全

设备在运达目的地过程中，会使用不同的包装物（图4-93），主要保证物资完好性，但这些包装物同时也可能成为涂装车间的可燃物，为减少现场可燃物，在设备进入现场时应拆掉外部木板、塑料包装物和泡沫减振物（图4-94）。

图 4-93　不同物资的包装物状态

图 4-94　设备拆包装进入车间后状态

在整个施工过程中，安全、防火成为保证施工安全的核心内容，同时也是我们的重点工作。

4.13.5　改造施工后的安全与防火管理

改造后还有很多的工作需要确认，这些工作绝大部分是由维修人员来完成的，主要工作内容是改造后的电气、机械、动能和操作工位的安全识别。

这个工作需要极其细致地按工位逐一进行识别，为上班后的首日生产进行安全、防火确认，发动每名员工进行本质安全识别。对新发现、新识别的安全防火隐患，按要求及时整改，对延期整改内容要制订临时措施。

4.13.6　改造中安全、防火管理经验与积累

在改造过程中，与施工厂家共同制订并执行安全、防火管理措施是一项关键的任务，施工厂家执行得好坏，直接影响人员安全、设备安全、环境安全和质量安全。

每天的联合办公会，不仅要总结本日施工进度，通报和协调次日的工作内容，同时也可以相互学习，通过总结安全、防火实施过程中的经验和问题，可以找出更好的方法用于改造安全施工和日常安全、防火管理。

整个改造期间，涂装领域累计动用看火人员 362 人，累计达到 1546 人次，累计加班 2165h，整个改造过程没有出现一次安全和火灾事故，用最短的时间分别完成 1.69 节拍和 1.41 节拍的改造工作，达到了既定的“安全、高效、清洁”的目标。

在涂装线改造过程中，整个团队学习了很多关于环境安全、防火方面的新知识、新工艺，并从每个细节上做到防控与管理。跨领域的学习和实践，提高了整个团队的管理水平，同时也为个人自身学习上提供了一次实战经验。

4.14　涂装安全设计参数推介

宋世德　刘小刚

4.14.1　油漆烘干室安全通风量

1. 溶剂型涂料涂层烘干室新鲜空气量计算

(1) 间歇式烘干室

1) 用经验数据确定新鲜空气量。烘干式新鲜空气量可按式 (4-1) 计算：

$$Q_1 = \frac{4G}{t_0 a} \tag{4-1}$$

式中 Q_1——安全通风所需的新鲜空气量（20℃）（m^3/h）；

G——一次装载带入烘干室内的溶剂质量（g/次）；

a——溶剂蒸气的爆炸下限计算值（g/m^3）；

t_0——以最大挥发率计算的溶剂蒸发时间（经验值，烘干金属薄壁工件时，推荐t_0 = 0.11h）（h）；

4——保证溶剂蒸气浓度低于爆炸下限值的25%的安全系数。

2）用溶剂挥发率的实测数据确定空气量。

① 已知溶剂峰值时，可按式（4-2）计算：

$$Q_2 = \frac{4R_p \times 60}{a} \tag{4-2}$$

式中 Q_2——安全通风所需的新鲜空气量（20℃时）（m^3/h）；

a——溶剂蒸气的爆炸下限计算值（g/m^3）；

R_p——峰值溶剂蒸发率（g/min）；

4——保证溶剂蒸汽浓度低于爆炸下限值的25%的安全系数。

② 已知溶剂每小时的最大蒸发量时，可按式（4-3）计算：

$$Q_3 = \frac{10R_1}{a} \tag{4-3}$$

式中 Q_3——安全通风所需的新鲜空气量（20℃时）（m^3/h）；

a——溶剂蒸气的爆炸下限计算值（g/m^3）；

R_1——烘干过程中溶剂每小时的最大蒸发量（g/h），当烘干时间小于1h，则 R_1 为间歇装载的1h平均蒸发量，如烘干周期为40min，40min内溶剂蒸发量为R_{40}(g)，则 $R = R_{40} \times 60/40$(g/h)；

10——经验系数。

间歇式烘干室的温度小于120℃，当温度大于等于120℃时，取室温爆炸下限值的1/1.4。

（2）连续式烘干室 新鲜空气量可按式（4-4）计算：

$$Q_4 = \frac{4G}{a} \tag{4-4}$$

式中 Q_4——安全通风所需的新鲜空气量（20℃时）（m^3/h）；

G——每小时带入烘干室的溶剂质量（g/h）；

a——溶剂蒸气的爆炸下限计算值（g/m^3）；

4——保证溶剂蒸气浓度低于爆炸下限值的25%的安全系数。

2. 粉末喷涂喷粉室安全（卫生）通风量（排风量）计算

静电（含非静电）喷粉室排风量，是为喷粉作业的安全与操作工人的健康设定的，分别从安全角度和防止粉尘外逸方面计算，取其大值。

① 以安全角度计：

$$Q_1 = \frac{Gn(1-k)k_1k_2}{0.5c} \times 60 \tag{4-5}$$

式中 Q_1——按安全方式计算的最小排风量（m^3/h）；
G——单支喷枪最大出粉量（g/min）；
n——同时喷涂的喷枪数；
k——粉末上粉率，一般取0.4~0.8；
k_1——工件不连续进入（工件间有空隙）积粉系数，取1.2~1.6；
k_2——粉末在喷室内悬浮系数，一般为0.5~0.7；
c——粉末爆炸最低浓度（g/m^3）；
0.5——低于粉末爆炸下限值50%。

② 以防止粉尘外逸计：

$$Q_2 = 3600(A_1 + A_2 + A_3)V \tag{4-6}$$

式中 Q_2——按卫生要求计最小排风量（m^3/h）；
A_1——操作面开口面积（m^2）；
A_2——工件进出口面积（m^2）；
A_3——工艺及其他孔洞面积（m^2）；
V——开口处断面风速，一般取0.3~0.6m/s。

4.14.2 卫生风速

1. 喷漆室控制风速

1）静电喷漆或自动无空气喷漆（室内无人）。

如果干扰气流忽略不计，大型喷漆室的风速设计值为0.25m/s，一般取0.25~0.38m/s；中小型喷漆室的风速设计值为0.50m/s，一般取0.38~0.67m/s。

2）手动喷漆。干扰气流<0.25m/s时，大型喷漆室的风速设计值为0.50m/s，一般取0.38~0.67m/s；中小型喷漆室的风速设计值为0.75m/s，一般取0.67~0.89m/s。

干扰气流<0.5m/s时，大型喷漆室的风速设计值为0.75m/s，一般取0.67~0.89m/s；中小型喷漆室的风速设计值为1.00m/s，一般取0.77~1.30m/s。

2. 各种前处理槽的液面控制风速

1）酸洗磷化前处理槽。液面控制风速一般取0.30~0.35m/s，盐酸或处理温度>50℃者取大值。

2）铬酸钝化处理槽。铬酐浓度为0.1~0.5g/L，处理温度为40~70℃，控制风速取0.4m/s。

4.14.3 由闪点、爆炸极限、点火能量看易燃易爆液体的安全性

凡闪点、点火能量越低的易燃液体及其蒸气，其安全性越差，越容易燃烧爆炸，而其爆炸极限越低，范围越宽越容易发生爆炸。闪点低于28℃，爆炸下限低于10%，点火能量≤0.2mJ的液体及其蒸气为极易燃液体。

4.14.4 含量的表示方法

（1）体积表示法

$1ppm = 1cm^3/m^3 (1m^3 = 10^6 cm^3)$

$1ppm = $一百万分之一$ = \frac{1}{10^6} = 10^{-6}$

$1ppb = $十亿分之一$ = \frac{1}{10^9} = 10^{-9}$

$1ppt = $万亿分之一$ = \frac{1}{10^{12}} = 10^{-12}$

$1ppm = 10^3 ppb = 10^6 ppt$

（2）质量、体积混合表示法　标准状态下（760mmHg，0℃），1g分子体积为22.4L，则

$$X = \frac{MC}{22.4}$$

式中　X——污染物质每立方米的毫克数（mg/m^3）；

C——污染物质的含量（cm^3/m^3）；

M——污染物质的相对分子质量。

常温状态下（760mmHg，25℃），1g分子的气体体积为22.45L，则

$$X = \frac{MC}{24.45}$$

4.14.5　噪声控制指标

噪声控制指标≤85dB（A）。

4.14.6　防静电及静电控制

（1）消除衣服上的静电　一般场合，只要人体接地，人就可以穿上任何材料制作的衣服。但在容易形成敏感度很高的可燃气混合物的场所，不应该穿着高电阻率材料（化纤）制作的服装，导电的外衣应接地。应穿着经抗静电处理的材料或导电的抗静电服。

在有可燃气体混合物或最小引燃能量很小的粉尘云出现的场合，不应该脱衣服。

（2）防静电接地　使导体与大地等电位，及导体间电位差为零。

1）金属导体直接接地。

2）体积电阻率小于$1 \times 10^{10}\Omega \cdot m$，表面电阻率小于$1 \times 10^{11}\Omega$，非金属体电阻率大于$1 \times 10^{-10}s/m$的液体应直接接地。

3）体积电阻率为$1 \times 10^{10} \sim 1 \times 10^{12}\Omega \cdot m$，表面电阻率为$1 \times 10^{11} \sim 1 \times 10^{12}\Omega$，非金属电阻率为$1 \times 10^{-10} \sim 1 \times 10^{-12}$的液体除应间接接地外，还应配合必要的静置时间。

4）体积电阻率大于$1 \times 10^{12}\Omega \cdot m$，表面电阻率大于$1 \times 10^{13}\Omega$，非金属体电阻率小于$1 \times 10^{-12}$的液体，除应间接接地外，还应采取屏蔽、电离等防静电措施。

（3）接地基本条件

1）对地电阻。最高电阻值的限制。通常情况下，导致引燃放电的电压约为300V。一般设电阻$R < \frac{300}{I}[\Omega]$，但生产火药的工厂，100V就被认定为危险的，因此其静电安全泄露的条件是：

$$R < \frac{100}{I}[\Omega]$$

2）一般接地电阻。一般认为 $10^6\Omega$ 的电阻可保证在任何情况下都可以安全消除静电。为检测方便，可指定静电对地电阻为 10 ~ 1000Ω，即实际选定的电阻比上限值 $10^6\Omega$ 小得多。金属若连接锈蚀、油漆电阻有可能 $>10^6\Omega$；$10^6\Omega$ 的电阻对金属适用，对塑料等非金属材料不完全适用。

3）实际系统中的接地要求。

① 固定结构，如反应釜、研磨机和油缸，其接地电阻应≤10Ω。

② 可移动金属部件，如油缸等，接地电阻应≤10Ω。

③ 带有不导电零件的金属设备，如聚四氟乙烯等塑料配件，直接接地或通过连线接地，其电阻值≤10Ω。

（4）液体流动静电的控制　流体静电荷随流体流速的增加而增加。

① 单相石油制品流体流速限制在 2 ~ 7m/s。

② 两相石油制品流体流速限制在 1m/s。

③ 石油制品流速与管径应满足以下关系：

$$DV^2 \leqslant 0.64$$

式中　V——流速（m/s）；

　　　D——管道内径（m）。

酯类、醇类液体流速不得超过 10m/s；乙醚在管径为 12mm，二硫化碳在管径为 24mm 的管道内输送时，流速不得超过 1.5m/s。

第 5 章 推广技术

5.1 多功能穿梭机应用技术

李文峰 徐洪雷 窦亮

5.1.1 引言

汽车车身涂装工艺在不断创新，提高涂装质量、提高材料利用率、降低涂装成本、采用有利于环境的新设备，是汽车涂装工艺发展的目标。由于整体涂装技术要求的提高，对前处理、电泳工艺及输送设备也有了更高的要求，多功能穿梭机输送设备在汽车涂装前处理和电泳工艺过程中的应用是近年来的一个突破，与传统输送设备相比，充分地体现了它的优越性。多功能穿梭机采用了一种新型的前处理、电泳机械化运输方式，可以满足多种产品的混流生产，在满足材料和处理工艺的情况下空间得到了合理的利用。图 5-1 所示为多功能穿梭机系统联动模拟效果图。

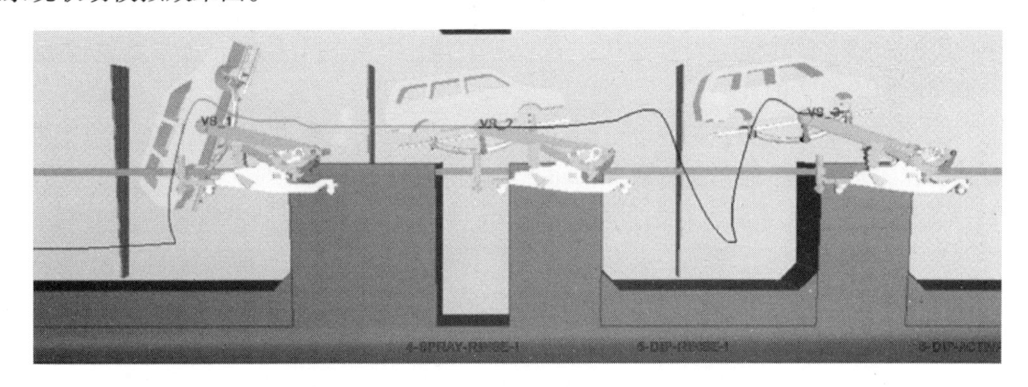

图 5-1 多功能穿梭机系统联动模拟效果图

5.1.2 定义

（1）多功能穿梭机 为进行车身涂装预处理和涂装的浸渍加工而需要的输送系统。

（2）单元格 每个单元格包括构成工作环境的所有对象。单元格以 ASCII 文件的形式被储存并带有文件结尾“. cel”，还有多功能穿梭机、车（工件）和浸渍槽等模型。

（3）工件 指被多功能穿梭机所移动的车身。

（4）主体 指用来浸渍车的槽体，或者是车需要通过的溅油环，这些槽对浸渍曲线形成干扰轮廓。

（5）连接点　两个独立的单元格之间的连接，该点的 *Z*、*RY* 值要保持一致，否则在曲线连接检查的过程中会报告错误信息或者发生未知的状况。

（6）程序　程序在模拟的过程中被解释并确定，每一个单元格对应一个程序。其中信息包括穿梭机要通过哪些空间点、以什么样的速度起动、等待等。

（7）曲线　指浸渍曲线，如浸没曲线。它包括一个单元格和一个程序。

（8）工具-中心-点（TCP）　被编过程序的机器人上末端执行的点。TCP 是包括位置和基准坐标系统定位的坐标系统。总的来说，它位于工具末端，是多功能穿梭机系统里手转动轴的中心点。

（9）IDP 点　在编码轨上定义的唯一位置点，是曲线调用、数据传输、动作发号的切入点。所有运行动作、速度、处理工序将围绕 IDP 点来执行。

5.1.3　控制系统调整对节拍的影响

由于多功能穿梭机输送系统生产柔性化极强，外部制约因素种类多，所以在节拍提升、新产品生产、工艺曲线优化等调试过程中需要控制因素很多，其中包括流程控制、安全控制、工艺控制、故障控制等，这些控制因素相互关联、相互制约，每一个环节都影响节拍调整。

（1）流程控制调整　包括装载系统、卸载系统、工艺处理段、穿梭机返回线。

对于装载系统和卸载系统要挖掘其能力，在节拍调试时应注意装载和卸载的能力是否达到目标节拍。

在工艺处理区，穿梭机的运行受到材料的限制，如果穿梭机的过程曲线很难达到某一节拍的材料要求，此时就要调整材料，另外可能涉及更改槽体、管路等硬件设施。

穿梭机返回线主要功能是对穿梭机进行检测、清洗、充气等修整工作。清洗时间要适当，否则同样会影响节拍。

（2）安全控制调整　包括前制动、后制动、车身动态安全距离、前处理入口节拍控制。

前制动、后制动是除静态安全距离、动态安全距离外的安全措施，如果某一 IDP 的前制动为 2，后制动为 5，在系统运行的过程中，它表示当前穿梭机所处 IDP 段、前方两个 IDP 段、后方 5 个 IDP 段不能有其他穿梭机。在节拍调整过程中要注意前制动和后制动的有效性、是否对节拍有限制，可以适当地释放前制动和后制动点，但尽可能不要修改装载和卸载区域的后制动点。

每一套车身动态安全距离对应一套车型曲线，动态安全距离是除曲线外最重要的控制部分，绝大部分安全控制手段体现在车身动态安全距离。

（3）工艺控制调整　包括前处理工艺段、前处理后转弯沥水段、电泳段。车身处理时间、沥水效果是曲线设计的主要依据，尤其是后期对曲线速率的优化，主要参考对象是工艺处理时间、载荷、沥水效果、节拍等。

（4）故障控制调整　包括耦合、联锁、紧急出槽、电泳保压。耦合和联锁主要控制内容是当其他处理区发生故障时，某些区域将进入区域闭锁状态，其中整条线将根据工艺要求、故障后的影响分成几个区；当出现紧急故障时，需要穿梭机立即出槽，以防止车身过处理或出现圈痕，这种控制称为紧急出槽控制；当卸载、返回线、前处理线出现故障堵车时，在一定时间后电泳过程进入电泳保护电压状态。

5.1.4　新车型产品调试

由于汽车产品不断更新换代，带来了更多的生产准备工作。在前处理、电泳生产线上，新车型的生产带来的最大问题是外形尺寸的变化所引起的曲线和车身动态间距的变化、外表面与内腔的膜厚合格率等问题。

（1）通过性　新车型在前处理、电泳线上的通过性，主要体现在几何干涉、机械化载荷、静态安全距离和动态间距、其他辅助系统等。新车型的外形尺寸与槽体的相对位置不能干涉且保留足够的空间，车身在各槽体内各曲线连接后要满足该车型在前处理和电泳线上的通过性。原曲线单元格根据需要重新调整，也可能会增加新的单元格，在制订和修改单元格时应注意现场数据的收集。

1）几何干涉。几何干涉是指车身与现有生产系统的工艺处理结构发生的干涉和碰撞问题，主要体现在以下几个方面：

① 新车型在浸槽处理过程中，槽体的尺寸和液面应大于新车型在处理过程中运行的尺寸。

② 新车型在浸槽处理过程中，新车型的浸没深度在多功能穿梭机举升轴极限位置的范围内。

③ 新车型在浸槽处理过程中，新车型在槽体内的摆动不能与槽体底部管路、前后侧壁、悬梯等槽内结构碰撞。

④ 在喷淋的过程中，运行的车身不能与喷淋管路、喷嘴发生干涉，且根据工艺需要保持一定距离。

⑤ 车身在转弯处时应注意车身与现有结构是否发生干涉。

2）机械化载荷。多功能穿梭机作为3个自由度（3轴）的机器人，它的最大特点是它的装载能力强，并且末端执行器转动惯量比较大。穿梭机装载的为工件，即一台车身和一台滑橇，如果车身为B级车车身，总质量大约为650kg，并且翻转轴中心并不在车身与滑橇的惯性中心轴上（通过三维建模，可以找到该数据或产品文件），在穿梭机运行的过程中转动惯量非常大，所以在加速、减速或制动的过程中，可能会导致大臂内的翻转轴传动同步带断裂。对于尺寸变化大的新车型，为了消除翻转轴传动同步带断裂的可能性，可以建立该车型在各个单元格运行情况下的翻转轴的驱动力矩特性曲线图，来衡量各个单元格的可行性。

① 三维建模找到重心或通过产品文件得到。

② 通过材料力学计算公式计算在现有的驱动（功率及可用的最大转矩）和传动带（拉伸强度）的条件下，各轴电动机的驱动力矩。

③ 力矩分析。穿梭机在运行一个单元格的情况下，翻转轴的驱动力矩分析。以某一单元格为例进行介绍：

a. 翻转轴加速度所引起的翻转轴驱动力矩，如图5-2所示。

b. 车身相对TCP的位置，重力所引起的翻转轴驱动力矩，如图5-3所示。

c. 举升轴加速度和位置合成所引起的翻转轴驱动力矩，如图5-4所示。

d. 行使轴加速度和车身位置合成所引起的翻转轴驱动力矩，如图5-5所示。

e. 对该车型的曲线进行模拟得出翻转轴驱动力矩特性曲线，如图5-6、图5-7所示。

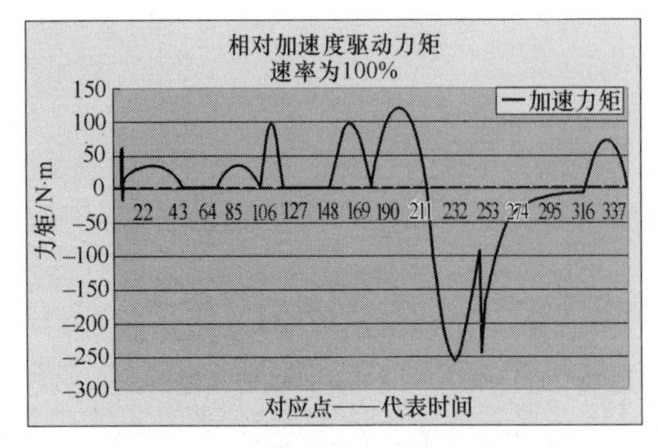

图 5-2　翻转轴相对加速度驱动力矩

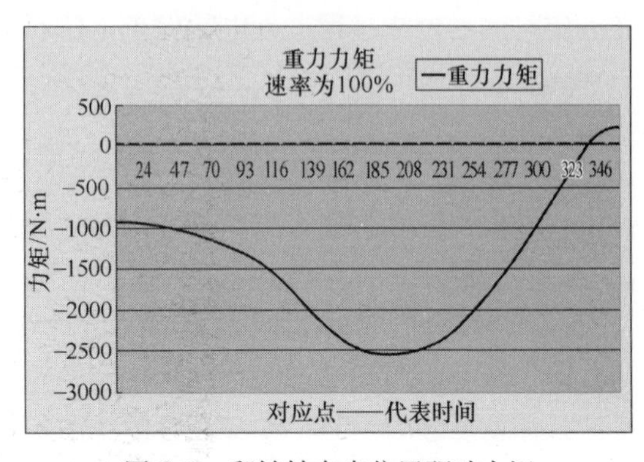

图 5-3　翻转轴车身位置驱动力矩

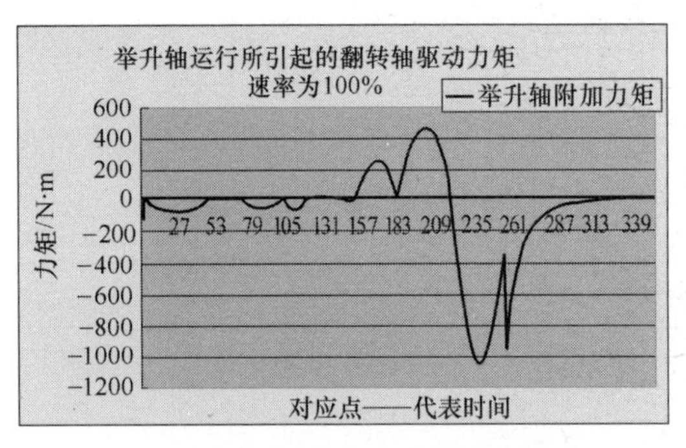

图 5-4　举升轴引起的翻转轴驱动力矩

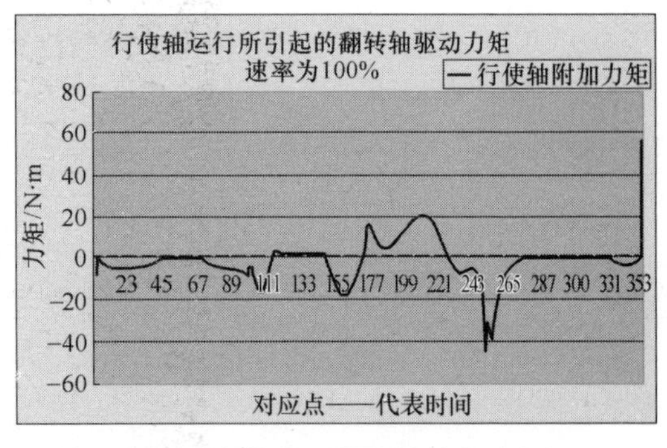

图 5-5　行使引起的翻转轴驱动力矩

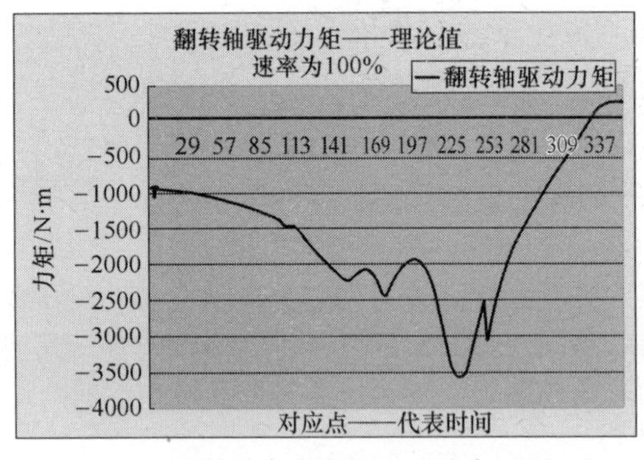

图 5-6　翻转轴合成力矩一（速率 100%）

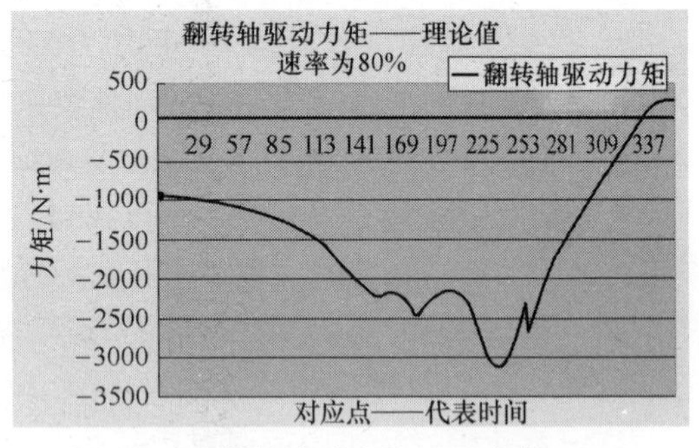

图 5-7　翻转轴合成力矩二（速率 80%）

3）附加载荷。车身是否在水槽（槽液）中，穿梭机的载荷是不同的，并且根据速度的大小，差异也不同，这一部分力矩计算比较复杂，通过单纯模拟计算很难得出结果。这一部分附加载荷可以通过以下两种方式得出。

① 根据需要给出经验公式、修正参数或者修正公式，这一部分工作需要建立简单模型，并且需要大量的带车实验。在实验过程中测量穿梭机各轴的真实载荷，再根据车身与液面的相对位置、速度给出各点的修正，并且需要不同车型的验证，或按车型对模型进行分类。

② 流体力学模拟。根据车型的三维数字模型，建立流体力学计算机模拟模型，给出算法，进行模拟，其中算法需要根据实际载荷和模拟后的载荷进行对比后的修正。

4）静态安全距离和动态安全距离：

① 静态安全距离。每个多功能穿梭机设备有一个可设定的静态距离（静态安全距离），当发生故障时，多功能穿梭机在堵塞时将保持该间距。静态安全距离是穿梭机之间的最小距离，一般设定为5200mm。

② 动态安全距离。动态安全距离能在静态安全距离基础上设定的，范围为0～12000mm，表现为在多功能穿梭机设备总段上（编码轨）的距离曲线。动态距离规定，在任意编码轨位置上的穿梭机之间的安全距离最少为静态距离和动态距离之和，表现为当前位置的穿梭机制约后方的穿梭机。

动态安全距离能体现车身之间的干涉、碰撞问题。动态间距借助VarioSIM计算带有动态间距的数据（扩展名为“.vse”）生成，通过宏在各自的Excel工作簿上输入数据。

③ 动态间距调整的注意事项如下：

a. 动态间距的自动计算不能将紧急浸出曲线计算在内，对于这种情况必须额外地计算在编码轨的所有位置上的动态间距是否足够，并在这个位置上手动调整动态间距。

b. 调整之后在Excel工作簿中导入动态间距的参数，当多功能穿梭机在运行轨道上向后行驶时，自动提高这个间距数值。当车身只通过升降和手动轴向后输送时，就不能被顾及到，动态间距必须在这个位置上用手动调整。

c. 必须在全程模拟中考虑新定义的动态间距，这其中包含节拍和制动点控制的问题。对此必须在Excel工作簿中根据扩展名为“.vse”的文件的导入和动态间距的调节设置一个新的“.vss”文件，从而进行模拟。

d. 必须在现场测试新定义的动态间距，或者导入和现场更接近的模型，从而进行模拟。如果现场生产的车型较多，并且车型的尺寸差异大，必须在某些关键点进行停止测试，如入槽、出槽、转弯等位置。

在动态安全距离曲线调整、连接的过程中，连接点、转弯处、出槽处等重要区域需要手动调整，在调整的过程中相邻的两个动态间距值要满足动态间距检测公式：

$$S_2 - S_1 \geqslant L_2 - L_1 \qquad (5\text{-}1)$$

式中，S为实际位置值（在编码轨上的位置）；L为动态间距值。

动态间距值必须满足式（5-1），否则在用宏命令检查的过程中会报告错误信息，并对该数据的实际位置值进行修改。

5）其他辅助系统。

① 车身与滑橇锁紧。在此部分主要考虑车身的工艺孔是否满足现有滑橇的锁紧销，根据需要更改车身工艺孔或者适当地修改滑橇锁紧销；车身现有锁紧系统的干涉也必须考虑在内，根据新车型的外形尺寸可能需要调整和改造。

② 装载和卸载系统。该部分主要发生的动作为穿梭机与滑橇的锁紧、解锁及照相系统检测，还要考虑车身装载与卸载系统附近的室体结构发生的干涉问题。

③ 前制动和后制动系统。前制动和后制动控制是整套穿梭机系统除静态、动态安全距离控制之外的又一安全控制方式。它的控制弥补了动态间距的部分不足之处，在装载系统和卸载系统控制更安全，并且可以在其他区域保证相邻的两台穿梭机的绝对位置，但在新调试的单元格后，在使用的过程中，应注意制动点控制时间应小于节拍时间。

（2）工艺问题　在新车型的生产准备过程中，工艺质量的好坏影响最终的结果，工艺质量主要取决于曲线（单元格、程序）和工艺处理时间。

1）曲线单元格。该部分调整应注意几何干涉问题，工艺处理的车身各个平面的有效性，适当的摆动有助于车身内腔的气泡排出，但在摆动的过程中应注意与槽体管路的干涉。

2）速率百分比。通过对速率百分比的调整达到对工艺时间的控制。

5.1.5 结束语

多功能穿梭机系统是一种柔性化极强的前处理电泳输送设备，它的使用给汽车涂装领域前处理、电泳工艺带来了技术上的革命，以其强大的调整优化空间，适用于不同材料、多种车型混流生产、不同的处理工艺，在所有汽车涂装领域前处理、电泳输送设备中独占鳌头。多功能穿梭机新技术的应用，也会有其不完善、被忽略的内容，在流体力学分析、其他辅助设备的数据积累、机械易损件数量多、新车型的理论载荷计算等方面需要加强和改善。

5.2 文丘里干式喷漆室在汽车涂装中的应用

赵光麟　刘小刚

5.2.1 前言

涂装的目的有两点：一是提高产品的耐蚀性，以保证产品有较高的寿命；二是使产品具有长久的较好的装饰性。前处理电泳线完成了前者；后者就靠面漆涂装来完成。喷漆室是面漆涂装中的主要组成部分。

喷漆室能捕集喷漆过程中飞溅在空气中的漆雾，以防排入大气中污染周围的生活环境，对人体健康造成危害。喷漆室还能为涂装提供一个适宜的温度、湿度、光照条件，以保证被涂物的涂装质量。同时为施工人员创造良好的工作环境。

喷漆室可分为两大类：湿式及干式。而湿式喷漆室又分为水旋式、文丘里式等。在国内近几十年来广泛使用湿式喷漆室，也有些干式喷漆室，但结构简单性能落后。近年来欧美出现的文丘里干式喷漆室，比较先进。

喷漆室的核心部分是漆雾捕集装置，它既要对漆雾有良好的捕集效率，还要考虑到其环保节能及运作成本。湿式漆雾捕集装置，虽具有优良的捕集效率，但其致命的缺点是需要消耗大量的水和化学药品，且使漆雾成为具有一定危险性的工业废弃物，产生的污水及废弃物处理又需要大量费用。而干式漆雾捕集装置其捕集效率与湿式相同，但喷漆室排风可再生循环利用，在环保节能、降低运行成本等方面具有明显优势。

下文主要介绍德国杜尔公司生产的文丘里干式喷漆室。

5.2.2 基本构成与功能

（1）分离系统　分离系统由过滤器及石灰石组成。分离由三个步骤来完成。

① 预涂层。预涂材料均匀覆盖过滤器，使过滤器表面形成一层均匀的薄膜。

② 过滤。气流将喷漆中飞溅的漆雾颗粒和石灰石颗粒（5～40μm）同时送至过滤器，在气流循环过程中涂料颗粒和石灰石粘合到一起，因过滤器吸进气体涂料颗粒粘附到过滤器的预涂层上，如图5-8所示。

图 5-8　过滤器

③ 清洁。利用从过滤器到存储箱的反向脉冲（每 25min 进行一次），将预涂膜及油漆颗粒和石灰石全部清除掉。然后，新的预涂材料上升（每 30s 进行一次），使过滤器表面再形成预涂层。漆雾颗粒的分离过程如图 5-9 所示。

基本功能

3步分离

1) 预涂层覆盖过滤器

2) 带涂层的过滤器上的油漆颗粒进行分离

3) 压力限制压缩空气的自动清洁

预涂层

预涂层(阻挡层)

过滤膜

过滤器

预涂层/过滤

过滤

涂料

预涂层

过滤膜

过滤器

清洁

涂料

预涂层

过滤膜

过滤器

清洁

2~6bar

图 5-9　漆雾颗粒的分离过程

1bar = 10^5 Pa

（2）封闭循环系统　干式喷漆室利用文丘里原理，在室体内形成了一个封闭式空气再循环系统。此循环气体将油漆颗粒及石灰石送至过滤器。

封闭循环系统仅需少量的新鲜空气，即可达到高效的过滤，而且可使过滤器自动再生，使喷漆室始终保持良好的平衡状态。该系统可避免油漆凝聚和挥发，并无空气污染，如图 5-10 所示。

（3）原料供应及清除系统　本系统石灰石的供应及饱和石灰石的清除全部自动化进行。饱和石灰石每两周自动清除一次，饱和石灰石可再生，也可送水泥厂回收。石灰石的供应和移除设备如图 5-11 所示，原理如图 5-12 所示。

（4）饱和石灰石的再生　石灰石使用到一定程度即会饱和，需经过再生处理可重新使用。饱和的石灰石可以用于制作水泥，漆渣可用作燃料。具体过程如图 5-13 所示。

封闭式循环系统，仅需少量新鲜空气

- 放心的，可靠的和卫生的空气再循环系统
- 高效过滤质量HEPA12（洁净间的环境）
- 通过过滤器的自动再生使喷房保持在良好的平衡状态下（恒定电压）
- 避免油漆凝结核挥发
- 材料没有空气污染风险，避免在喷涂表面产生问题
- 不需额外过滤阶段，如袋式过滤器

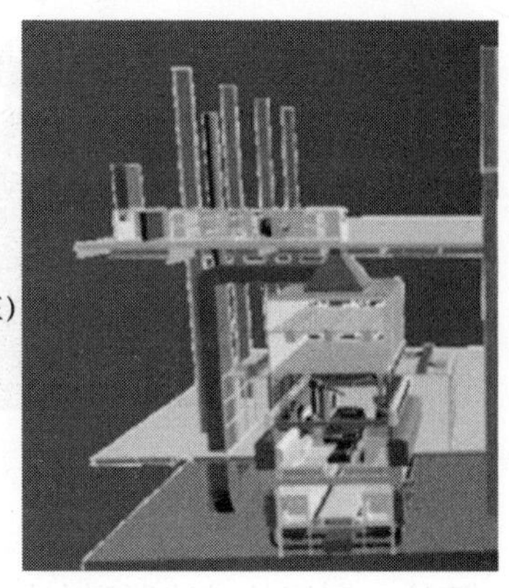

图5-10 封闭循环系统

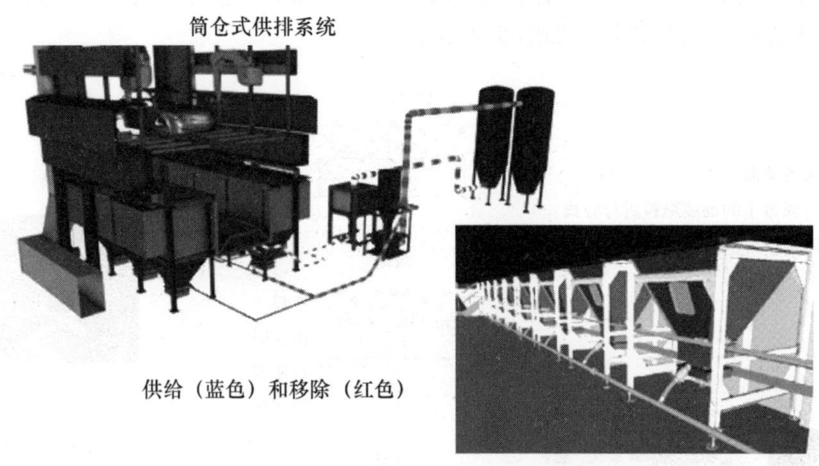

图5-11 石灰石的供应和移除设备

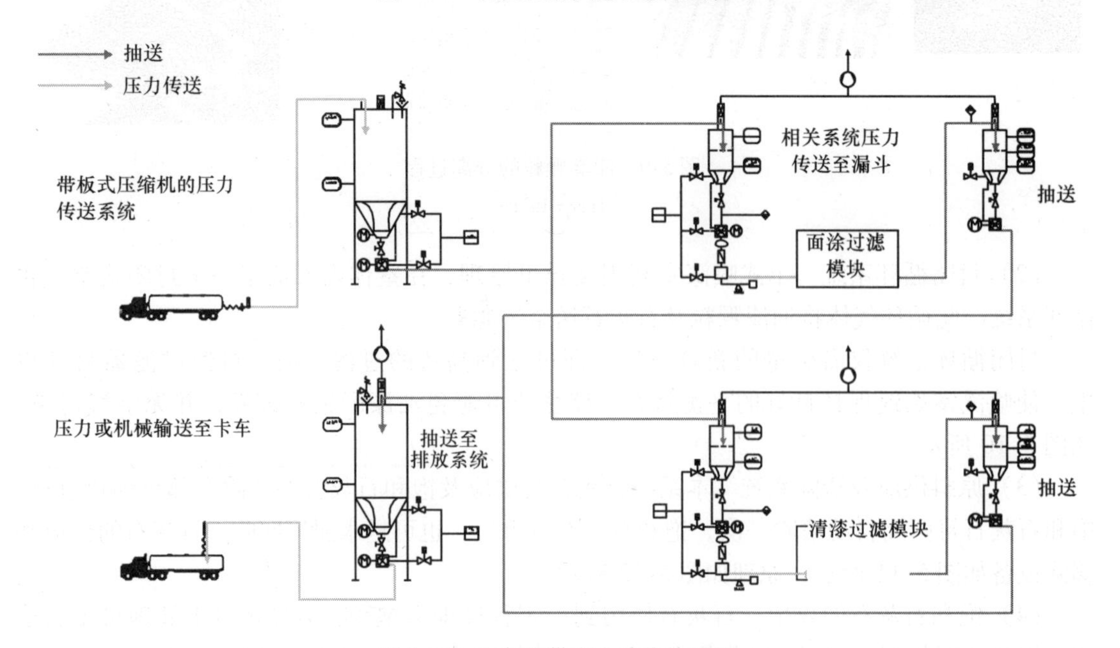

图5-12 石灰石供应和移除的原理

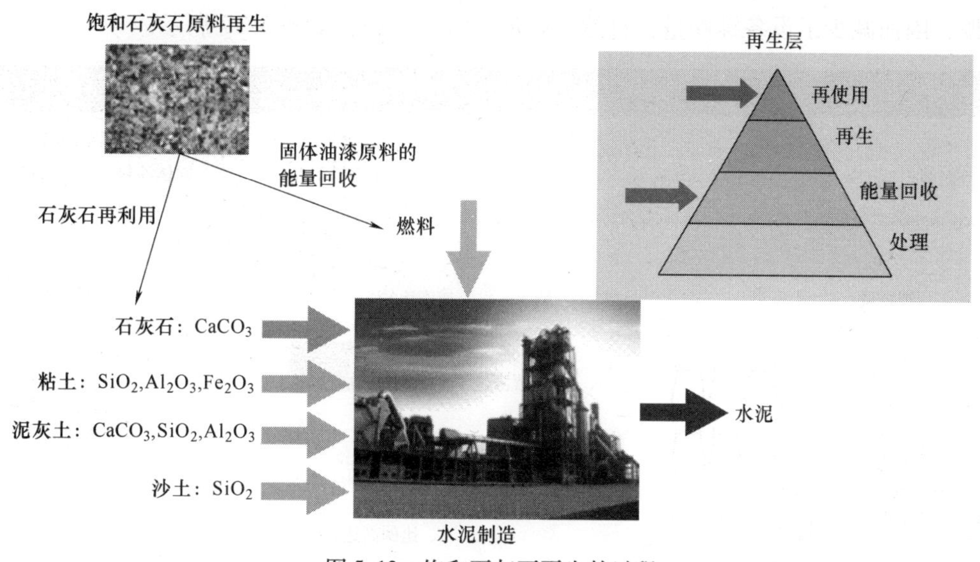

图5-13　饱和石灰石再生的过程

5.2.3　干式与湿式喷漆室的性能对比

干式与湿式喷漆室相比在节省能量、降低成本等方面有明显的优势。

（1）节省用水　由于干式喷漆室无需工艺用水，既节省了大量用水，又减少了庞大的水循环系统，同时省去了漆雾颗粒化学凝聚工艺，也减少了对循环风管的化学腐蚀。

（2）新鲜空气的供应量大幅度减少　因为干式喷漆室的排风可循环利用，所以，新鲜空气的供应量大大减少，仅为湿式喷漆室的5%~20%，由此也减少了喷漆室的容积，室体宽度减少了35%，高度降低16%。自然排风机的容量也相应降低了，如图5-14所示。

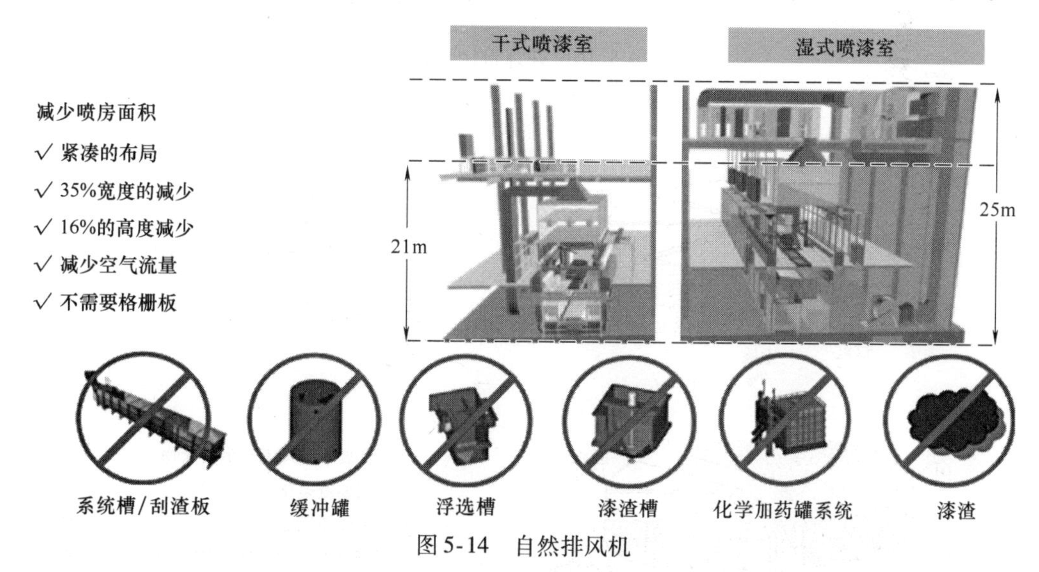

图5-14　自然排风机

（3）废物处理量减少　由图5-15及图5-16可以看出干式喷漆室的漆渣处理量远小于湿式喷漆室，总成本可节省50%。

（4）设备维修费用减少　由于干式喷漆室为全自动化，过滤器寿命长（达15000h），又无格栅，因而减少了设备维修量，自然就降低了维修费用，如图 5-17 所示。

	湿分离	干分离
一般材料	1:1到1:2 固体涂料：水	1:3（针对汽车油漆间） 固体涂料：预涂材料

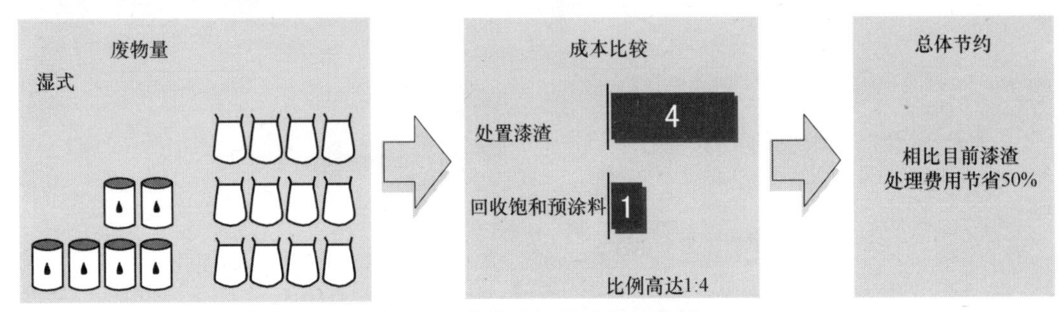

图 5-15　废物处理量和处理费用

	漆渣	石灰石
漆渣量	246 t/年	560 t/年
中国的处理成本	2000~3000 元/t+污水处理	500 元/t
年均成本	500.000~740.000 元/年+污水处理	280.000 元/年

45%~60%不同

图 5-16　处理费用比较

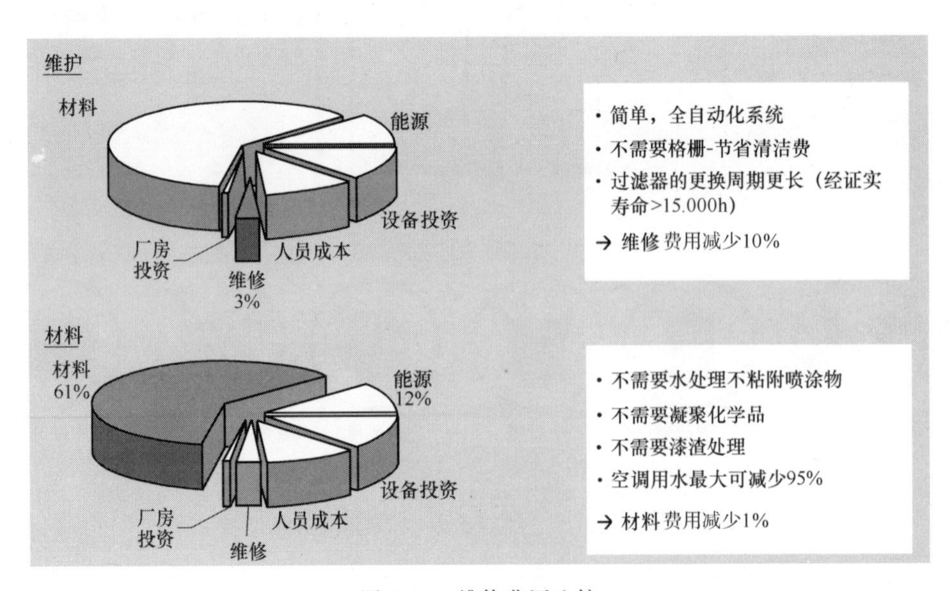

图 5-17　维修费用比较

（5）土建投资减少　干式喷漆室由于循环风量的降低，设备布局紧凑，土建投资降低，由图5-18可看出厂房投资减少了35%。

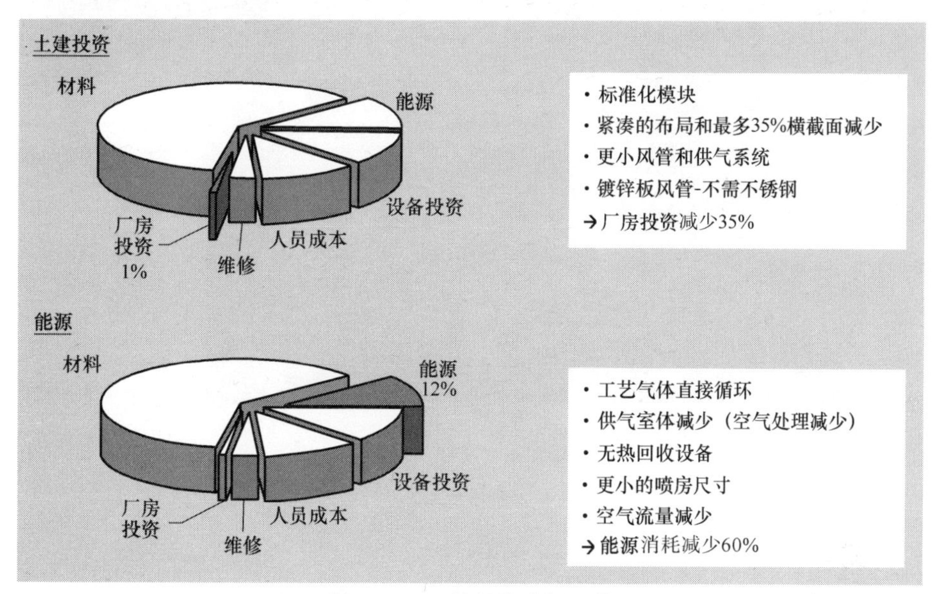

图5-18　土建投资费用比较

（6）运行成本降低　因干式喷漆室存在以上优势，不难想象其运行成本一定降低。图5-19、图5-20及图5-21分别列举了三个工厂的运行成本的降低百分数。

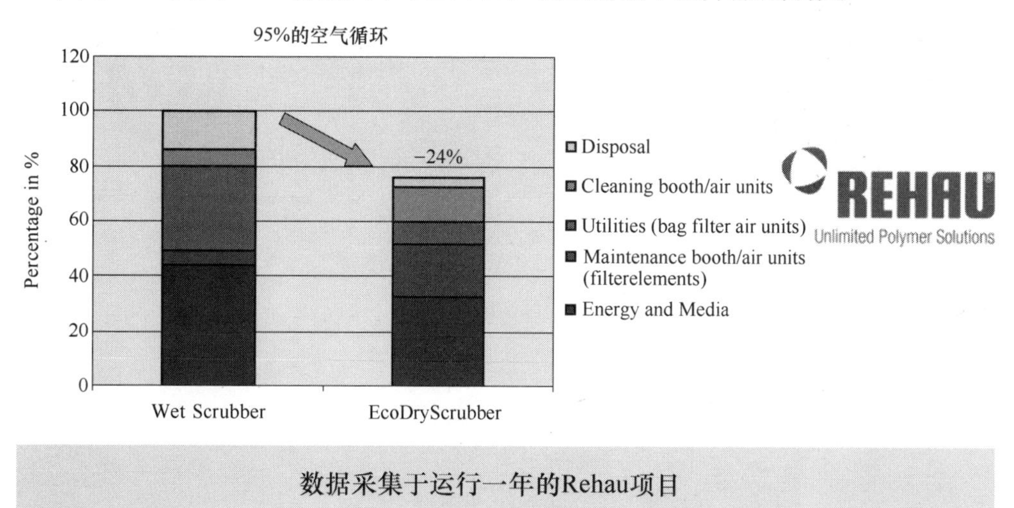

图5-19　Rehau Viechtach-运行成本

（7）降低能耗　在涂装车间内喷涂设备所消耗的能量约占50%以上，而干式比湿式喷漆室可节省60%的能量，如图5-22所示。

5.2.4　干式喷漆室的应用业绩

干式喷漆室在欧美已在逐渐推广，在我国也开始应用。图5-23是2009年2月杜尔公司的试验工厂建成的一台干式喷漆室。

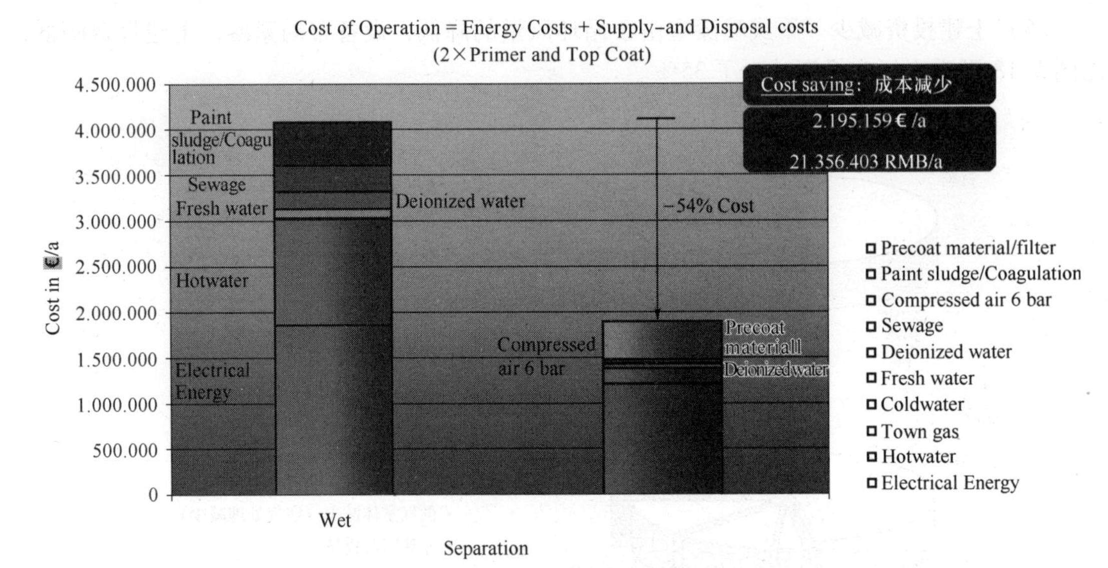

图 5-20　大众埃姆登-运行成本

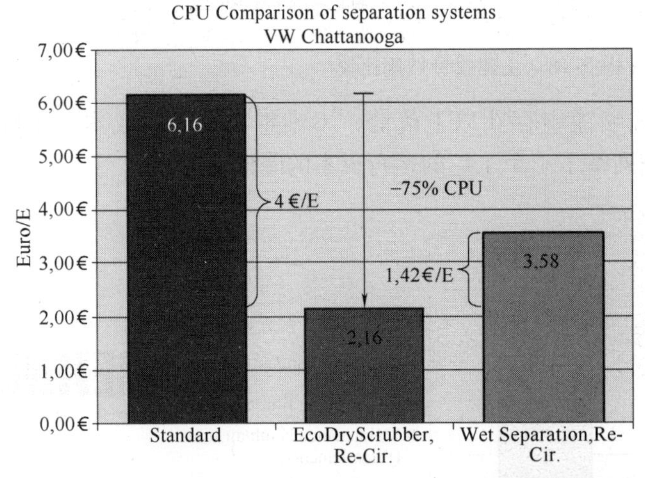

Data base on the calculation of
VW Wolfsburg for the Project
VW Chattanooga,USA

图 5-21　大众埃姆登-运行成本

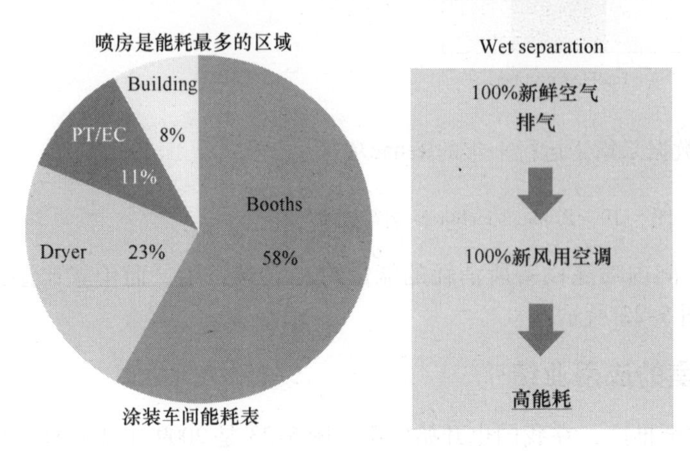

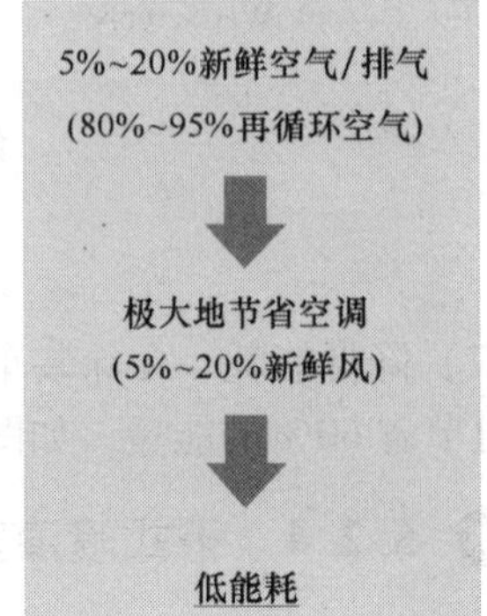

图 5-22　能量消耗对比

杜尔试点工厂，德国

■ 项目启动	01/2005
■ 试点工厂启动	04/2007
■ 操作时间	1.500h
■ 正式演示	10.2008
■ 项目正式完成	02/2009
■ 参与方	VW and Daimler

图5-23 干式喷漆室

图5-24所示为德国Rehau公司2009年2月建成的年产50万件汽车保险杠的干式喷漆室。

Rehau公司 维希塔赫,德国

■ 车间类型	保险杠
■ 年产量	最大500.000件.
■ SOP:	02/2009
■ 应用技术	Dürr EcoBell2 HD

客户反馈

- 自SOP后生产没有中断
- 整洁的系统和环境
- 对设备性能和喷漆质量表示满意
- 对系统运行非常满意
- 清洁观念贯彻实施(清洁周期为3周,2班倒)
- 更好的涂料固体比:石灰石材是1:1(双组分水性材质)
- 目前产能900/天,2班

图5-24 德国Rehau公司的干式喷漆室

图5-25所示为德国Rehau公司2009年7月在南非伊莉莎白港建成的年产270万件汽车保险杠等小件的干式喷漆室。

图5-26所示为美国大众公司在查塔努加布2011年4月建成的年产15万辆轿车车身干

Rehau公司南非伊莉莎白港

■ 车间类型	不同部件(如保险杠)
■ 年产能	up to 2.700.000pcs
■ SOP:	07/2009
■ 喷涂工艺:	2 booths (2K Hydroprimer/1KWBC;2K Clearcoat)
■ 应用技术:	Dürr Eco Bell2 HD

图5-25 德国Rehau公司生产小件的干式喷漆室

式喷漆室。

美国大众 查塔努加市

■ 车间类型	车体(新中型轿车)
■ 年产能	31 U/h→ca.154.752U/a
■ SOP:	04/2011
■ 应用技术	RPL 133(全自动喷涂)
■ 喷涂系统	Process 2010(primer–less Process)

图 5-26　美国大众公司建成的干式喷漆室

图 5-27 是在中国成都一汽大众公司 2011 年 9 月建成的年产 31 万辆轿车车身干式喷漆室。

中国成都一汽大众

■ 车间类型	车体(新中型轿车)
■ 年产能	62 U/h→ca.309.504U/a
■ SOP	09/2011
■ 应用技术	RPL 133(全自动喷涂)
■ 喷涂系统	Process2010(primer-less process)

图 5-27　中国成都一汽大众建成的干式喷漆室

总之，干式喷漆室是一种既节省能量又减少投资，还能改善环保的新技术，正在逐渐推广应用，未来很有发展前途。

当然，新技术难免存在不足之处，如石灰石的再生是很麻烦的，尚有待改进。

5.3　工装在汽车涂装中的应用

朱府（北京福田戴姆勒汽车有限公司）

5.3.1　前言

在汽车涂装过程中，为了避免其出现磕碰，以便于操作、提高产品品质，越来越多的工装应用到汽车涂装领域。由于不同生产线模式的不同，工装的样式也不尽相同，本文论述了工装在汽车涂装领域的应用及其设计的基本原则。

5.3.2 工装在前处理电泳中的应用

众所周知，汽车白车身在电泳涂装过程中，要在车身上安装一定的工装，使四门两盖打开一定的角度，避免在涂装过程中出现磕碰、粘贴等影响涂装质量的现象，特别是在磷化和电泳过程中，如果不采取相应的措施就会出现几个面紧密贴合无法磷化和电泳的现象，使汽车的防腐性能大大降低。

通常前处理电泳线都是自动线，分为步进式和通过式，安装工装除了可以避免磕碰和粘贴以外，还能够使沥液更加快捷，避免串槽。

每个涂料厂家的产品对其烘干的温度和时间都有一个范围，而这个温度指的是车身钢板达到这个温度的时间，不是炉内的空气温度。根据车身构造和使用钢材的厚度及用量的不同，每种车型的升温时间不尽相同，同一款车的不同位置也不相同。通常来说四门的升温速度较快，而像B柱这种区域，由于在内部，而且一般由多层钢板焊接而成，升温速度相对较慢。这就要求将四门打开一定的角度保证B柱在烘干过程中有足够的加热保温时间使漆膜干燥，当然是角度越大越好，角度大可以使其升温时间与车门等基本保持一致。这与前处理电泳的要求吻合，所以在前处理电泳及电泳烘干阶段使用的工装要保证车门打开较大的角度，一般在100~150mm之间即可保证较好的使用效果。

在前处理电泳线中，发动机舱盖和行李舱盖对工装的要求相对简单一些，将其打开一定的角度避免其磕碰、粘贴即可，固定或不固定均可以，但在Ro-dip线必须要进行固定，避免在旋转时出现事故。当然在设计工装时，要尽可能兼顾后续工序。

5.3.3 工装在密封胶中的应用

随车密封胶工艺的不断发展，目前密封胶的“湿碰湿”工艺已经得到了广泛的应用。“湿碰湿”工艺有其明显的优点，取消了一道烘干工艺，节省了大量的能源，但在生产过程中也有相应的困难出现，因为密封胶没有经过烘烤，在下道工序操作过程中极易出现碰伤现象。当然通过过程控制可以减少部分位置的碰伤，如四门，但对于发动机舱盖和行李舱盖而言却很难。因为在下道工序操作过程中需要将两盖打开，进行擦净和喷涂工作，在操作过程中很难避免碰伤密封胶。这是由于其涂密封胶的位置所造成的，所以就需要在两盖安装工装用于举升两盖避免碰伤密封胶，所以在设计工装的时候，既要考虑不能影响喷涂等工作，又可以举升两盖且避免碰伤密封胶。行李舱盖工装如图5-28所示。

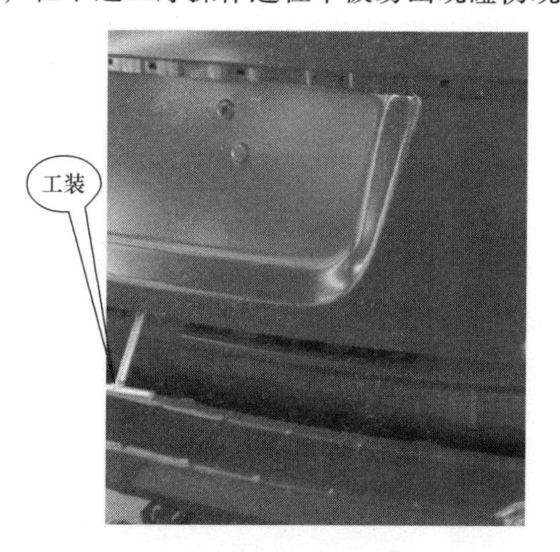

图5-28 行李舱盖工装

两盖工装设计时应注意以下两点：

1）避免操作人员与两盖直接接触。

2）不会影响油漆喷涂。

5.3.4 工装在油漆喷涂中的应用

面漆喷涂过程中同样需要在汽车的四门两盖安装工装，若在手工喷涂过程中对工装的要求相对简单一些，打开一定的角度避免油漆碰伤，便于烘干即可，但机器人喷涂过程中，对工装的要求相对高一些。众所周知，漆膜的外观效果与膜厚关系密切，所以四门的打开角度将直接影响车身漆膜的外观，车门开口角度越大，车门两边的膜厚差值就越大，对油漆外观的影响就越大，在机器人喷涂流量、电压、转速等参数一定的情况下，车门打开的尺寸对膜厚的影响如图 5-29所示。

经过验证，当 X 的值不同时，左右膜厚相差的值也不同，其关系如图 5-29 所示（流量在 250 ~ 270mL 之间），所以在设计车门的工装时既要考虑安装和使用方便、简洁，还要考虑车门打开的尺寸，避免在机器人喷涂时出现整车油漆膜厚差别明显的现象。车门开口角度大，也会使其门边的静电效应增强，产生肥边或流挂的现象，如图 5-30 所示。一般金属漆比较明显，静电效应使较多的金属粒子在门边聚集，在此部位产生明显的色差或流挂，严重影响此部位的漆膜质量。发动机舱盖和行李舱盖的开口角度同样影响其漆膜质量，当开口较大时会出现门边出现的现象，产生色差甚至流挂，影响整体外观效果。所以机器人喷涂要求四门两盖的打开角度要小，避免产生上述的缺陷。经过验证，在机器人喷涂时四门两盖的开口尺寸在 20mm 以内，就可以将影响降到最低，开口位置如图 5-31 ~ 图 5-34所示。

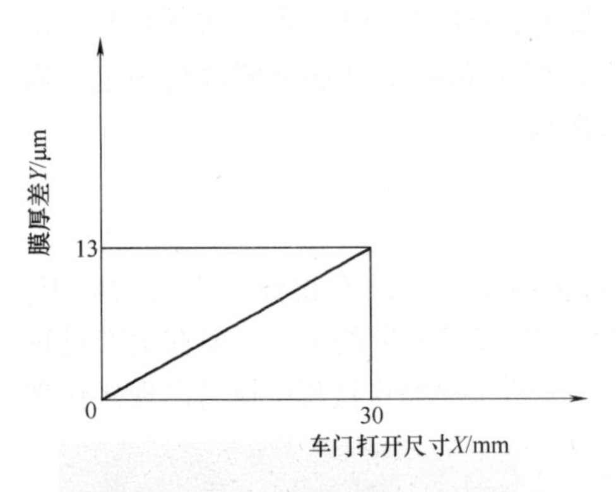

图 5-29 膜厚与车门打开尺寸的关系

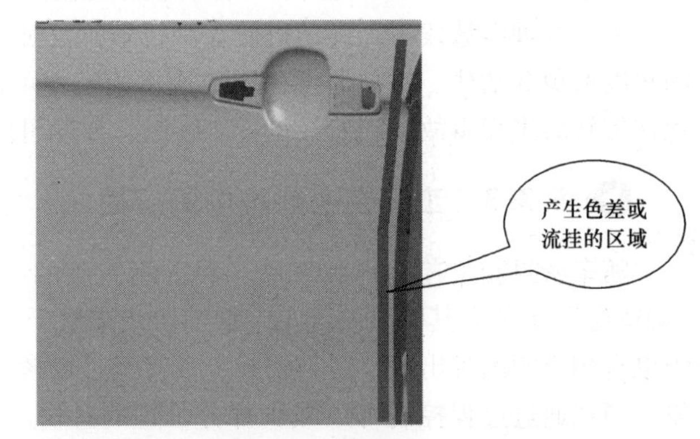

图 5-30 产生色差或流挂的区域

5.3.5 结论

为保证车身涂装质量，越来越多的工作应用到涂装生产过程中，还有些汽车生产厂为了降低机器人喷涂时的边缘静电效应，还专门设计了工装，安装在边缘的外部，例如发动机舱盖的前边缘就可以采用这种工装消除静电效应对其喷涂效果的影响。工装无论是在前处理电泳线还是在自动喷涂线都相当重要，但不同工序对工装样式的要求却不尽相同，例如在前处理电泳线要求四门开口大点好，便于漏液、烘干等，但在机器人喷涂线却要求其开口小点好，否则容易出现色差或流挂，在影响膜厚的同时还影响整车的外观效果，所以在设计工装时要进行综合考虑。可以设计通用的工装，也可以在不同的工序采用不同的工装，设计人员可以根据生产线的具体情况综合考虑，设计出适合生产线的工装。

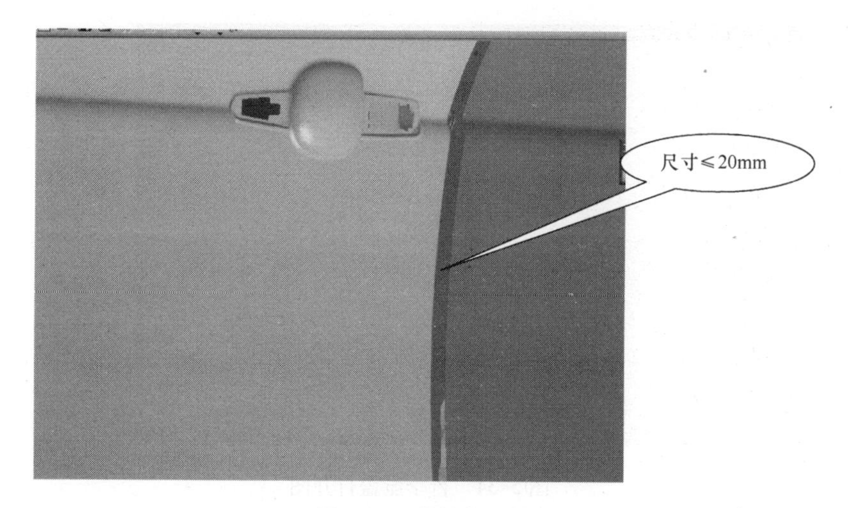

图5-31 前门打开图

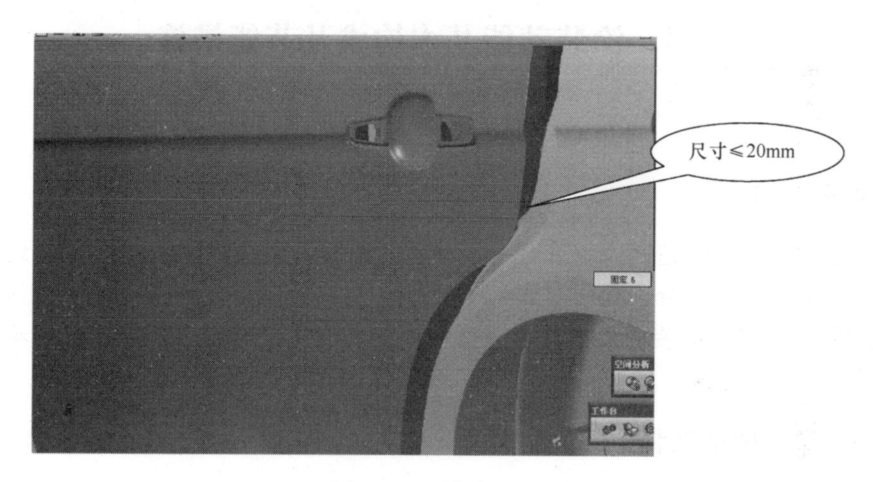

图5-32 后门打开图

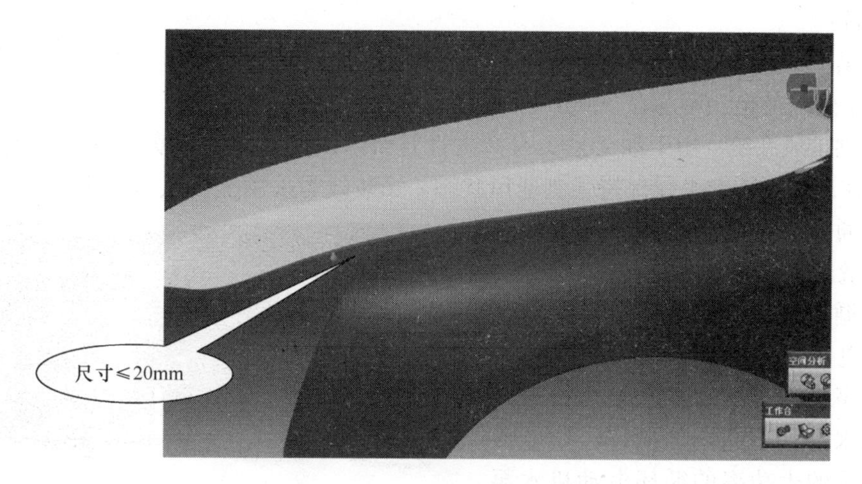

图5-33 发动机舱盖打开图

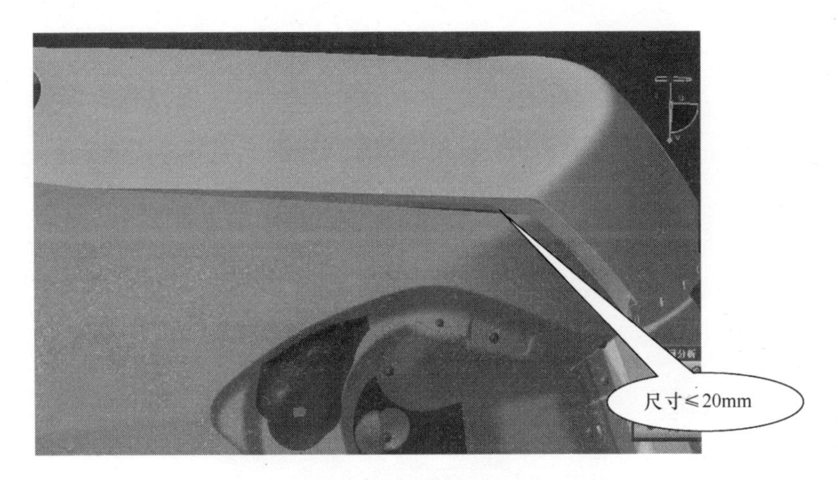

图 5-34　行李舱盖打开图

5.4　涂装动能基本构成及节能措施

胡治文　庄明云　张伦周（奇瑞汽车股份有限公司）

5.4.1　前言

涂装工艺作为汽车制造四大工艺之一，动能的消耗占到总资源消耗的 80% 以上，在我们的生产工艺中对能源的合理利用、节能降耗，将对整个汽车制造工艺过程的能源消耗起着举足轻重的作用。根据涂装的工艺特点，所使用的动能主要有电、压缩空气、蒸汽、自来水、天然气。

5.4.2　电能消耗

一般汽车涂装工艺为 3C2B 工艺，工艺过程中对电能的消耗较多，主要有以下几大类重大耗电设备：

（1）烘干炉　有的涂装线的油漆烘干炉采用电加热烘烤，以年产 12 万辆的涂装线为例，各烘干炉的额定功率均在 3000kW · h 以上。

（2）供排风系统　由于油漆是具有挥发性且带有一定对人体伤害化学成分的易燃易爆品，所以在工作过程中必须保持强制通风状态。涂装线需采用上供风（空调）、下抽风（排风机）的通风结构来保证油漆施工的安全性及质量。

（3）循环电动机水泵。由于车身在前处理、电泳工序的处理及喷房循环水后处理工序中需要电动机水泵对槽液及废漆处理水进行不间断的循环，这就要求使用大量的大功率的循环电动机水泵提供动力，如图 5-35 所示。

图 5-35　循环电动机水泵

（4）照明及办公用电　由于涂装各工序的处理大部分在室内进行，自然采光光照度较低，为保证在生产过程中的操作质量，各工位都有具体的光照度要求。由于涂装过程对外观质量的检查要求光照度很高，所以涂装线各工位照明的总功率也很高，一般能达到300kW·h以上。

5.4.3　压缩空气消耗

涂装车间生产时对压缩空气的需求量较大，年产12万辆的生产线日用气量可达到5万m^3。以奇瑞为例，涂装车间所使用的压缩空气是由动能公司的空压站房的大型空压机提供，经过特殊除水除油调压后输送到生产线各工位，供气压力在0.65～0.7MPa，各工位的用气点也有除水除油调压装置（气动三联件）可供各工位的不同需求使用。涂装主要有以下几大用气点：

（1）油漆喷涂用气　由于车间油漆手工喷涂采用空气雾化喷涂法，需要利用压缩空气作为动力的雾化油漆，并涂装到车身表面成膜。

（2）漆膜弊病处理用气　在涂装施工过程中会不可避免地出现各种各样的油漆缺陷，需要使用气动工具（打磨机、抛光机）及压缩空气吹净等方法进行处理，如图5-36所示。

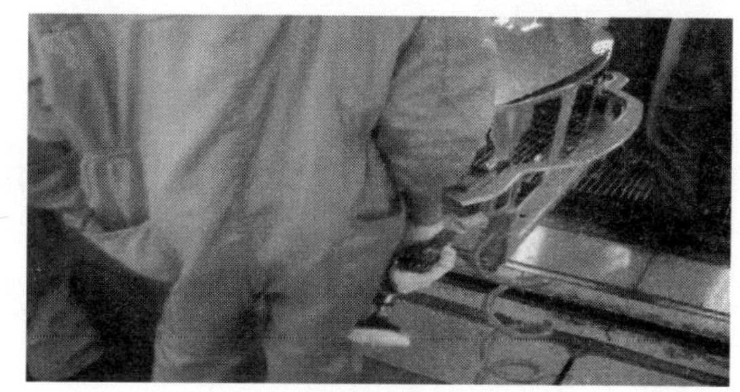

图5-36　漆膜弊病处理

（3）输送设备用气　调漆间油漆搅拌（气动搅拌器）、输送（柱塞泵）等大部分采用压缩空气驱动，另外机械化输送设备运行的控制也使用压缩空气作动力（气缸）。

5.4.4　蒸汽消耗

前处理的槽液温度、管系统中的油漆温度及喷漆室温度等都要保证在一定的工艺要求范围内，才能生产出合格的油漆车身。而涂装过程的工艺保温加热介质一般是蒸汽，随季节的不同，蒸汽所占涂装车身制造的动能成本比例也不同，在冬季可以达到56%以上。车间所使用的蒸汽由蒸汽锅炉房通过蒸汽专用管道进行输送，压力控制在0.35MPa以上。蒸汽换热后的冷凝水通过蒸汽疏水阀汽水分离后排出换热部件进入回水管，冷凝水较清洁且带有一定的温度（约60℃），有着很好的回收利用价值，目前通过回水管道输送到蒸汽锅炉房再利用。

（1）前处理　前处理脱脂、磷化等处理槽液在生产时必须保持在一定的温度（50～60℃）下才能很好地对车身表面进行完全的工艺处理。一般前处理都是通过换热器（图5-37）对槽液进行循环换热，此工序的蒸汽使用不分季节。

图5-37　换热器

（2）送风空调　由于油漆施工对环境温湿度的要求较严格（温度为22～35℃），在冬季气温较低期间（22℃以下）必须对供风进行调温调湿处理，普通的喷漆室送风空调均采用蒸汽盘管换热进行加热。

5.4.5 自来水消耗

涂装车间的自来水消耗占四大工艺的95%左右，是汽车制造工艺中的耗水大户，主要是用在前处理工序进行车身表面处理使用，供水压力为0.3~0.35MPa。年产12万量的汽车涂装线正常生产时日用量在1500t，其中约有1400t消耗在前处理，每小时消耗60t，是涂装用水重点区域。

（1）RO系统　去离子纯水生产系统，采用膜渗透技术将自来水中的杂质离子通过部分自来水排出（浓水），产生纯度较高的去离子水（纯水）供水洗槽以外的槽液使用。目前12线RO系统的产水量为20t/h，浓水排放量为10t/h；11线RO系统的产水量为8t/h，浓水排放量为4t/h。

（2）水洗槽溢流　各水洗槽在处理车身时，车身水洗后的残液遗留在槽液内，必须及时排除保持槽液的正常浓度，在生产过程中采用溢流的方式对槽液进行连续更新。

5.4.6 天然气消耗

老的涂装线由于天然气供应不足，一般采用电能作为加热热源。但是由于电能的能值低且单价较高，现在大部分的新涂装线均采用天然气作为烘干和废气处理的热源。也有一些涂装线的喷漆室送风空调加热采用天然气直接加热的方式，以达到降低单车能耗的目的。

5.4.7 节能措施

（1）省电技术

1）通过技术改造将烘干炉电加热切换为天然气加热，降低单车动能成本。

2）在三相异步电动机上应用变频技术。普通的三相异步电动机装变频后可以实现调速功能，可以节电25%~80%。

3）对照明控制系统进行优化，工位照明可以分段或分层控制，避免一个开关控制几十盏灯的现象，做到按需用能的最小化，也可以应用节能灯来降低电能消耗。

（2）减少蒸汽消耗技术

1）前处理过程中采用板式换热器，换热板的材质、波纹和结构决定了换热效率的大小，从节能的方面考虑要选择换热效率较高的换热器产品。

2）前处理需要进行槽液温度控制的工序的循环管路及槽体都应该进行必要的保温处理，避免热能的浪费增加蒸汽的单耗。

（3）节水技术

1）通过对前处理各工序水质需求的分析，可以应用逆流技术，将后面工序的废水回用到前道工序，减少前道工序的补水。

2）RO系统的浓水电导率为500μs/cm^{2}左右，而预清洗工位对补水水质要求不高，可将浓水回用到该工序。同时浓水也可以作为清洁、清洗用水使用。

5.4.8 结束语

涂装动能的消耗控制在注重设备技术改进的同时，还需要建立一整套科学的管理机制来规范操作，才能确保动能消耗的有效控制。

5.5 浅谈汽车涂装防腐同步工程

张国忠 陈攀登 朱余山（奇瑞汽车股份有限公司）

5.5.1 前言

目前，行业内大部分汽车厂都作出了汽车车身耐腐蚀寿命由10年提高到12年的承诺。自主品牌汽车已经具备自主研发能力的今天，车身防腐设计必须得到重视，作为车身结构设计的关键要素之一，应与制造工艺紧密结合。

5.5.2 汽车腐蚀原因及形态

汽车车身设计选材不当、结构缺陷以及制造工艺质量是汽车车身内在质量的主要影响因素，也是造成汽车腐蚀的重要原因之一。大气中水分、雨雪、路面积水中腐蚀性物质等是引起车身腐蚀的重要因素。汽车内在质量缺陷和使用环境等外在因素也是造成汽车腐蚀的原因之一。

汽车腐蚀按照破坏形式分为外观腐蚀、穿孔腐蚀和结构腐蚀三类。一般性外观损伤和锈蚀，称为外观腐蚀。车体内外孔隙和空腔，由于积水和沉积电解质水溶液所引起的钢板穿孔的腐蚀称为穿孔腐蚀。高强度部分或要害部位腐蚀，可能损害汽车行驶安全性，称为结构腐蚀。

5.5.3 车身设计与防腐

汽车防腐设计起始于新产品开发预研、开发、试验阶段。收集产品典型腐蚀案例、提出防腐设计目标和制造工艺并导入新项目预研活动中，作为防腐设计FMEA输入。设计工程师需要具备汽车腐蚀与防护设计概念。从车身选材、预防汽车不同腐蚀类型防腐设计等方面综合分析设计。

首先，车身板材选择很重要。目前广泛采用的是单面或双面镀锌钢板，以增强车身耐蚀性。车身外表面常用板材有冷轧钢板、电镀锌板、热镀锌板；车身内表面常用板材有电镀锌板、热镀锌板、铝板、塑料板、复合板材。目前，铝合金车身和塑料车身都已得到应用。铝合金车身运用案例有奥迪A8、本田公司的Insight hybrid、捷豹XJ等；塑料车身运用案例有GM的Ultralite、Chrysler公司的Ticona等。

其次是预防不同腐蚀类型防腐设计。斑状腐蚀可以通过涂装前处理和电泳提高涂层附着力、选择耐候性和抗石击性强的有机涂层材料、耐蚀性强的涂镀层钢板、设计预留腐蚀量等手段来预防。穿孔腐蚀可以通过选用耐缝隙腐蚀的材料，避免缝隙存在，避免和含腐蚀性元素的材料或吸湿性材料接触。结构腐蚀关系到汽车安全性能，采用强耐蚀性材料替代应力腐蚀破裂敏感材料。

在研究车身设计与防腐时，同步工程（SE）至关重要。汽车开发过程中，涂装工艺参与设计开发并与之同步，主要针对白车身的数模、CAS面及产品试制过程工艺分析，为设计提供工艺输入。涂装SE主要对电泳工艺孔和泄液孔设计布置、多层板及型腔结构、构件包边结构等进行分析。

在开孔时需要遵循以下原则，所开孔如图 5-38 ~ 图 5-40 所示。

底板：应防止腔内积液，开孔位置应在最低处，不同板件的开孔基准见表 5-1。

侧围：避免产生气穴，也要防止沥液不充分。

四门两盖：沥水结构合理，保证充分沥水。

车身贴合结构：钣金间隙过小，易产生磁屏蔽，钣金局部没有电泳漆膜，容易产生锈蚀。

表 5-1 不同板件的开孔基准

板　件	开孔间隔	开孔大小
外板	200 ~ 250mm	ϕ20mm
内板	200mm 以内	ϕ30mm/20mm × ϕ40mm 长圆孔
加强板	100 ~ 200mm	ϕ10 ~ ϕ20mm
B 柱加强板	100 ~ 150mm	ϕ10 ~ ϕ20mm
多层加强	100mm 以内	ϕ10 ~ ϕ20mm

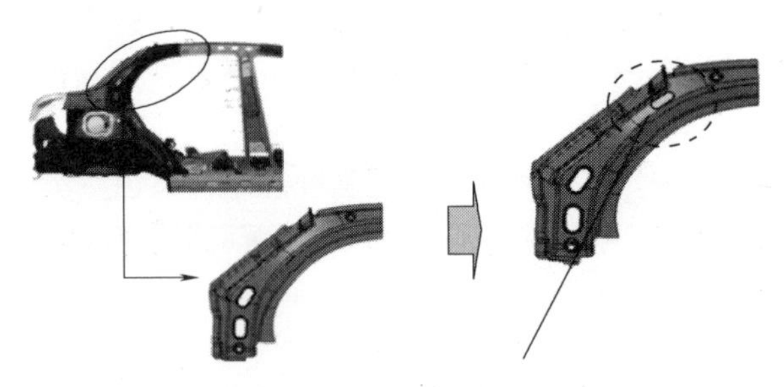

图 5-38 防电磁屏蔽孔

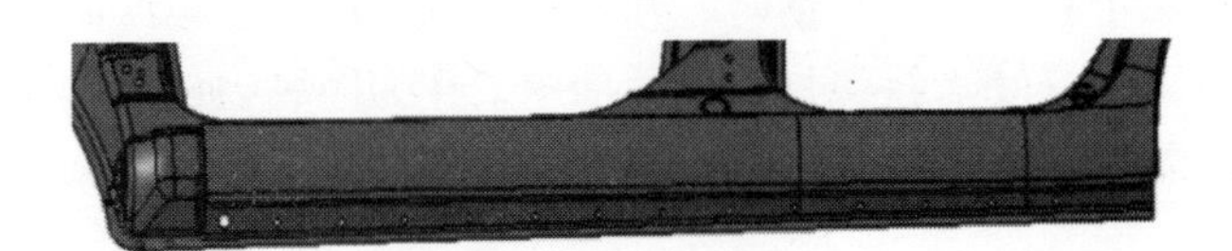

图 5-39 侧裙泄液孔

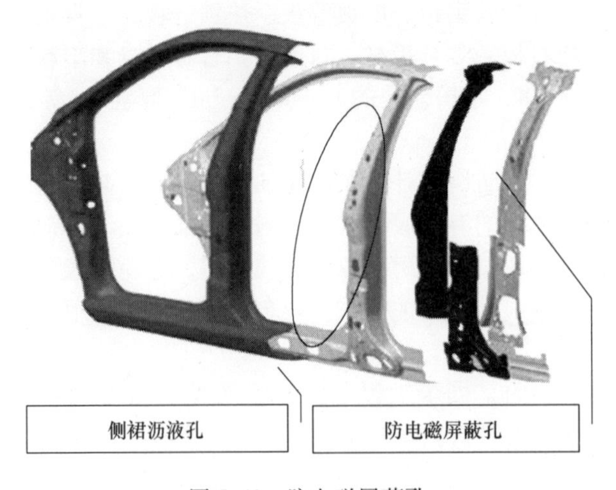

图 5-40 防电磁屏蔽孔

5.5.4 制造工艺与防腐

汽车制造过程中，冲焊涂总四大工艺都涉及防腐。

（1）冲压防腐　控制冲压钢板质量。

1）开卷后钢板防锈。

2）库内存放、防雨、水泥地面、距地面30mm以上堆垛、先进先出。

3）电位不同的金属零件堆放在不同的存放地或存放架，避免接触。

4）工序间零件合理存放。

（2）焊装防腐

1）焊装密封胶。

2）发泡减振胶片。

3）压合胶、减振胶：在四门两盖涂折边胶，起到密封、固化、防腐蚀作用。

（3）涂装防腐　涂装工艺过程：热水洗—预脱脂—脱脂—脱脂后水洗—表调—磷化—磷化后水洗—钝化—阴极电泳—UF清洗—电泳后纯水洗—电泳烘干—底漆打磨—粗密封—UBS（底板密封）—UBC（底板喷涂）—RPP（裙边PVC）—细密封—PVC烘干—中涂—中涂烘干—中涂打磨—BC/CC—面漆烘干—修饰—注蜡等。

1）前处理电泳。目前轿车车身100%进行磷化处理，然后进行阴极电泳。但由于屏蔽影响，有些部位电泳漆膜偏薄，达不到防腐要求，又不能进一步涂漆，所以车身结构合理性影响大。目前高泳透率电泳材料被广泛应用。

2）地板防护。底板、轮罩等部位由于在行驶过程中经常受到泥沙、碎石和盐、污水等撞击冲刷腐蚀，涂在底材表面的涂料极易被破坏而失去防腐能力，所以在这些部位，需要继续进行特殊的防腐处理。

3）粗细密封。轿车车身由许多大小不等的冲压件焊接而成，自然也就产生了粘接、焊接或拼接接缝。考虑美观原因，接缝多在底板及车身内部，这就增加了防腐难度，但为了提高车身耐蚀能力，接缝应在电泳涂漆后涂上密封胶，以避免污水等腐蚀物质的侵入而造成腐蚀。

4）空腔防腐蜡。轿车车身防腐蚀要求高，经磷化、电泳处理后，内腔由于屏蔽作用，有些部位电泳漆膜较薄，达不到防腐要求，通常在面漆涂装检查合格后对底板空腔内进行喷蜡或注蜡处理。

（4）总装防腐

1）车身面漆保护衣：装配过程防止面漆划伤。

2）喷涂车身保护蜡：出口车辆喷涂，防止海运生锈。

3）贴保护膜：对车身三盖及翼子板进行防护，防止由于储存和运输污染破坏漆面。

5.5.5 防腐评价体系

防腐设计作为汽车开发设计的重要工作，防腐评价体系贯穿于新产品开发全过程。新产品开发过程可以划分为生产先期参与、生产启动介入和生产启动控制三个阶段。

（1）生产先期参与阶段　收集产品典型防腐案例导入新项目预研活动中，作为防腐设计FMEA输入。可以以量产车型及BM车型作为研究对象进行问题收集导入。

(2) 生产启动介入阶段　介入设计过程，为防腐验证和过程能力策划提出工艺要求，明确防腐目标，共同促进产品成熟度和过程能力在生产启动阶段能够实现。重点是运用涂装同步工程技术，在防腐验证过程中，参与评审和改进方案的制订。

(3) 生产启动控制阶段　按照预定防腐目标、计划和控制要求，组织各部门，充分验证并改进，同时对过程能力进行评估研究。

在产品开发过程中，需要健全防腐评审组织机构。防腐评审机构如图5-41所示。

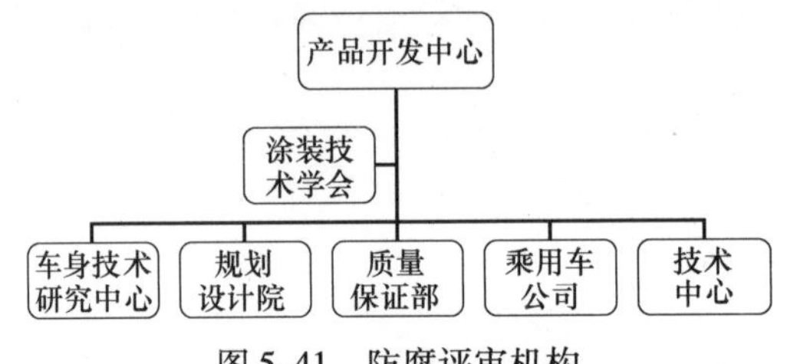

图5-41　防腐评审机构

在产品研发过程中，产品开发中心对产品防腐质量负责，统筹协调防腐设计方案及防腐改进。质量保证部负责质量核查，涂装技术学会提供技术协助和建议，车身技术研究中心负责设计质量改进。技术中心提供试验协作及国内外标准研究，制订本企业产品防腐标准。

在评审过程中，对电泳车身内表面及外表面膜厚进行测量。在外表面膜厚分布基本相同的情况下，对比内腔电泳质量，说明改进效果。

对内腔电泳质量分析时要研究电泳漆覆盖情况，重点是图5-42所示A柱、C柱、轮罩及侧裙。对未电泳区域重点进行原因分析，提出改进建议和方案。此时往往需要通过改变设计结构或者增加工艺孔来实现。依据膜厚分布情况，研究开孔位置及孔径尺寸。

在生产启动过程中，一般要经历工艺验证、拆解验证、强化腐蚀等环节。防腐评审流程如图5-43所示。

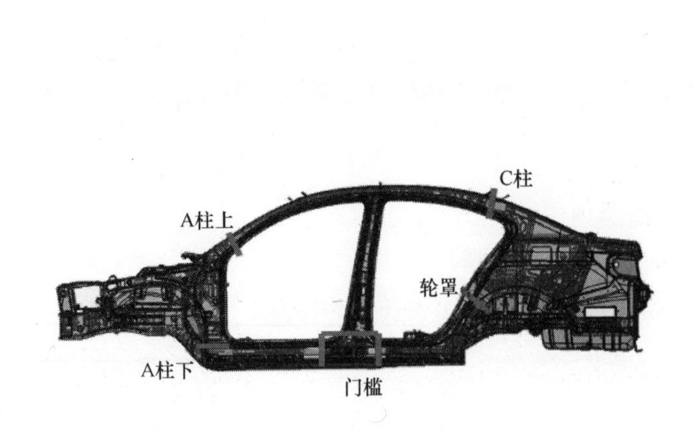

图5-42　防腐关键位置

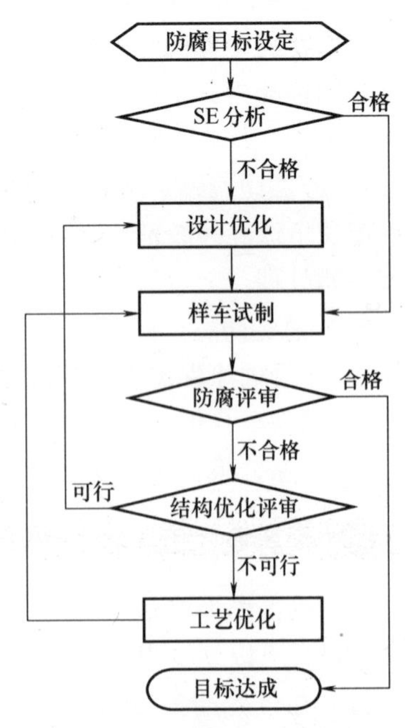

图5-43　防腐评审流程图

5.5.6 总结

若产品开发阶段充分发挥涂装同步工程作用，结合涂装工艺特点，采用最优车身型腔结构合理的工艺孔，对提高车身防腐性能意义重大。

5.6 浅析悬液离心分离设备作为涂装脱脂系统除油污设备的优越性

何彦霏　吴波　刘元勋　康意琳（上汽通用五菱汽车股份有限公司）

目前涂装系统在脱脂系统中使用的除油设备虽然各式各样，但其工作机理相同，都是通过加热破乳的方式除油。破乳就是使脱脂液升温超过 90℃，表面活性剂会失去活性，被破乳的油由于密度较小而分离并上浮到液面，通过吸油装置把浮油、分散油有效地收集起来，通过斜板分离设备进一步分离油污，通过人工或者自动排油装置排掉浮在上层的油污。由于脱脂系统的油里还夹带有粉尘，一起形成油泥，带粘性的油泥容易吸附在热交换器上，影响热交换器的热交换效率，使得该系统的维护难度较大，系统也不稳定。以大部分的手动加热除油设备系统来看，有以下缺点：

1）排放的油含水率很高，增加了废油的处理成本。

2）除油效果衰减很快，主要原因如下：加热除油系统不能很好地除去油泥，析出油污很容易吸附在热交换器表面，在热交换器表面形成污垢，热交换效率衰减，除油温度过低从而影响脱脂除油效果。最后导致的结果是脱脂系统的油含量上升，恶性循环，不能达到预期的除油效果。

油含量过高会使除渣系统的过滤布被油污堵塞，导致辅料消耗上升明显。

由于油污的影响，需要增加槽液更新量。

过多的油污以及其夹带的灰尘等形成的油泥会随着脱脂液排到废水站。由于废脱脂液除油除去 COD 是通过超滤系统实现的。在运行过程中发现超滤装置被脱脂液中的油泥堵塞特别严重，需要频繁地进行化学清洗甚至拆出进行物理清淤，因为这个原因导致废水站每年除油超滤备件费用需要增加近 7 万元。

ALFA Z3 设备在切削液的回收系统使用良好。Z3 是一款碟片式的高速离心分离设备，原液通过其高达 9000 ~ 10000r/min 的转速分离后有 3 个分离层面，分别从不同的通道排出来：①干净的脱脂液；②分离出来的浓缩油面；③1 ~ 50μm 的渣。

实验方案介绍：分别对同一个脱脂系统进行考评，取槽液参数测量油含量。由于 Z3 不需要任何的设备改进即可以并入系统实验，分别运行两个除油设备，并取样进行槽液油含量变化分析，其中前八天抽检 4 组数据对比结果见表 5-2。

表 5-2 数据对比结果

运行时间	油含量/(mg/L)	
	现有的加热式油水分离设备	Z3
第 1 天	292	292
第 3 天	998	259
第 7 天	2052	321
第 8 天	2352	447

如果使用相同的测试方法测量油含量，发现测量值在小于600mg/L时，系统运行良好。

通过实验发现，在使用Z3后，除渣系统滤布上的油泥明显减少，渣厚度明显增加，这就意味着辅料消耗将会有所下降，除渣效果有所提升。图5-44所示左侧液体为使用Z3后的脱脂液，其清洁度明显比右侧未使用Z3的脱脂液改善很多。这个对比足以证明Z3的除油和除渣效果远比加热除油的效果好。

图5-45所示的左侧杯子中的溶液为常规除油设备排出的油，含水率明显较右侧通过悬液离心分离机Z3分离出来的油要高很多。Z3除油设备排出来的油的液相与传统的分离油比，含水层要少60%。而废油需要送到专门机构进行处理，每吨处理费用为3000元。这意味着使用传统的油水分离设备排出的油的处理费用是3000元时，离心机处理相同多的油时只需要3000×(1－0.6)＝1200元。

图5-44 脱脂液对比图

图5-45 分离油对比图

从图5-46电泳系统单车颗粒分析图可见，区域1使用了Z3，区域2是油水悬液分离设

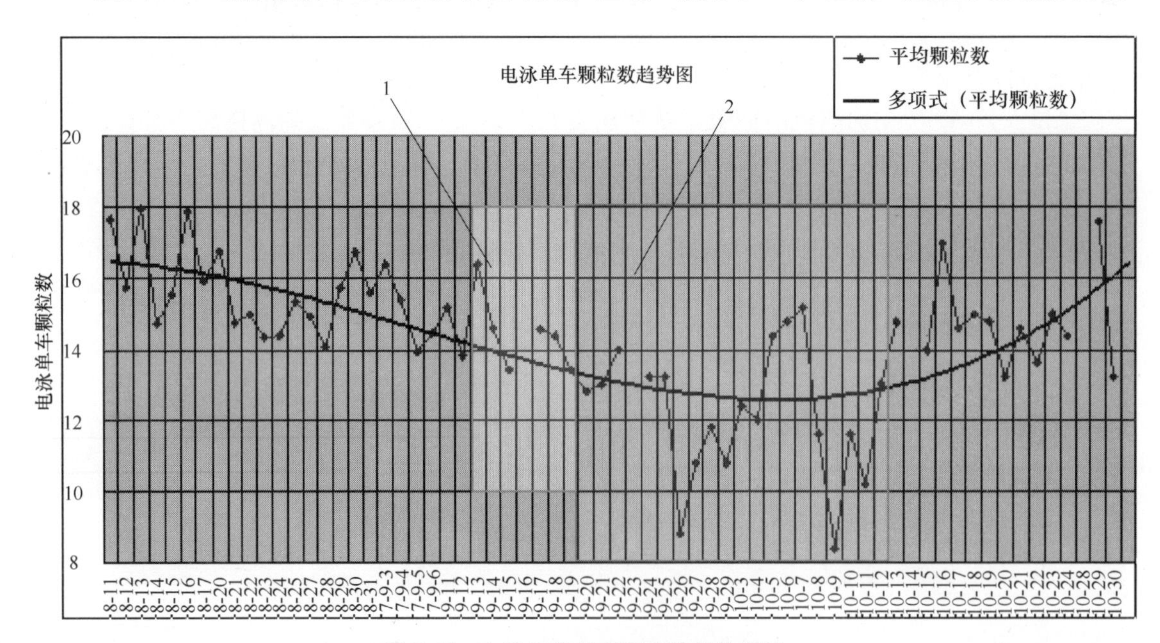

图5-46 电泳系统单车颗粒数量趋势图

备试运行的主要工作点，这区间的颗粒水平是偏低的，可以推断出Z3除了除油能力强，可提升脱脂效果之外，也有利于颗粒控制。

两个方案的投资以及回报对比见表5-3。

表5-3　加热式油水分离和Z3高速旋液油水分离设备的对比

	加热式油水分离	ALFApure Z3 试验高速旋液油水分离
投资	35万	80万
运行成本	温度影响很大，分离效果低下，远低于65% 随运行时间推移，除油效果衰减严重，生产4天后可以看到有明显的油层 脱脂液中夹在油污的小颗粒的无法去除	受温度影响小，分离效果稳定 不会因为油含量的升高而明显影响效果，反而在油含量高时，其分离效果更好 同时可以去除大于1μm的颗粒（减少颗粒1个每台车计，减少辅料0.02元/台，1年可节约0.02×240000=4800元）
	油含量过多，油污堵塞过滤纸袋，在第3个工作日开始，旋液除渣的过滤纸消耗量消耗翻倍	实验证明，在同等条件下相对于原来的系统，可以节约过滤纸带50%的量（每周节约滤纸费用500元）
	以每辆车200g油计算，浓缩油含水量高，60%的含水层	浓缩油的含水率低，每吨含水废弃油给第三方处理费用为1600元/t计，理论每年节约13.5万元左右
	需要操作工定时（1h/次）排油，如果不排油则出现油面下沉，除油效果差，排油过多则油的含水量过大	自动运行，不需要人为排油，除油同时可以除微小的颗粒（1～50μm），颗粒在其他条件不变的情况下可以减少18%
	每次需要停产进行水枪清洗，由于空间受限，清洗难度大；为保持效果，每周停产需要排油，不小心误操作会影响到废水	不需要清洗，只需要每天清洗预过滤网1次，操作简便
	由于排放的废液含油污重，使得处理脱脂废液的超滤负荷极大，污泥经常堵UF，原来使用寿命2年的UF膜只用1年，每年备件费用为9万元	1）由于除去了污泥和含油废液，可以降低脱脂废液的超滤装置的负担，延长超滤装置的寿命（60×1500元=90000元）平均可以节约4.5万/年 2）提高脱脂废液的处理浓度，减少脱脂浓缩液的量，减少成本7800元/年
	每小时运行功率11kW	每小时的运行成本为4kW，节约21000元/年
其他影响	含油量高，影响脱脂系统的各密封件的寿命（已经有多个备件因为这个因素被迫更换）	含油量低，对那些对油敏感的橡胶塑料件影响不大

综合运行成本，使用Z3，按照保守的数据计算，每年可以节约377800元，减去2万元/年的维护成本，加上服务费用，一年下来节约的成本可以收回来前期多增加的投入成本。

5.7　涂装SE分析在新车型开发中的应用重点

陈学旺

5.7.1　前言

为适应不断提升的新车型开发质量需要，更好地配合各新车型研发部门工作，根据车型开发工作不断深入、不断细化的要求，同时针对以往车型开发过程中出现的工艺问题、质量问题和生产问题，本着将问题解决在前期设计阶段，降低质量风险、降低整车开发及试生产成本，以及降低售后质量改进成本的原则，在产品设计开发过程中，工艺早期介入，提前输入制造需求，协助产品设计部门优化产品制造工艺，改善和提高产品的可制造性。

5.7.2 SE的基本概念

SE即同步工程（Simultaneous Engineering），特指工艺与产品同步，意为在产品设计开发过程中，工艺早期介入，提前输入制造需求，协助产品设计部门优化产品制造工艺，改善和提高产品的可制造性。

涂装SE工作的主要目的是对于产品设计存在的问题在设计图样、数据阶段进行校核，预先对可能在生产线上出现的问题点采取改善措施，使车型在工艺性、密封性、防锈性、操作性等方面得以提高。

5.7.3 涂装SE分析流程

涂装SE分析如图5-47所示。

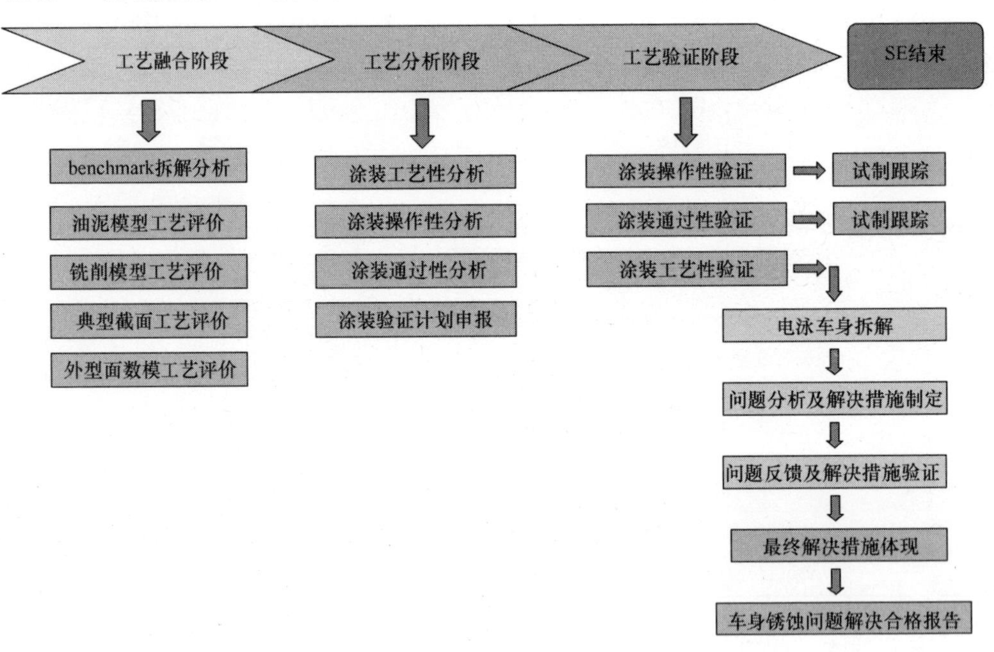

图5-47 涂装SE分析

SE分析可分为三个阶段：

（1）工艺融合阶段 在产品立项时期进行工艺可行性判断，并向产品设计部门输入必要的生产共线信息、工装设备需求信息及工艺基本要求，即在产品预研阶段涂装SE工作就已经开始。此时向设计部门提出涂装柔性化生产工艺要求及涂装工艺基本通用要求，从工艺角度，对产品造型、断面结构提供建议，从造型和结构方面提高工艺可行性。

（2）工艺分析阶段 对产品的详细设计进行全面的工艺可行性分析，通过涂装SE方面工作的开展，来提高数据的工艺质量，同时进行必要的工艺方案设计。这些工艺方案的输出作为工装投资、设备改造询议价及下一步工艺规划和生产准备的技术基础，发挥承上启下的纽带作用。

（3）工艺验证阶段　主要是对产品设计及工艺可行性的提前验证，通过涂装试制，验证车身的通过性、操作性，以及通过电泳车身的拆解来验证涂装电泳内腔防腐效果，在整车试制的过程中充分暴露各种问题，在量产前，将绝大部分问题封闭在设计阶段。

5.7.4 涂装SE分析主要内容

（1）工艺融合阶段　该阶段工作重点见表5-4。

表5-4　工艺融合阶段工作重点

工艺阶段	产品阶段	工作项目	工作内容	产品输入	工艺输出
工艺融合阶段	P1	Benchmark 车型拆解分析	样车车身拆解	竞争车型	Benchmark 车型分析报告
			车身生产工艺分析		
			车身涂装工艺分析		
	P2	油泥/铣削模型工艺评价 典型截面工艺评价	涂装工艺性评价	油泥模型 草绘图纸 CAS数据	涂装ECR分析报告 涂装生产可行性分析报告
			表面质量评价		

① Benchmark车型拆解分析阶段：主要对Benchmark车型进行生产工艺性、操作性、涂装工艺性、典型结构等进行分析。

某Benchmark车型拆解分析报告如图5-48所示。

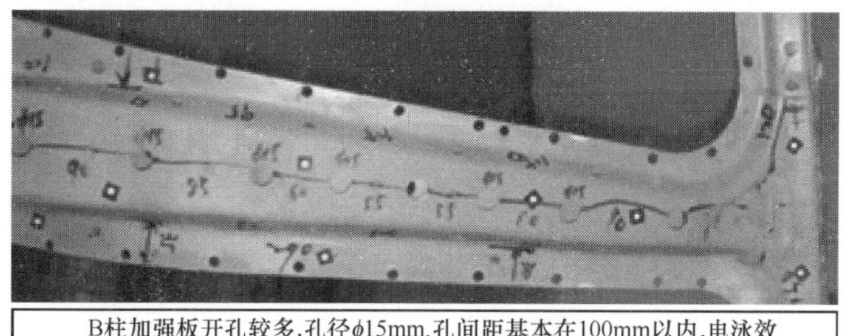

图5-48　某Benchmark车型拆解分析报告

② 油泥模型/草绘图样阶段：主要分析造型结构对涂装工艺性、表面质量等的影响。

某车型SE分析如图5-49所示。

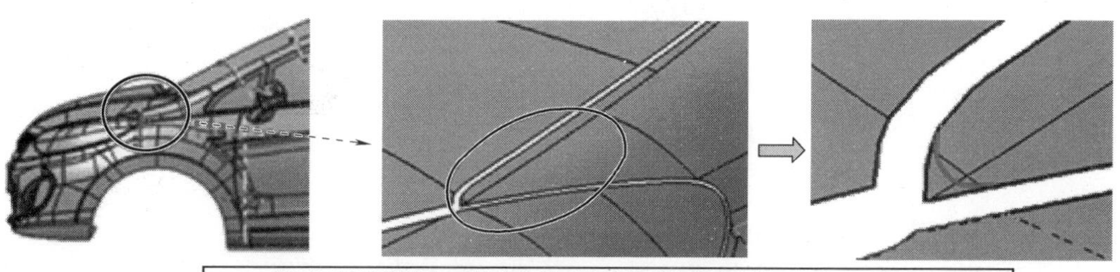

图5-49　某车型SE分析

③ CAS 数据阶段：主要对车身主要部位的截面结构形式、搭接关系、密封形式、间隙设定、涂装专业柔性化生产等方面进行分析。

某车型涂装 SE 分析如图 5-50 所示。

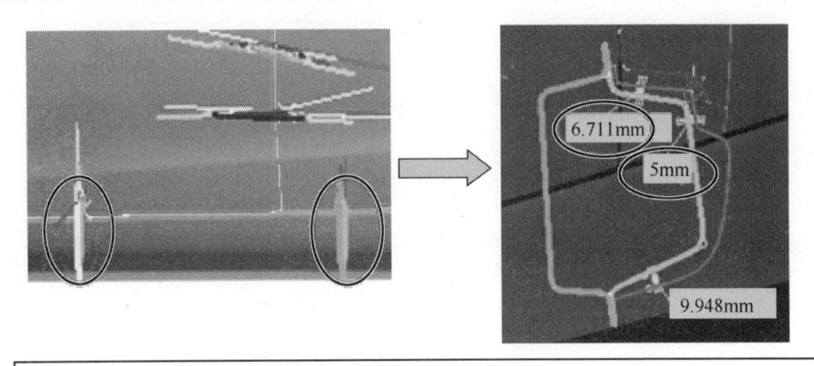

门槛图示区域结构间隙太小，电泳效果不好。建议间隙增大至≥8mm。

图 5-50　某车型涂装 SE 分析

（2）工艺分析阶段　工艺分析流程见表 5-5。

表 5-5　工艺分析流程

工艺阶段	产品阶段	工作项目	工作内容	产品输入	工艺输出
工艺分析阶段	P3	电泳工艺性分析	内腔电泳效果分析	白车身总成工艺数据	涂装 ECR 分析报告
			钣金搭接防腐性分析		
			进/沥液效果分析		
			排气效果分析		
	P3	操作工艺性分析	堵件/沥青板操作性分析	白车身总成工艺数据 操作 PDM 图	涂装 ECR 分析报告
			密封操作性、工艺性分析		
			喷漆操作性、工艺性分析		
			喷蜡操作性、工艺性分析		
	P2～P6	设备通过性分析	非标设备通过性分析	白车身总成工艺数据	通过性分析报告 设备改造方案 辅助工装设计 车型识别改造 喷涂仿形程序改造
			机械化设备通过性分析		
			电气控制可行性分析		
			内部物流可行性分析		
			工装辅具可行性分析		
	P2～P8	新工艺可行性分析	设备改造/设备招投标	新工艺要求 新工艺相关技术资料	新工艺可行性分析报告设备改造方案
			新工艺、新技术可行性分析及应用		

1）工艺分析流程：

① 工作内容。SE 分析工作计划编制，工艺可行性分析，问题交流/跟踪/落实，采纳率统计，项目 SOP 时进行 SE 总结。

② 工作流程。数据获取──→开展数据分析──→涂装 ECR 分析报告──→专业负责人校

核──→专业领导审核──→其他专业负责人会签──→各专业领导签发──→发至产品设计部门──→与产品部门沟通、交流──→设计部门书面回馈──→问题销项──→下一轮分析。

每月进行采纳率的统计，项目通过P3节点后，不再统计。

节点审核及SE结束时：未改善项（问题和清单汇总）──→项目经理、工艺规划部门。

③ 文件归档。挂服务器归档；接口人电子档备份；纸面签发文件与SE技术问题反馈单一同归档，保存年限为整个产品生命周期+5年。项目SOP后电子文件及纸质资料转资料室存档。

2）工艺分析阶段工作重点：

① 电泳工艺性分析。主要对内腔电泳效果及相关沥液、排气方面进行分析，侧重于前处理-电泳工艺分析。

某车型电泳工艺性分析如图5-51所示。

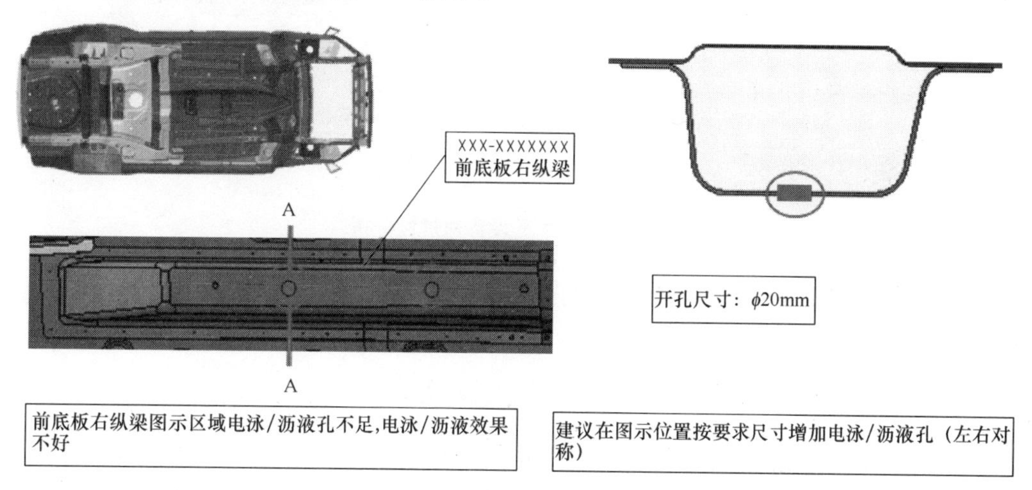

图5-51　某车型电泳工艺性分析

② 操作工艺性分析。主要对现场操作工艺进行分析，侧重于密封性、喷漆、喷蜡工艺分析。某车型操作工艺性分析如图5-52所示。

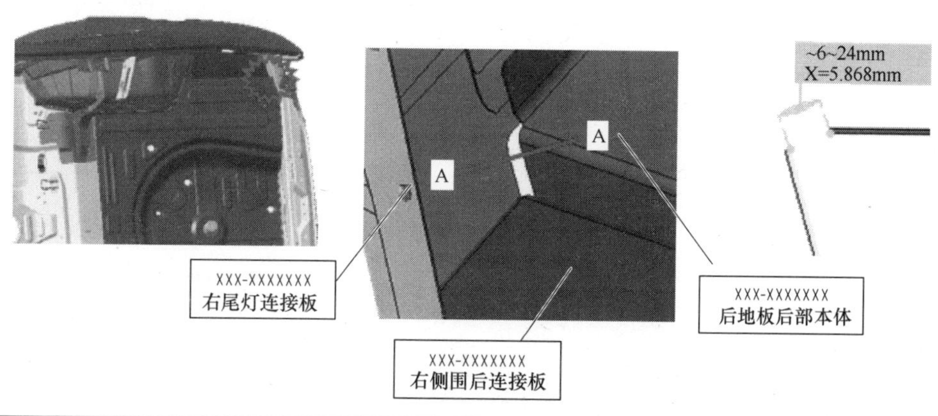

图5-52　某车型操作工艺性分析

③ 设备通过性性分析。主要对生产设备通过性进行分析。

某车型设备通过性分析如图5-53所示。

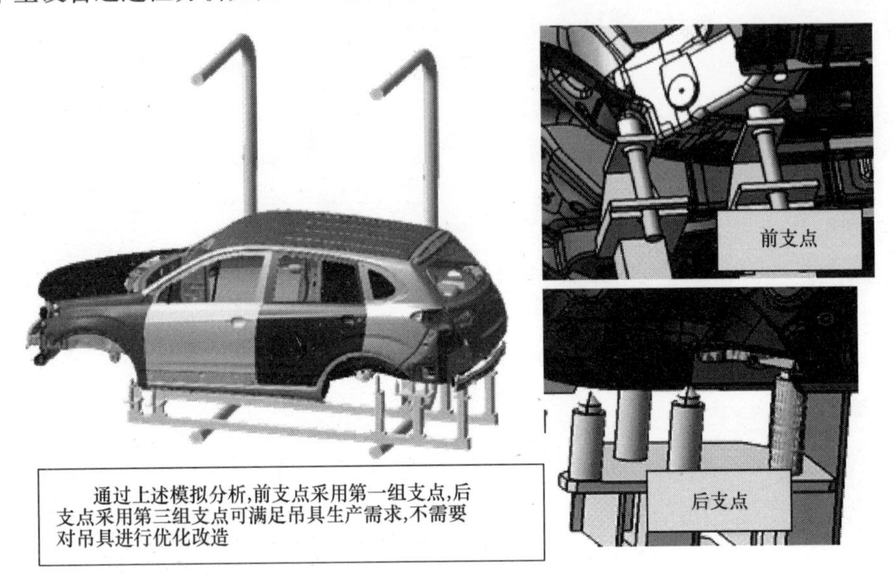

图5-53　某车型设备通过性分析

④ 新工艺可行性分析。主要对引进的新工艺、新设备可行性进行分析。

（3）工艺验证阶段　工艺验证的主要内容见表5-6。

表5-6　工艺验证的主要内容

工艺阶段	产品阶段	工作项目	工作内容	产品输入	工艺输出
工艺验证阶段	P2～P5	电泳车身拆解验证	电泳车身拆解资源协调	电泳车身	费用预算/资源协调单 验证方案 拆解报告 电泳内腔防腐合格报告
			电泳车身拆解		
			解决方案制定及验证		
			组织相关部门评审		
	P3～P5	试制工艺指导	堵件/沥青板操作指导	白车身总成 工艺数据 操作PDM图	涂装试制作业指导书 试制问题解决方案 SE分析结果与试制结果对比总结报告
			PVC密封操作、工艺指导		
			喷漆操作、工艺指导		
			喷蜡操作、工艺指导		

1）电泳拆解流程：

① 工作内容。电泳车身拆解验证、验证报告及改善方案的制订、合格报告出具。

② 工作流程。协调拆解资源（车身、生产、工具等）⟶拆解车身生产跟踪及相关参数记录⟶车身拆解过程跟踪、记录⟶拆解车身报废⟶SE部门出具拆解报告⟶拆解结果评审⟶出具拆解问题解决验证方案⟶对验证方案进行评审⟶解决方案验证⟶对拆解结果评审⟶重复上述过程（出具拆解问题解决验证方案⟶……⟶对拆解结果评审）⟶全部问题解决方案验证合格⟶出具最终解决方案⟶对拆解结果进行分析、评审⟶出具验证电泳车身拆解合格报告。

③ 文件归档。项目 SOP 后电子文件及纸质资料转规划院资料室存档，保存年限为整个产品生命周期 +5 年。

2）工艺验证阶段工作重点：

① 电泳车身拆解验证。主要对内腔电泳效果及相关沥液、排气方面进行验证，并出具拆解报告和问题解决方案。

某车型电泳车身拆解报告如图 5-54 所示。

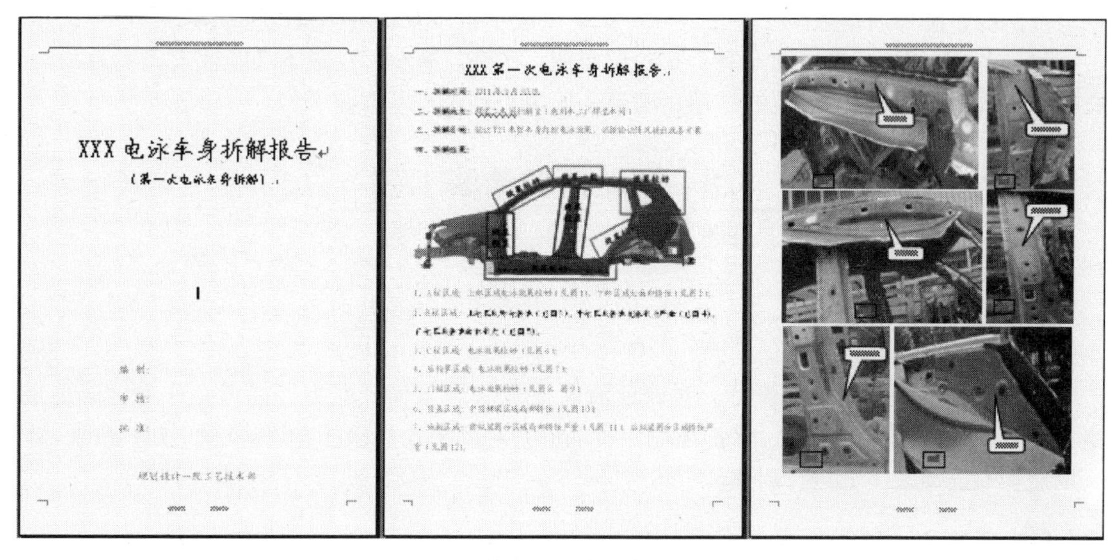

图 5-54 某车型电泳车身拆解报告

② 试制工艺指导。编写试制作业指导书对操作人员进行培训，侧重于密封性、喷漆、喷蜡工艺现场操作指导，发现问题及时解决并向设计部门提出解决方案，试制结束编写《SE 分析结果与试制结果对比报告》。

某车型涂装试制问题跟踪如图 5-55 所示。

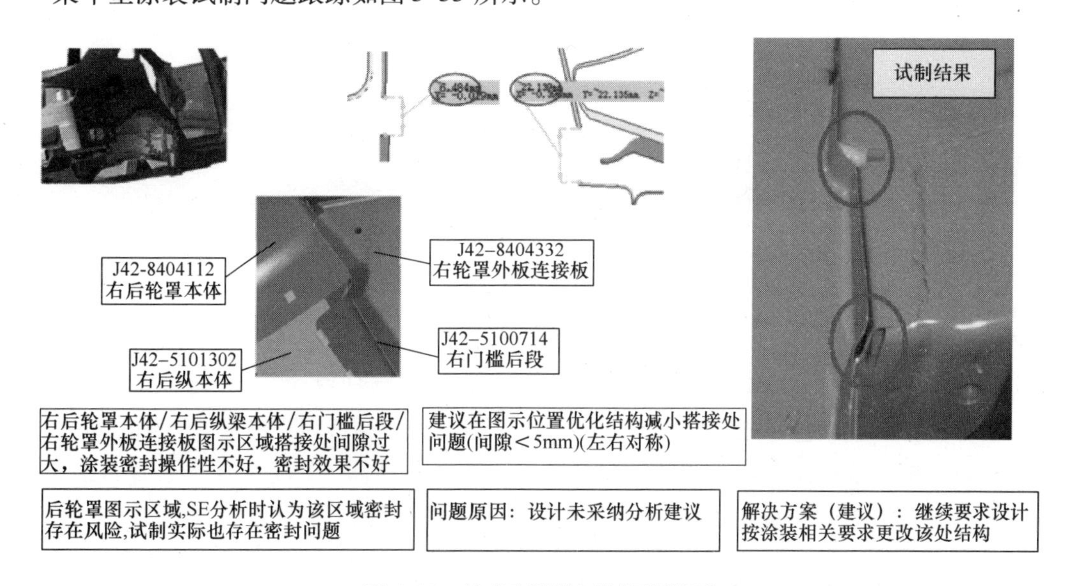

图 5-55 某车型涂装试制问题跟踪

5.7.5 结束语

通过涂装 SE 分析工作的开展，期望达到以下效果：

1）能降低冲压模具开发成本，加速新产品的开发进度，减少因涂装工艺问题而引发的后期设计变数量，以及模具更改数量。

2）能将车型开发过程中出现的绝大部分涂装工艺问题、质量问题和生产问题解决在前期设计阶段，降低质量风险、整车开发及试生产成本，以及售后质量改进成本。

3）能显著缩短后期电泳车身拆解验证周期、次数，减少验证成本和验证人力物力。

4）能实现涂装多车型混线生产，满足公司多车型量产基本需求。

5.8 制动器的涂装工艺

张禾（中国汽车技术研究中心）

5.8.1 前言

合理的零部件涂装工艺设计，对保证涂装质量、满足生产能力、提高生产率、降低成本、减少资源和能源的消耗、保护环境，实现最大的经济效益和社会效益是十分重要的，本文以制动器的涂装工艺进行阐述。

5.8.2 车间任务

涂装车间主要承担制动器机架类零部件的脱脂前处理和推动器总成的去毛刺及喷砂、涂漆和检查及发送等工作。

5.8.3 工作制度、设计年时基数

工作制度、设计年时基数见表 5-7。

表 5-7 工作制度、设计年时基数

工作制度、设计年时基数				
部　门	工作制度	设计年时基数/h		
		设备	工人	工作地
涂装车间	二班制	3820	1830	4016

5.8.4 产品生产纲领与生产性质

厂方提供产品、零部件图样和技术条件。制动器涂装品种有 25 个系列，620 余种产品的机架类零部件和推动器总成需要进行涂漆工作。制动器产品系列，包括电力液压块式制动器、推动器、电磁块式制动器、气动盘式制动器、防风制动器、管道启闭器、盘式制动器、电液推杆、工程机械制动器和其他产品和零部件，合计年产量 7.2 万台（套）。

涂装零部件外形尺寸以 YZW9-500 为代表产品，比此尺寸小的零部件可以上自动涂装生产线；根据产品实际情况，涂漆零部件质量以 YW400 产品为综合代表；产品涂漆面积以产

量较多、具有平均意义的 YWZ9-400 产品的零部件为综合代表。涂装零部件纲领详见表5-8。

表5-8 涂装零部件纲领

涂漆件名称	每套件数	外形尺寸 /mm×mm×mm YZW9-500	质量/(kg/套) YW400	涂漆面积 /(m^2/套) YZW9-400	备注
杠杆	2	460×150×130	6	0.24	机架件、钢件，由机加车间来
弹簧管	1	660×200×200	11	0.53	机架件，钢件，由机加车间来
底座	1	1100×175×125	20	0.54	机架件、钢件，由机加车间来
制动臂	2	750×140×80	23	0.6	机架件、钢件，铸铁件，由机加车间来
左右等退距连接板	各1	330×110×20	6	0.08	机架件、钢件，由机加车间来
U形接头	1	150×120×95	4	0.05	机架件、钢件，由机加车间来
推动器	1	740×250×230	39	0.56	铸铝件，由总装车间来；铸铁件，由外协库来
制动瓦	2	260×145×220	16	0.4	铸铁件，由外协库来
合计	12		125	3	

全年纲领：86.4万件；0.9万t；涂装面积21.6万m^2。

进入涂装车间的零部件，除铸铝推动器以外，其他零部件均涂有底漆。

生产品种繁多，属于大批量生产性质。

5.8.5 设计原则

1）在充分利用工厂现有生产条件的基础上，尽可能采用国内外先进的工艺技术和经验，以提高工厂的工艺水平，在保证质量的前提下，本次设计达到提高生产率、降低成本和减少资源和能源的消耗，实现最大的经济效益和社会效益的目的。对结构特征和工艺特征近似的零部件应设计典型的工艺规程，所以对制动器机架类零部件采用Ω静电喷漆线（厂内原有一条应报废的Ω静电喷漆线），使90%的涂装零部件能够上涂装自动线，满足产品不同涂装的要求，烘干采用远红外电加热技术。为适应产品的发展需要，采取远近结合、先进和适于相结合、技术和经济相结合，对具有一定批量的铸铝推动器设有铸铝推动器喷漆生产线。涂装设备采用国产设备；设置起重运输设备，减轻工人劳动强度。

2）车间设计满足国家清洁生产、劳动保护、环境保护、职业安全卫生、节能、节水及消防的要求，优先考虑员工健康与安全。设置环保、劳动保护和生产安全的设备；满足JB/T 6406—2006《电力液压鼓式制动器》和JB/T 10603—2006《电力液压推动器》中关于表面涂装的要求；满足《涂装作业安全规程》的系列标准的有关要求。

3）在Ω静电喷漆室设活性炭吸附浓缩和催化燃烧法处理废气设备。本装置采用了吸附浓缩和催化燃烧相结合的新工艺，集吸附净化、脱附再生和催化燃烧为一体，综合了有机废气治理中吸附法和催化燃烧法的优点，这是治理大风量、低浓度有机废气的一种高效节能的净化设备，净化效率在90%以上。

设催化燃烧处理设备，使流平室与烘干室废气一同采用催化燃烧法进行处理，净化效率在90%以上。

设喷烘一体室，使不能上Ω静电喷漆线的涂漆零件在喷烘一体室内作业，禁止在车间内敞开喷漆。

4）需要加热的工艺设备，根据当地热源的供应情况全部采用电热。

5.8.6 工艺说明

车间主要有Ω静电喷漆生产线（通用）、铸铝推动器喷漆生产线、腻子烘干/打磨室、喷烘一体室、喷砂设备及起重运输设备。

Ω静电喷漆生产线包括脱脂前处理设备、吹水、水分烘干室、冷却室、Ω静电喷漆室、水帘式喷漆室（喷漆或补漆）、流平室、烘干室和冷却室，由轻型悬架输送机输送工件。

所有钢件首先经前处理工序，将工件除油、去污清洗干净后，再将水分烘干/冷却，喷漆后流平，最后烘干/冷却。成品进行检查后，合格品按需送入总装车间或中间库，不合格品局部修补至合格。90%以上钢件可在Ω静电喷漆生产线上完成这些工作，采用氨基静电喷漆，涂膜总厚度≥80μm（包括已有的底漆）。

铸铁件去毛刺后，刮腻子/打磨至合格，90%以上的铸件可进入Ω静电喷漆生产线完成前处理、喷漆、烘干工作。

少量超大、超重件（某些产品长超过1100mm，质量超过50kg）不能上线，还有个别局部不能涂漆，但又不容易屏蔽的工件，不易上线，需在喷烘一体室中进行处理，完成喷漆、烘干工作。

铸铝推动器去毛刺后，喷砂，至合格后，进入设有铸铝推动器的喷漆生产线。完成喷漆、烘干工作，采用丙烯酸银粉漆，涂膜总厚度≥30μm。

5.8.7 主要工艺流程

（1）通用工艺流程　工件按需进行去毛刺、刮腻子、打磨等预处理→上件到Ω静电喷漆工艺线，前处理（脱脂→清洗→清洗）→压缩空气吹水→水分烘干→冷却→屏蔽（用绝缘纸堵孔）→Ω静电喷漆→手工喷漆室补漆→流平→烘干（130～140℃/40min）→强冷→取出屏蔽→下件→检查。合格品按需送入总装车间或中间库，不合格品局部修补至合格。为达到涂层厚度要求，工件应在生产线上运行2圈，第2次时，只进行喷漆、烘干、强冷工序。

Ω静电喷漆线的工艺流程见表5-9。

表5-9　Ω静电喷漆线的工艺流程

序号	工　序	工艺方法	参考工艺参数		备　注
			温度/℃	时间/min	
1	上件	人工	室温		大件用平衡吊
2	前处理设备				
2.1	脱脂	喷淋（0.1～0.4MPa）	60	1.5	应能达到60℃，工件温度冬季常低于8℃
2.2	水洗1	喷淋	室温	0.5	连续排放

（续）

序号	工　序	工艺方法	参考工艺参数		备　注
			温度/℃	时间/min	
2.3	水洗2	喷淋	60	0.5	连续溢流至水洗1，连续给水
2.4	自动吹水	自动	室温	0.2	洁净压缩空气或经过滤的高速风
3	沥水/人工/吹水	手动	室温	吹水20s	洁净压缩空气，按需摆动工件（地面要有排水）
4	水分烘干室	热风循环	最高120	6~8	可调
5	强冷室		工件≤40	3~5	机械送排风，仅热天用
6	上遮蔽	手工	室温	1.5	绝缘纸等
7	Ω静电喷漆室	自动静电喷漆	室温		
8	晾干室		室温	1~2	
9	喷（补）漆室	手工			长度3m
10	晾干室			5	
11	油漆烘干室	红外线	工件最高140	30	温度可调
12	强冷室+自然冷却		工件≤40	5	机械送排风，热天用
13	去遮蔽	手工			
14	下件	人工	室温		大件用平衡吊

其中能上Ω静电涂装生产线的代表产品涂装零部件见表5-10，（外形尺寸以YZW9-500为代表产品，质量以YW400为代表产品，涂装面积以YZW9-400为代表产品）。

表5-10　能上Ω静电涂装生产线的代表产品涂装零部件

涂漆件名称	每套件数	外形尺寸/mm×mm×mm	质量/(kg/套)	面积/(m^2/套)	备　注
杠杆	2（占2挂）	460×150×130	6	0.24	
弹簧管	1（占1挂）	660×200×200	11	0.53	
底座	1（占0.8挂）	1100×175×125	20	0.54	20%超重件不能挂
制动臂	2（占2挂）	750×140×80	23	0.6	
左右等退距连接板	各1（占1挂）	330×110×20	6	0.08	
U形接头	1（占0.25挂）	150×120×95	4	0.05	
合计	7.05			2.04	

（2）铸铝推动器工艺流程　设有铸铝推动器的喷漆生产线如下：

去毛刺→喷砂→上件到喷漆工艺线（只有水帘式喷漆室、烘干室、强冷室设备）→刮除组装时溢出的胶→压缩空气吹净→屏蔽（堵孔）→手工喷漆→流平→烘干（70~80℃/40~60min）→冷却→取出屏蔽→下件→检查。合格品→铆铭牌按需送入总装车间或成品库，不合格品局部修补至合格。为达到涂层厚度要求，工件要在生产线上要运行2圈（喷2次漆）。

其中喷砂包括：铸铝推动器在存放地上挂（手动单轨葫芦，挂具可旋转）→用堵头堵好推动器的出线口→推入喷砂室→利用射流原理，人工通过操作口喷砂至合格后工件从原路推出→取出推动器出线口的堵头→用吸尘器吸附推动器上的浮尘→下挂运至暂存地→准备上件到喷漆工艺线。根据生产纲领，在喷砂设备上设计左右平行的两套单轨葫芦，挂具可旋转，喷砂室人工操作口左右各一。

铸铝推动器低温涂装生产线工艺流程见表5-11。

表5-11 铸铝推动器低温涂装生产线工艺流程

序号	工 序	工艺方法	工艺参数		备 注
			温度/℃	时间/min	
1	上件	人工	室温		大件用平衡吊
2	刮除组装溢出的胶/压缩空气吹净/屏蔽（堵孔）	人工			
3	手工喷漆室		室温		工件旋转，喷漆室3m长
4	晾干室		室温	5	
5	烘干室	红外线	70~80	40	
6	强冷室+自然冷却		工件≤40	4~5	机械送排风，热天用
7	去遮蔽	手工			
8	下件	人工	室温		大件用平衡吊

（3）铸铁件，在去毛刺工作地手工去毛刺至合格→在刮腻子工作地刮腻子，一次可涂刮5mm以上（采用原子灰，不含可挥发溶剂）→在烘干/打磨室烘干（≥20℃，打磨40~60min）→打磨→至刮腻子、打磨合格。

（4）少量超大、超重件和局部不能涂漆但不宜屏蔽的工件，不能上线，由起重设备摆到带有轮子的专用架子上，在喷烘一体室中进行处理：手工溶剂除油（不含二甲苯）→喷低温烘干漆→烘干（60~80℃/40~60min）。

5.8.8 主要设备说明

（1）Ω静电喷漆设备 Ω（圆盘式）静电喷漆室是利用高速旋转的圆盘将油漆雾化，在静电场的作用下，漆雾泳向工件，当工件通过Ω轨道一程后，在圆盘上下运动的过程中，将工件的各个部位均匀地涂上漆膜。

Ω静电喷漆室由室体、输送轨道、升降装置、液压控制站、隔离变压器、圆盘雾化器、供电系统、静电发生器、控制系统等组成。悬架输送机与前处理和油漆烘干室连接，形成流水线作业。

Ω静电喷漆设备喷涂质量好，涂料的附着率在85%以上，具有节省涂料、减少环境污染、自动化程度高、生产效率高、节省人力资源、降低成本等优点。

采用双班工作制，全年251天，每周工作5天。设备年时基数3820h，设备利用率为80%。全年生产75000套（生产线的能力按市场分析适当放大），每套产品占挂数7.05挂，能上线。

工件需涂2次（在线上转2圈），挂间距为0.25m，最大件1100mm×240mm×240mm；

质量≤45kg，全年挂数 75000×7.05×2=1057500。

链速=1057500×0.25/(3820×60×0.8) m/min=1.44m/min。

链速设计在0.5～2.0m/min，可调，烘干按2.0m/min时，烘干30min计。

（2）铸铝推动器低温涂装生产线

流平室与烘干室废气一同采用催化燃烧法进行处理。

推动器代表产品 YZW9-500 外形尺寸740mm×250mm×230mm；质量为39kg；涂装面积 $0.56m^2$。

推动器采用丙烯酸银白闪光磁漆。

计算参考：需涂2次（转2圈），挂间距为0.6m，最大件780mm×240mm×240mm，最重件100kg，全年生产铸铝推动器90000套（358件/天），每挂1件。

采用双班工作制，全年251天，每周工作5天。设备年时基数3820h，工人年时基数1790h，设备利用率80%。

链速=90000×0.6×2/(3820×60×0.8) m/min=0.59m/min。

设计链速范围为0.4～0.8m/min，连续可调，烘干按0.8m/min时40min考虑，当链速为0.8m/min时，生产能力可达12.2万挂，即可完成9万套推动器和3.2万件其他零部件的喷漆工作。

第 6 章

解决方案

6.1 汽车塑料内饰件表面处理方式及质量问题探讨

于磊　陈拯　王正　宛萍芳　王宏伟（奇瑞汽车股份有限公司）

6.1.1 前言

近年来，随着人们汽车消费理念的日趋进步，人们在追求外饰美观的同时，更关注汽车内饰给自己带来的卓越的乘驾感受。一款在手感、舒适性和视觉感受等方面表现出色的车型，会越来越多地受到广大爱车人士的青睐。

汽车内饰件主要是指汽车内部装饰所用到的汽车产品，其基材主要由塑料、橡胶、织物面料（包括纺织材料，皮革材料，隔声、吸声、减振材料等）三大类组成。不同材料应用部位和表面处理方式各不相同，在此仅针对塑料内饰件表面处理方式及质量评价项目与失效模式进行探讨。

6.1.2 汽车塑料内饰件进行表面处理的目的

塑料是一种高分子材料，由具有聚合矩阵的增强纤维组成。随着汽车轻量化工业的发展，塑料材料在汽车工业上的用量在不断增加。无论从美观或节约成本的角度，还是从增加零部件机械强度及其他性能等多方面因素考虑，都需要对其进行适当的表面处理，其主要功能有以下几点：

1）装饰功能。众所周知，塑料基材颜色较为单一，无法满足人们对内饰色彩的要求。因此，在塑料基材上进行电镀、油漆等工艺，赋予其简洁、明快的色彩，能有效提升汽车内饰件的装饰性。

2）保护功能。汽车内饰基材本身的耐刮擦等性能较差，通过选择合适的表面处理方式，提升对样件基材的保护性能。

3）特殊功能。涂/镀层不仅能够装饰零部件的外观，修复零件表面缺陷，而且还能赋予零件表面特殊性能，包括提高表面硬度、耐磨性、耐蚀性和高温抗氧化性等。

6.1.3 汽车塑料内饰件常用表面处理工艺

随着人们对内饰要求的不断提升，塑料件表面处理工艺也迅速发展，例如烫印工艺、膜内嵌片工艺、膜内转印等工艺技术，既可以使样件产生较好的金属效果，又能使装饰件营造强烈的层次感。但是，受到成本等因素的制约，以上工艺主要应用于高档车型中。

一般来讲，汽车内饰塑料件表面处理方式主要有以下几种：

（1）涂层　目前，内饰件涂层主要包括水转印处理和喷漆处理两种方式。

① 水转印涂层。汽车玻璃升降开关控制面板，副仪表板装饰条、转向盘总成等装饰样件多采用水转印工艺技术处理。一般水转印技术分为水标转印技术和水披覆转印技术，其加工工序主要分6个大步骤：印膜印刷→油墨的再活化→转印→脱模→干燥→面漆。

② 表面喷漆。汽车内饰塑料件表面70%左右需进行喷漆处理，其喷漆工艺与外饰件相比较为简单，主要流程为：前处理→喷底漆/喷色漆→烘干。

（2）镀层　汽车塑料件电镀，目前主要采用铜-镍-铬装饰性镀层，如内开把手、烟灰缸饰条等样件均采用该种工艺。

其工艺流程主要为：上挂→除油→预浸→粗化→中和→催化→胶解→化学镍→活化→预镀镍→铜置换→酸铜→酸活化→半亮镍→亮镍→镍封→光铬→烘干→下挂。

6.1.4 汽车塑料内饰件常见检测项目

1）汽车内饰件涂层主要检测项目见表6-1。

表6-1　汽车内饰件涂层主要检测项目

序　号	项　目	
1	力学性能	附着力
		铅笔硬度
		耐刮擦性
		耐磨色牢度
2	耐化学介质	耐合成汗液
		耐中性洗涤剂
		耐酒精
		耐香水等
3	耐环境性	耐高低温
		耐潮湿
		耐光老化

① 力学性能。漆膜的附着力是考察漆膜性能好坏的重要指标之一，漆膜只有具有良好的附着力，才会发挥涂装所具有的特殊性能。目前大部分汽车主机厂采用GB/T 9286—1998中的“划格法”进行测试，一般0或1级在标准要求范围之内。

漆膜的硬度和耐刮擦性能既具有一定的关联性，又具有一定的差异性，二者均是考查漆膜的抗划伤性能。一般来说，耐刮擦性能是考查材料表面抵抗机械作用的能力。对于皮纹等表面粗糙的内饰件，主要检测其耐刮擦性能；而对于表面光滑的内饰件，主要进行铅笔硬度测试，即按照GB/T 6739—2006的规定，在一定负载下，用具有规定尺寸、形状和硬度铅笔芯的铅笔推过漆膜表面，通过观察漆膜表面是否产生划痕或产生其他缺陷来检验该漆膜的硬度。

耐磨色牢度也是检验的项目之一。对于内开把手、换挡手柄等客户频繁接触的零件，通过耐磨色牢度试验仪，使样件与干布或者湿布摩擦，评定摩擦布的沾色和样件的褪色程度，来考查漆膜的耐摩擦性能。

② 耐化学介质性能。该性能主要考查漆膜对汗液、洗涤剂、酒精等化学介质的抵抗能力。若选用性能较差的油漆，涂层在使用过程中与侵蚀性的液态介质作用发生溶解，导致涂膜变色（图6-1）、破坏，并可能伴随着涂膜厚度的减薄出现露底。

图6-1　漆膜耐乙醇变色

③ 耐环境性能。通常通过耐高低温试验、耐潮湿试验和耐光老化试验来检验漆膜的耐环境性能。

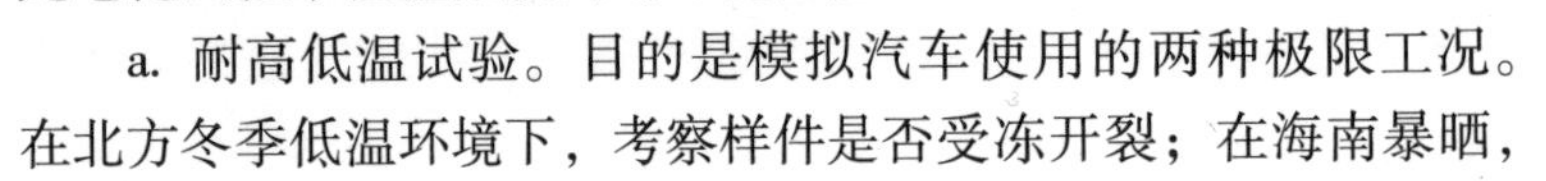

a. 耐高低温试验。目的是模拟汽车使用的两种极限工况。在北方冬季低温环境下，考察样件是否受冻开裂；在海南暴晒，车内局部温度可达110℃左右，通过试验考察不同部位样件耐高温形状及外观的变化情况，为车身设计选材提供良好的依据。

b. 耐潮湿试验。我国长江中下游地区，梅雨季节主要集中在6、7月份，气候湿度平均可达90%以上，气温较高，通过开展耐潮湿试验模拟样件使用工况，考察漆膜表面是否发生起泡、变色等不良现象。

c. 耐光老化性试验。将样件放置在特殊的试验箱中，采用经过滤处理的氙弧灯来产生与阳光具有最大吻合性的全阳光光谱，装上不同的滤光系统能改变所产生辐射的光谱分布，模拟太阳辐射或窗玻璃滤过的太阳辐射的紫外光（波长≤385nm）和可见光（波长为385～780nm），一定周期后，观察样件表面是否出现粉化、变色、开裂等现象。对于内饰件，各大汽车厂商对其耐光老化之后的灰度值也有一定的技术要求。

2）汽车内饰件镀层主要检测项目见表6-2。

表6-2　汽车内饰件镀层主要检测项目

序　号	项　目
1	耐腐蚀性能
2	镀层耐温度变化
3	镀层耐循环腐蚀

① 镀层耐腐蚀性能。一般实验室采用人工加速腐蚀的方法来检测金属镀层的耐腐蚀性能。镀层耐腐蚀性能的好坏，往往也是镀层孔隙率、厚度等方面是质量好坏的一个间接反应。

人工加速腐蚀的方法较多，主要有CASS、NSS、ASS、CORR、ES等多种试验方法。但目前来讲，大部分汽车主机厂主要通过开展CASS试验，考查镀层耐腐蚀性能。

② 镀层耐循环腐蚀。该试验是将腐蚀、高温、低温、常温等多种环境有机结合，更好地模拟车辆实际使用状况。不同主机厂具体循环条件往往存在一定的差异。

6.1.5　汽车塑料内饰件表面处理常见失效形式及分析

（1）涂层失效形式及分析

① 附着力不良。对于内饰件涂层来讲，其附着力失效主要有两种表现，即底漆与底材

间附着力不良、底漆与色漆之间附着力不良（图6-2）。其失效原因主要与漆膜之间的配套性及底材前处理等因素有关。此外，在生产过程中，生产环境、工艺等因素也是决定漆膜附着力好坏的重要原因。

② 起泡。涂层因局部失去附着力离开基底（底材或其下的涂层）而鼓起，使涂膜呈现似圆形的凸起变形，泡内可含液体、蒸汽、其他气体或结晶物。当然，即使最好的漆膜也会被水气所渗透。当水气渗入漆膜时它可能形成足够的压力，削弱不同涂膜间的附着力或整体涂层对其底材的附着力，结果可能形成含有水分的泡状突起。产生起泡的主要原因在于：漆膜的前处理不良；涂层厚度不够，稀释剂使用不当；所用涂料含有易与水分结合的成分。

③ 粉化、变色。涂膜表面因其中一种或多种漆基的降解以及颜料的分解而呈现出变色或疏松附着细粉的现象。产生粉化、变色（图6-3）的主要原因在于：涂膜在使用过程中受紫外线、氧气和水分的作用，发生老化，漆基被破坏，露出颜料。使用者需根据涂料的使用条件，选用耐候性优良的汽车涂料。

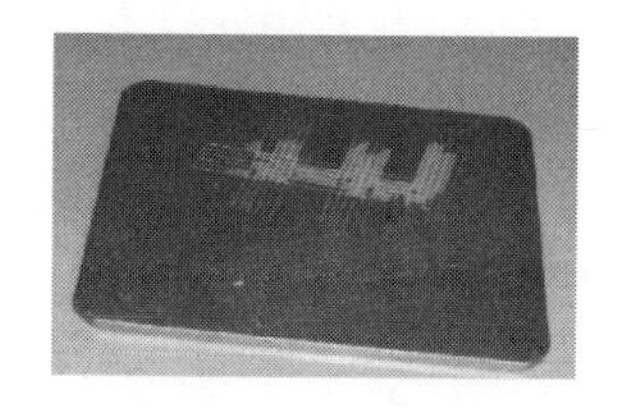

图6-2 色漆与底漆间附着力不良

图6-3 光老化变色、粉化

（2）镀层失效模式及分析

① 耐腐蚀性能较差。镀层耐腐蚀性能较差，主要表现在试验之后产生腐蚀点、放射状条纹、铜层露出等缺陷，如图6-4所示。

镀层耐腐蚀性能较差，主要与电镀工艺有关，如电镀前处理不良，会导致表面产生麻点、凹坑等缺陷，因此在电镀过程中，需要对生产工艺过程进行严格的控制。

② 镀层起泡、开裂。若镀层与镀层、镀层与基体之间存在微小的气泡，待外界温度发生变化，小气泡会产生膨胀，导致镀层之间或镀层与基体之间产生分离，如图6-5所示。

图6-4 腐蚀麻点

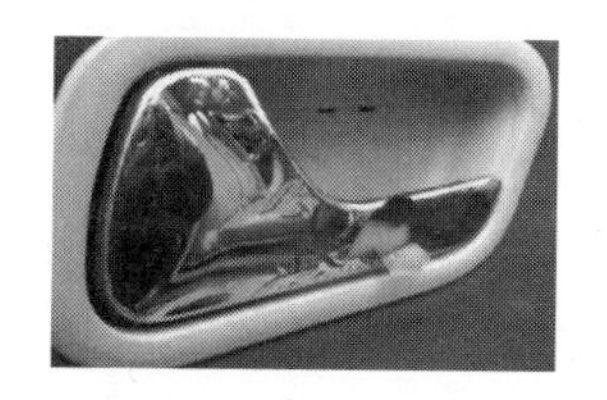

图6-5 热循环后镀层开裂

其次，若镀层在电镀之后没有进行适当的去应力处理，在外界环境变化后，也会导致弯角等镀层集中部位的镀层产生开裂。

6.1.6 结束语

总之，随着汽车轻量化的发展，塑料在车身上应用范围将逐步扩大，对内饰件表面处理工艺技术、产品质量的要求也将逐步提升。因此，汽车内饰塑料件质量问题的改进与提升，是一项长远的发展项目。

6.2 客车和轻型货车混线电泳生产的研究

李宝水（保定长安客车有限公司）

6.2.1 前言

轻型货车车身采用冷轧板结构，客车车身采用钢管骨架结构，二者车身结构不同决定了生产工艺差异很大。由于工艺不同，轻型货车和客车一般不会在同一个工厂内生产，这样轻货和客车电泳自然也是分线生产。

2012年之前，保定长安客车有限公司轻型货车和客车在两个工厂中封闭生产。由于市场对客车防腐要求不断提升，为满足市场对客车的防腐要求，同时释放轻型货车电泳生产线富余产能，2012年公司决定在原有的间歇式轻型货车电泳线上完成6m以下客车电泳，即轻型货车和客车混线电泳。

轻型货车和客车对电泳涂层质量的要求基本相同。轻型货车和客车混线电泳最大的难点是：客车采用钢管骨架结构车身，容易出现槽液污染现象；客车电泳表面积大，客车和轻型货车混线电泳槽液消耗不规律，槽液维护难度加大。

6.2.2 轻货车和客车混线电泳的实践和研究

分析轻货车和客车车身结构的差异，研究混线后槽液异常变化，逐一采取措施，是解决轻货车和客车混线电泳的基本思路。

1）客车骨架沥水孔的设计和改进。客车车身是钢管骨架结构，采用电泳工艺的客车车身骨架上的工艺孔按功能可分为沥水孔、排气孔、防电磁屏蔽孔。所有工艺孔兼具防电磁屏蔽的功能，而部分防电磁屏蔽孔又承担排气孔的功能。工艺孔的设计合理与否是确保进入骨架钢管内的电泳线各槽的液体能否及时流出，不污染其他槽液，同时提高电泳漆泳透力，满足钢管内腔涂膜性能的关键因素。即要实现客车与轻型货车混线生产，客车骨架钢管沥水要干净，钢管内液体要及时排空。

首先，需要对准备上线电泳的各客车车型进行再设计，即对选定需要电泳的客车产品，在充分考虑保证车身骨架强度的前提下，对钢管骨架进行沥水孔、排气孔、防电磁屏蔽孔设计。然后，通过路试实验和相关安全实验，进一步验证增加沥水孔、排气孔、防静电屏蔽孔后的钢管骨架是否满足车身强度的要求。

接着，设计客车电泳专用的吊装托排，上线试电泳，调整电泳线各个槽液的工艺参数。通过试生产发现，仅对原来的轻型货车电泳线各槽液参数微调，轻型货车和客车便能获得满足质量要求的电泳涂层。

试生产阶段，在沥水工位发现客车车身部分骨架钢管有大排量集中泄水现象，即沥水不干净。随后对需要电泳的各个客车车型的每一根车身骨架钢管进行梳理和排查。发现共性问题如下：部分骨架钢管没有设计沥水孔；部分骨架钢管设计沥水孔的位置不对；部分骨架钢管设计了沥水孔，但沥水孔加工开孔不规范等，如图6-6所示。

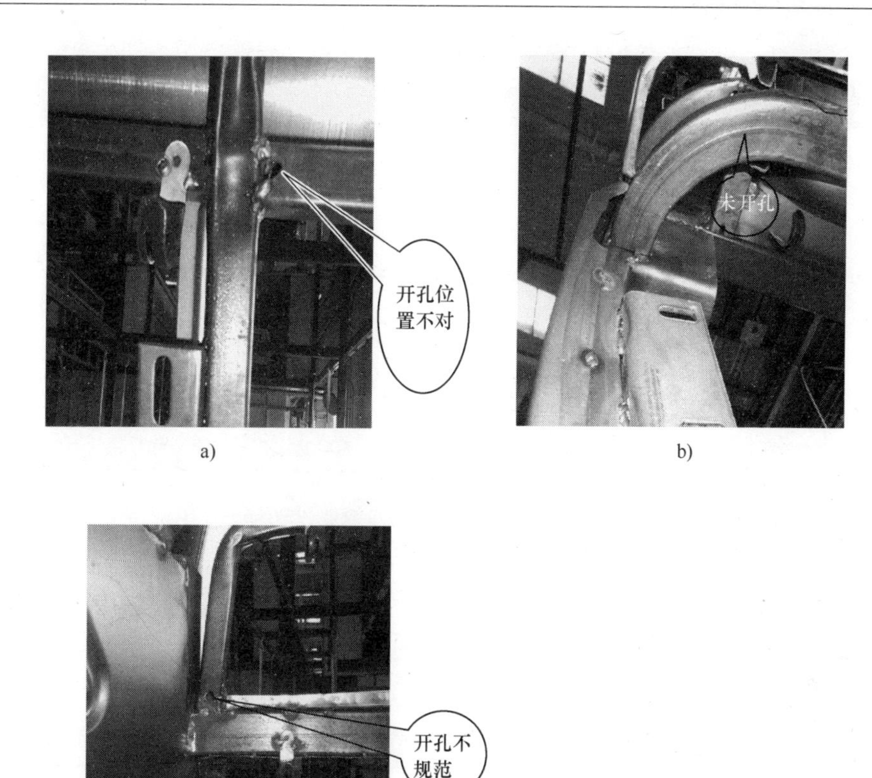

a)

b)

c)

图6-6 检查发现的问题

发现问题后，应系统地向客车设计部门和骨架钢管加工制作单位反馈。通过对问题钢管骨架二次设计和验证，顺利解决客车钢管骨架沥水不干净的问题。

另在此项目推进过程中，客车电泳专用托排出现沥水不净的现象，在生产实践中需要注意。

2）客车上线后工艺槽液参数变化和应对措施。解决客车钢管骨架沥水不净问题后，运行一段时间出现下面问题：

由于生产工艺和车身结构的不同，客车对槽液的污染比轻型货车大；由于客车车身表面积远大于轻型货车车身表面积，客车前处理和电泳耗用材料比轻型货车要多。这样，各槽液参数的控制和槽液污染控制难度加大。

原有轻型货车电泳工艺路线如下：

上线—预脱脂—脱脂—水洗—水洗—表调—磷化—水洗—水洗—沥水—电泳—UF1—UF2—水洗—纯水洗—下线。

为解决客车上线后槽液参数控制新的问题，依据上述电泳工艺路线逐工序地分析和研究了客车上线后有效控制槽液参数的措施。具体情况如下：

① 脱脂工序。脱脂是第一道工序，客车上线后，预脱脂槽、脱脂槽、水洗槽槽液参数变化情况见表6-3。

表6-3　客车上线后脱脂工序变化一览表

工　序	检验项目	设定标准	客车上线后变化
预脱脂	游离碱	18～22	维持工艺参数，材料耗用量增加
	pH值	>10.5	
脱脂	游离碱	18～22	维持工艺参数，材料耗用量增加
	pH值	>10.5	
水洗1	碱污染	<10	碱污染值上升明显加快
水洗2	碱污染	<5	
检验	油污除净程度	—	按轻货车参数，车身部分除油不好

根据客车上线后预脱脂槽、脱脂槽、水洗槽槽液参数发生的变化情况，采取应对措施见表6-4。

客车对预脱脂槽和脱脂槽的污染比轻型货车明显重，预脱脂槽和脱脂槽的倒槽频次也要增加。客车对水洗槽污染比轻型货车明显重，水洗槽的倒槽频次要对应增加。

表6-4　客车上线后脱脂工序应对措施一览表

工　序	检验项目	客车上线后变化	应对措施
预脱脂	游离碱	维持工艺参数，材料耗用量增加，添加频次加大	增加检测频次和增加加药频次
	pH值		
脱脂	游离碱	维持工艺参数，材料耗用量增加，添加频次加大	增加检测频次和增加加药频次
	pH值		
水洗1	碱污染	碱污染值上升明显加快，开溢流频次明显增加	增加溢流频次
水洗2	碱污染		
检验	油污除净程度	按轻型货车参数车身部分除油不好	上线前增加手工除油工序

② 表调工序。表调是介于脱脂和磷化之间的工序，客车上线后，其槽液参数变化情况见表6-5。

表6-5　客车上线后表调槽液参数变化情况一览表

工　序	检验项目	设定标准	客车上线后变化
表调	碱度	2.5～3.5	无明显变化
	pH值	8～10.5	下降明显

根据客车上线后表调槽液参数的变化情况，制订出具体应对措施，见表6-6。

表6-6　客车上线后表调工序应对措施一览表

工　序	客车上线后变化	应对措施
表调	无明显变化	—
检验	下降明显	增加调整频次
	—	—

③ 磷化工序。磷化工序作为电泳线上承接前后工序的中间工序，其在验证前面工序的质量和保证后面工序质量方面有举足轻重的作用，客车上线后，磷化槽、水洗槽、置换槽槽液参数变化情况见表6-7。

表6-7 客车上线后磷化工序槽液参数变化的情况一览表

工　序	检验项目	设定标准	客车上线后变化
磷化	总酸度	20～24	无明显变化
	游离酸度	0.7～1.0	无明显变化
	促进剂	3.0～4.0	促进剂消耗不稳定
水洗4	酸污染度	<1点	酸污染上升较快
纯水1	槽液电导率	<30uS/cm	电导率上升比较快
	槽液pH值	5.5～7.0	无明显变化
置换槽	车身滴水电导率	<50uS/cm	滴水电导率超标
	车身滴水pH值	5.5～7.0	无明显改变
检验	磷化成膜质量	—	磷化膜达工艺要求

依据客车上线后磷化槽、水洗槽、置换槽槽液参数变化情况，采取应对措施，见表6-8。

表6-8 客车上线后磷化工序应对措施一览表

工　序	检验项目	客车上线后变化	应对措施
磷化	总酸度	无明显变化	—
	游离酸度	无明显变化	—
	促进剂	促进剂消耗不稳定	增加检测频次
水洗4	酸污染度	酸污染上升较快	增加检测频次和溢流频次
纯水1	槽液电导率	电导率上升比较快	增加检测频次和溢流频次
	槽液pH值	无明显变化	—
置换槽	车身滴水电导率	滴水电导率超标	调整沥水孔，排放超滤液
	车身滴水pH值	无明显变化	—
检验	磷化成膜质量	—	—

除了以上应对措施外，为控制好磷化工序各槽液参数，还需采取以下措施：客车车身表面积大，同样产量下磷化槽除渣频次要增加；客车对槽液的污染比轻货车大，纯水槽倒槽频次需要对应增加；客车对槽液的污染比轻货车大，水洗槽倒槽频次也对应增加；滴水电导率超标主要因为客车车身杂质较多（一般是钠、钙、铁离子），除增加上线前预处理工序外，还需增加对电泳槽杂质离子的检测频次。

④ 电泳工序。电泳工序是电泳线技术难度最大的工序，一旦出现问题不但经济损失大，而且调整周期长，故其槽液参数的检测和维护是整条电泳线槽液工艺参数维护中的重中之

重，客车上线后其槽液参数变化情况见表6-9。

表6-9　客车上线后电泳工序槽液参数变化一览表

工　序	检验项目	设定标准	客车上线后变化
电泳	固体分	20% ±1%（25℃）	耗用量明显增加
	灰分	23% ±2%	无明显变化
	电导率	1500±300uS/cm	小幅度上涨
	pH值	5.6~6.2	小幅上涨
UF1	固体分	<2%	小幅上涨
UF2	固体分	>0.5%	小幅上涨
	电导率	<30uS/cm	电导率上涨比较快
纯水2	pH值	5.5~6.5	无明显改变
	固体分	<0.2%	无明显变化
新鲜超滤	电导率	1000~1600uS/cm	小幅上涨
	pH值	5.4~6.3	小幅上涨
新鲜纯水	电导率	<10uS/cm	无明显变化
	pH值	5.5~6.5	无明显变化
阳极液	电导率	400~800uS/cm	电导率上涨比较快
	pH值	2.0~4.0	随电导率变化而变化
检验	电泳涂层质量	参见相关标准	达标

根据客车上线后，电泳工序各槽槽液工艺参数变化情况，采取应对措施见表6-10。

表6-10　客车上线后电泳工序应对措施一览表

工　序	检验项目	客车上线后变化	应对措施
电泳	固体分	耗用量明显增加	增大检测和加药频次
	灰分	无明显变化	—
	电导率	小幅度上涨	沿用原检测频次
	pH值	小幅上涨	沿用原检测频次
UF1	固体分	小幅上涨	—
UF2	固体分	小幅上涨	沿用原检测频次
	电导率	电导率上涨比较快	增加检测和调整频次
纯水2	pH值	无明显改变	—
	固体分	无明显变化	—
新鲜超滤	电导率	小幅上涨	沿用原检测频次
	pH值	小幅上涨	沿用原检测频次
新鲜纯水	电导率	无明显变化	—
	pH值	无明显变化	—
阳极液	电导率	电导率上涨比较快	校表频次不变增加补水频次
	pH值	随电导率变化而变化	—
检验	电泳涂层质量	达标	—

客车和轻货车混线电泳后，在电泳工序除了采取以上措施外，还需增加以下措施：由于客车污染比轻型货车重，纯水槽倒槽频次也要对应增加。

6.2.3 结论

本文中提供的整条电泳线槽液参数变化情况和应对措施，适用于轻型货车和客车（6m 以下客车日产 10 ~ 20 台）混线生产，如果车型或产量变化应对措施应当做出适当的调整。

在原来轻型货车电泳线上，客车和轻型货车混线生产运行已经达半年，涂层质量达标，电泳线槽液稳定。实践证明解决好客车车身骨架沥水和电泳线槽液参数控制问题，轻型货车和客车混线完全可能。

6.3 浅析解放商用车涂装线废水设施技术改造

张慧敏　王治富　唐国忠　李晶　王秀梅（一汽解放汽车有限公司技术发展部）

6.3.1 现状

汽车涂装是汽车制造业中最严重的公害发生源之一，产生的废液主要来源于前处理、电泳涂装工艺过程中各工艺区废水，中涂和面漆的系统槽废水。为满足国家新的涂装环保法律法规要求，一汽解放汽车有限公司新建西区涂装线专门设有涂装废水处理系统，实现三级处理后，达到二类污染物三级排放标准，送往集团公司统一设置的废水处理厂进行二级处理，最终满足 GB 8978—1996《污水综合排放标准》中的二级排放标准要求，此套废水设施最初采用了以下的处理工艺。

1）在工艺设计方面：商用车涂装生产线，为减少废水排放量，在前处理过程中，采用逆工序供水工艺，水洗区采用循环水浸洗；利用 RO 浓缩水供喷漆室循环水洗系统，清洗滑橇、清擦设备、地面及厕所。设有专门的除油系统：热水洗、预脱脂区及脱脂区设有一套超滤除油系统；槽液流到除油系统储槽，经除油系统处理后的槽液返回脱脂槽，保证槽液表面无悬浮油，一般状况下除油效率为 95% ~ 99%。槽液含油量：预脱脂≤2.0g/L；脱脂区≤1.0g/L。因此，应减少脱脂区换槽和倒槽频次，减少碱性污水排放量。在污水处理工艺过程中，根据排放污水的 BOD 与 COD 含量比值关系，采用化学反应、物化预处理等处理方法相结合的工艺流程，对不同的处理阶段和不同的污染物采用相应的处理方法进行有效的处理，达到高效、经济、合理的目的。采用混凝沉淀 + 混凝气浮的处理方法除去污水残渣。

物化预处理系统包括水质水量调整、混凝沉淀。通过物化预处理系统达到以下目的：

① 均衡水质水量。水质的稳定尤为重要，具体表现在对进水中的 pH 值和生化有毒有害物质的峰值影响。

② 在物化预处理中尽可能地去除固体垃圾、悬浮物、油类和磷。

采用化学混凝中的水溶胶和双电层机理，电解质对双电层的作用机理，吸附架桥作用机理以及沉淀物卷扫作用机理等方法去除重金属离子、悬浮物、磷酸盐和部分难降解有机物。

2）在污水设备设计方面：新建涂装线处理能力为800m^3/天，污水预处理站采用分质处理，即电泳、喷漆废水与其他废水分开处理，酸性废水与碱性废水分别处理；换槽浓废水集中储存、限流排入相应的污水处理系统进行处理，处理后的废水及该生产线的生活污水通过厂区污水管网排入一汽污水处理厂进行集中处理。

碱性含脱脂剂废水，集中产生在热水洗区、预脱脂区、脱脂区、表调区，以及磷化前各清洗区，在工艺设备附近分别设有排水沟，排水沟上铺设防腐格栅板，各区排放管路统一引至排水沟排放。

排水沟设有相应容积的积水坑，并配置立式不锈钢污水输送泵、压力表、液位计及与污水主干管相连接的管路。污水输送泵根据液位设定自动将污水打入污水主干管。污水输送泵出口处设流量计及变送器具有自动累计计量功能。

工艺槽在换槽时，利用自身的循环泵将槽液打入碱污水主干管输送到污水处理系统。

同理设计了酸性污水主干管、喷漆废水主干管输送到污水处理系统。酸性废水主要产生于从磷化区开始到电泳为止的各工艺区段，以及清洗换热器、板框压滤机、离子交换柱再生等所产生的废水。涂装线各工艺区产生的污水量及排放频次见表6-11。

总计涂装生产线日常溢流水为12.82m^3/h，设备再生更新平均排放量15.106m^3/h，日常生活用水12t/h，每小时合计用水量约为40t。每辆份消耗水量2t，去掉生活用水，每辆份用水量1.5t。

表6-11 涂装线各工艺区产生的污水量及排放频次

序号	废水污水种类	设备名称	排水系统	日常排水（溢流）量	设备再生更新平均排放量			
					设备清洗用水量	设备更新排水量	排放频次	平均排放量
				m^3/h	m^3/次	m^3/次		m^3/h
1	碱性污水	前处理装置	热水洗	2	2	20	1次/1周	0.28
			预脱脂		5	20	1次/1周	0.32
			脱脂		5	190	1次/12周	0.21
			刮渣机		5		1次/4周	0.02
			脱脂后1次水浸洗	4	5	85	1次/1周	1.16
			脱脂后2次水浸洗		5	85	1次/1周	1.16
			表调	1	5	85	1次/52周	0.02
	小计			7				3.17
2	酸性污水		磷化		5		1次/16周	0.004
			换热器清洗		2		1次/1周	0.03
			板框压滤机		2		1次/1周	0.03
			磷化后1次浸洗	1.3	5	85	1次/1周	1.16
	小计			1.3				1.224
	酸性污水		磷化后2次浸洗	1.3	5	85	1次/1周	1.16
	小计			1.3				1.16

（续）

序号	废水污水种类	设备名称	排水系统	日常排水（溢流）量	设备再生更新平均排放量			
					设备清洗用水量	设备更新排水量	排放频次	平均排放量
				m^3/h	m^3/次	m^3/次		m^3/h
3	含漆污水	电泳装置	电泳		10		1次/24周	0.005
	小计							0.005
	含漆污水		电泳后1次UF水浸洗				指标排放	0.06
					5		1次/1周	
			电泳后2次UF水浸洗				指标排放	0.06
					5		1次/1周	
			电泳后1次纯水浸洗		5	85	1次/1周	1.16
			阳极液	1.22	2		1次/1周	0.001
			机械化清洗槽		5	20	1次/52周	0.006
	小计			1.22				0.137
4	设备污水	RO装置	反洗水		7.5		1次/1周	0.11
			浓缩水		$5m^3/h$			
		喷漆室	废漆处理装置	2		130	1次/24周	0.1
		打磨工位	打磨		$3m^3/h$		连续	3
		其他设备			$5m^3/h$			5
		滑橇清理	清理水		$1.2m^3/h$			1.2
	小计			2				9.41

3）污水处理工艺流程如图6-7所示。

驾驶室新涂装线的污水经处理后达到以下排放指标：

pH为6～9；SS含量为400mg/L；BOD含量为300mg/L；石油类物质的含量为20mg/L；总锌的含量为5.0mg/L；总锰的含量为5.0mg/L；元素磷的含量为0.3mg/L；COD的含量为800mg/L（要求小于等于500mg/L）；出水一类污染物总镍超标。

分析原因：高浓度有机废水未经过特殊处理，其中包括洗涤用水和电泳17区穿梭机清洗区废水，进水原始COD浓度超过设计进水负荷，现有工艺难以有效去除COD，出水COD超标；重金属镍没有独立处理装置，但镍是磷化液中一个特别重要的成分，镍的存在可以提高磷化膜的附着力，增强防腐能力，改善磷化膜的防护性、耐碱性和涂装性，同时还可以缩短磷化成膜时间，加速磷化反应，因而广泛应用于近代磷化工艺中。但镍是有毒的，同时有积累作用，它的排放受到严格的限制，在中、美、德等许多国家均被列为严格控制的致癌物质，我国目前的排镍标准是1mg/L，因此无镍磷化成为人们研究的目标。无镍工艺中用铜或钴代替镍在冰箱、洗衣机等家电工业中应用。

6.3.2 改造方案

1）在现有污水处理间的基础上，对系统设备进行改造及重新布置，取消一个脱脂储

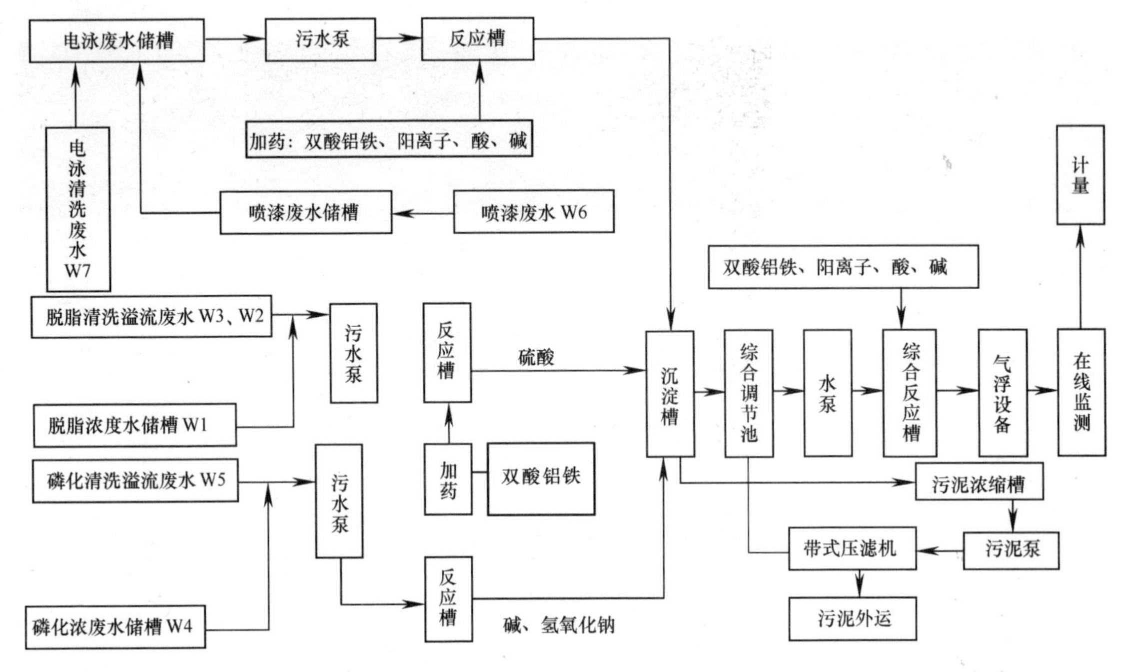

图 6-7　污水处理工艺流程

槽。脱脂储槽减少后，车间采用分步排水进行调节，该位置用于安放新增高效斜管沉淀槽、磷化高效斜管沉淀槽；将 $5m^3$ 酸碱储槽架空，原酸碱储槽地坑作为反洗水池。

2）改造加药装置，酸加药装置槽体更换成 PP 材质，更换酸加药装置倒药泵及加药泵，碱、PAFCS、PAM 加药箱增加搅拌机。在使用药剂方面，为提高处理效果将固体药剂高分子聚丙烯酰胺阴阳离子更改为液体药剂，更加适应设备及现场使用环境。

3）新增过滤提升泵、反洗水泵。

4）新增系统控制柜及改造维修部分控制柜，工控系统补加新增设备。

5）改造后工艺流程：

车间排来脱脂浓水→脱脂浓水储槽→浓水提升泵→脱脂废水调节槽→废水提升泵→自动加入混凝、助凝、pH 调节→混合反应槽→原高效斜管沉淀槽→综合污水调节池。

车间排来喷漆废水→喷漆废水储槽→浓水提升泵→含漆废水调节槽→废水提升泵→自动加入混凝、助凝、pH 调节→混合反应槽→原高效斜管沉淀槽→综合污水调节池。

车间排来磷化浓水→磷化浓水储槽→浓水提升泵→磷化废水调节槽→废水提升泵→自动加入混凝、助凝、pH 调节→混合反应槽→磷化高效斜管沉淀槽→综合污水调节池。

综合废水调节池→废水提升→自动加入混凝、助凝、pH 调节→综合污水混合反应槽→新高效斜管沉淀槽→自动加入次氯酸钙→自动加入絮凝→高效气浮装置→过滤泵→纤维球过滤器→反冲洗水池→排放监测水箱→溢流排放。

反洗排放水箱→反洗泵→纤维球过滤器→综合废水调节池。

斜管沉淀槽排出污泥及气浮装置排出的浮渣→污泥槽→污泥提升泵→凝絮剂→带式压滤机→滤后干泥→工业垃圾外运处理。

经过一年多的运行，此套废水处理设施在工艺设计上基本能够满足废水排放标准，但在设备的使用状态存在不尽如人意的地方，其中 COD_{Cr} 自动监测仪和污泥泵等设施故障率较高，还需要精心维护和使用，也提醒我们在今后涂装线的设计中，对废水装备的质量要求更加严格，以保护我们赖以生存的环境。

6.4 机械化链式输送机不同步问题的解决

施有宝　孙大龙　金银生　张亚军（奇瑞汽车股份有限公司）

6.4.1 前言

涂装车间基本上是流水线作业，因为链式输送机动力强劲、结构简单、技术成熟、造价低廉而被广泛使用，尤以4寸、6寸空中型或地面型输送机使用最广。而链式输送机系统为保证各工艺的节拍相当，产能均衡，其各工艺链以及输送链之间的同步就变得尤为重要。

6.4.2 链式输送机结构和原理简介

链式输送机由四大部分组成：动力单元、控制单元、执行单元、反馈单元。动力单元主要由传动站、张紧站组成，控制单元主要由可编程序控制器（PLC）、总线单元、电源、接触器等电气部件组成，执行单元主要由停止器、推车机、升降机、举升台等部件组成，反馈单元主要由各种感应开关、电流和电压互感器、温度和压力传感器等感应元件组成。

链式输送机的原理：按照控制中心可编程序控制器（PLC）原先设定程序，三相异步电动机将电能转化为机械能，通过蜗轮蜗杆或者斜齿轮等减速器带动链条运行，链条拖动工艺支架运输到下一道工序并持续运行，通过停止器实现工位工艺支架积车和放行、存储、排空，通过推车机实现工艺支架在两输送链间转挂，通过各种传感器或感应开关来确定各工艺支架、链条、停止器等所有单元的参数和状态，并反馈至控制中心可编程序控制器（PLC），根据原先设定程序继续下一步动作。

一般情况下，涂装车间的链式输送机的链条有5～10条。电泳、PVC、中涂、面漆四个烘干炉后都有存储段，无需操作可使用速度较快的输送链；电泳烘干、底漆打磨、中涂打磨、面漆喷漆等工序需要工艺操作，运行速度需要变慢以满足操作要求。为了满足工艺支架能在快慢链上连续而稳定地转挂，需对这两链条进行同步处理；喷漆工序后一般都采取烘干工艺，每个工艺都单独设置了一条输送链，两链条之间的转挂也必须进行同步处理。

为了使得两条链的节拍相等，按照设计比例对链条的链速进行调整的过程就称为同步。

6.4.3 影响输送机链条不同步的因素

工艺支架在两链条上的转挂就是将工艺支架上的前小车上从一道工序输送链上的推头脱钩，等待并挂上下一道工序输送链上。当工艺支架的前小车被带到转挂处时，下一道工序输送链的推头已经到达并离开转挂处时的现象称为脱钩；当工艺支架的前小车被带到转挂处时，下一道工序输送链的推头未到达，该工艺支架等待一定时间后，上一道工序输送链上的其他工艺支架已经到达并与该工艺支架正常积放的现象称为积车。积车现象与脱钩现象均表示两链条不同步。链条同步和不同步的情况如图6-8所示。

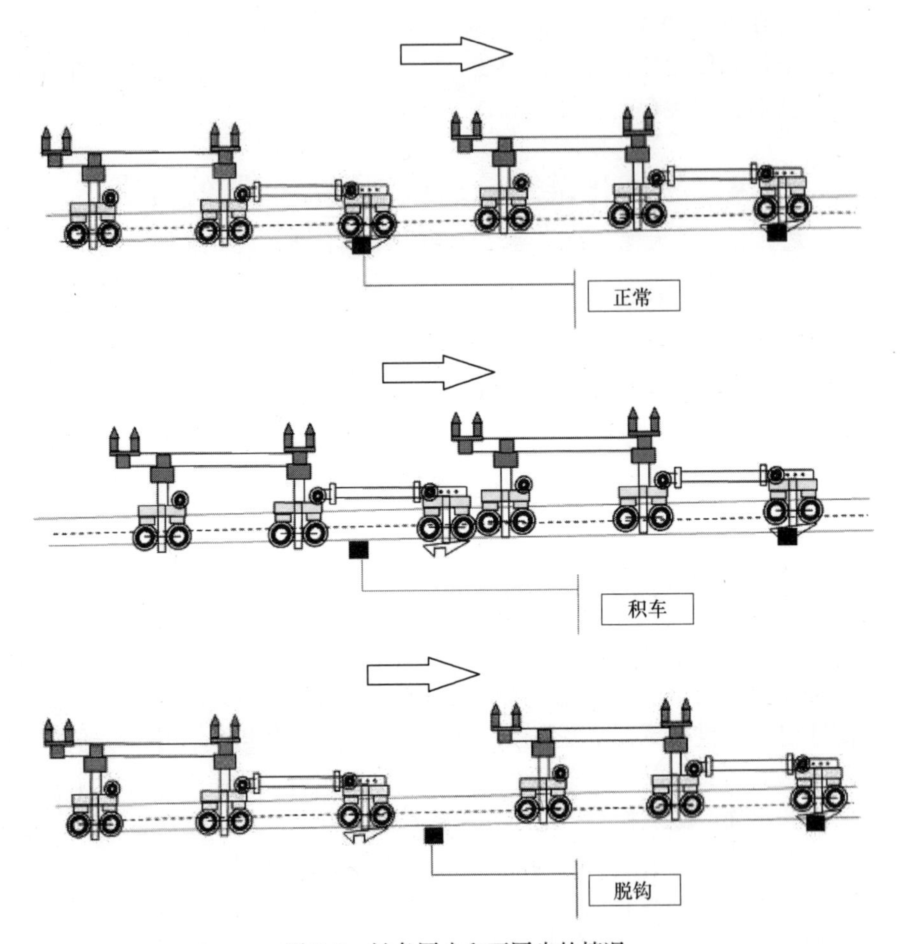

图6-8 链条同步和不同步的情况

造成两条链不同步现象的主要因素如下：

1）链条在运行过程中，链条的工字接头与内外链片相互磨损，使得链条变长，节距增大，两链条的长度、运行工况不一致，这就是不同步的最主要原因。输送链条润滑不良、滚子润滑不良、链支承小车磨损、链条爬行、负载不均衡都会导致链条磨损，加剧不同步现象。

2）喷漆室轨道积漆过多，导致工艺支架自然脱钩，也会造成不同步现象。

3）桥式烘干炉由上坡和下坡组成，生产最初时易发生上坡段与下坡段工艺支架负载不均匀，输送链条有脉动现象，也会严重影响同步情况。

4）为了能够不停线而采取人为拉车脱钩的手段来保证本工位的工作时间，也可能造成不同步现象。

其中，因素1）为正常情况下，链条的磨损造成的不同步；因素2）、3）、4）则为非正常情况下，设备部件出现故障或人为所造成的不同步。下面是针对因素1）而采取的调整方法，因素2）、3）、4）则可以有针对性地从根本上解决。

6.4.4 链式输送机同步原理和调整方法

机械化链式输送机的链条上均匀分布着若干推头（图6-9），带动工艺支架前小车运行，两推头之间的距离称为节距 S，工艺输送链的节距比工艺支架长 100～1000mm，其他输送链的节距一般为工艺支架的 1/3～1/2。工艺支架走完一个节距 S 的时间称为节拍 t，而链速则用 v 表示。节距、节拍、链速之间的关系为

$$t = S/v$$

式中，节距 S 由设计所定，基本不做更改（除了改造、磨损外）。

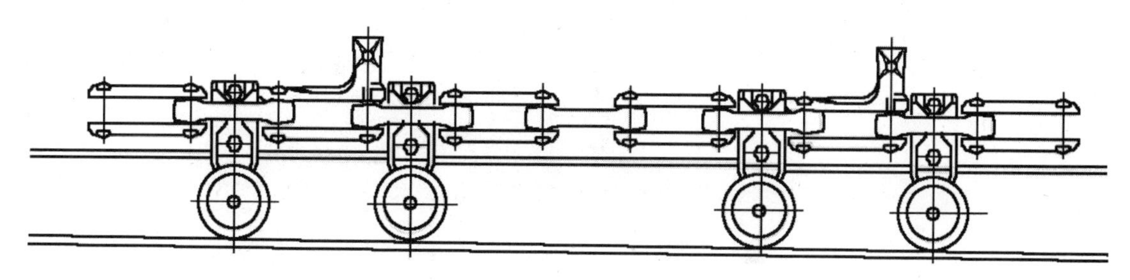

图 6-9 链条推头布置图

理论上，两链条的节距 S_1、S_2 确定后，根据二者的比例关系设定好两链条的链速 v_1、v_2，两链条的节拍 t_1、t_2 相等不会发生变化。实际运行中，两链条安装的误差和运行时受到的工况存在着细微的差别，即两链条的节距 S_1、S_2 经过运行后会产生不同的差异，其比例关系会发生变化，计算出的两链条的节拍 t_1、t_2 也将不一致，长时间不进行同步调节，生产线的生产产能将会不均衡，无法正常进行生产。

链速 v 与电动机转速 n、减速机传动比 i、链轮直径 D 有关，传动比 i 和链轮直径 D 由设计所定，一般不做更改。链速、电动机转速、减速机传动比和链条直径之间的关系为

$$v = ni\pi D$$

$$n = 60f/p$$

式中，n 为电动机的转速（r/min）；f 为电源频率（Hz）；p 为电动机旋转磁场的极对数。

则，链速 $$v = 60f/pi\pi D = (60\pi iD/p)f = kf$$

$$k = 60\pi iD/p$$

综上所述，链速 v 与频率 f 成正比关系。同步调整即通过调整电源频率 f 来控制链速 v 的大小，保证两链条的节拍相等。

已知 $t_1 = S_1/v_1 \qquad t_2 = S_2/v_2$

则 $t_1 = t_2 \qquad S_1/v_1 = S_2/v_2$

得出 $$S_1/S_2 = v_1/v_2$$

而电源频率 f 可以通过增加变频器来调整。从而改变了链条的链速，改变了节拍，使得两链条节拍趋于相等。

涂装车间链式输送机系统可分为两个部分，前处理—中涂和中打—面修饰。当两条输送链或者多条输送链做同步调整时，往往为了喷漆工艺的稳定性，会设定喷漆工艺的链条速度为恒速，不对其频率和链速进行调整，为链条的同步调整起到了简化作用，链条的同步调整有了参考基准。

再通过增设电动机转数编码器或者光电感应开关、推头检测等电气元件来判定两链条的节距 S 的变化程度，从而可以根据该变化通过原设计程序来调整另一链条的链速，使其和基

准链条的节拍一致。

6.4.5 以涂装一车间面漆喷涂与面漆烘干两工艺链为例

涂装车间采用地面反向链，面漆喷漆链为4号链，喷涂采用自动往复喷涂机喷涂工艺；面漆烘干炉则为5号链，烘干炉形式为桥式。4号链和5号链转挂处位于晾干间内，如图6-10所示。

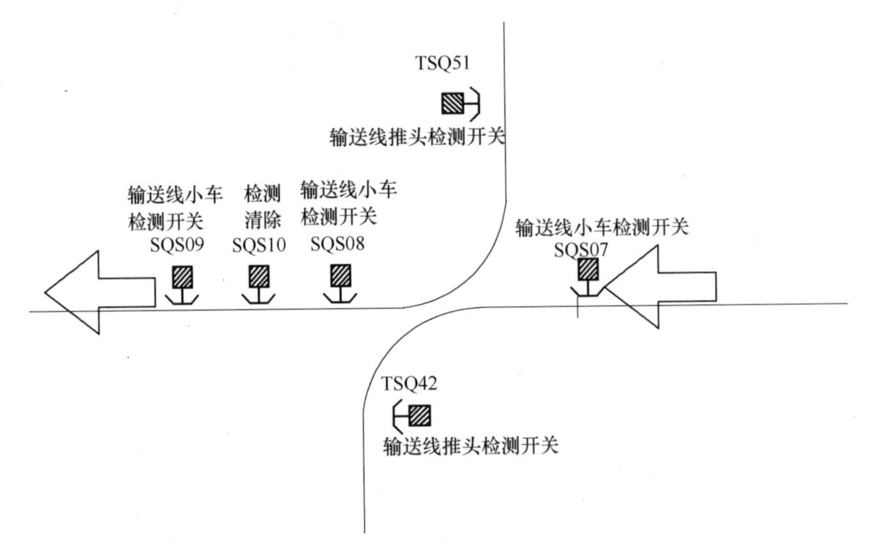

图6-10 晾干间转挂开关布置图

图6-10中，SQS07为4号链输送线小车检测开关，SQS08为5号链输送线小车检测开关，SQS10为检测清除，SQS09为5号链输送线小车检测开关，TSQ42为4号链输送线推头检测开关，TSQ51为5号链输送线推头检测开关。

因4号链经过面漆喷漆室，自动喷涂工艺不能随意调整链条速度，遂设置4号链为基准链条，当4号链因磨损等原因速度发生变化时，5号链速度随之变化。

采取三步走的方式对4号链、5号链进行同步调整：

1）当4号链与5号链两推头同步差异较小，还不影响前小车转挂情况下的微调：

对4号链、5号链驱动站传动轴安装旋转编码器，并对可编程序控制器增加高速计数器，分别记下4号、5号驱动站驱动轴旋转周波数N7：53、N7：61，对4号链和5号链频率设定为N7：42、N7：52。

如图6-11所示，4号链与5号链运行时，对N7：61、N7：53随时进行比较：

当N7：61 > N7：53时，对5号链频率输入N7：52减少8个单位量。

当N7：61 = N7：53时，对5号链频率输入N7：52不进行改变。

当N7：61 < N7：53时，对5号链频率输入N7：52增加7个单位量。

通过上述3种情况的随时比较，调整链条运行频率，达到链条运行过程的微调。

2）当4号链与5号链同步差异 <1/3S（节距）时，对影响前小车转挂的情况进行中调。

如图6-12所示，设定5号链编码运行一个节距的周波数为N7：68，当4号链、5号链运行一个节距S后，N7：68大于750并小于1500，对4号链推头检测开关TSQ42的检测时间和5号推头检测开关TSQ51检测时间进行比较：

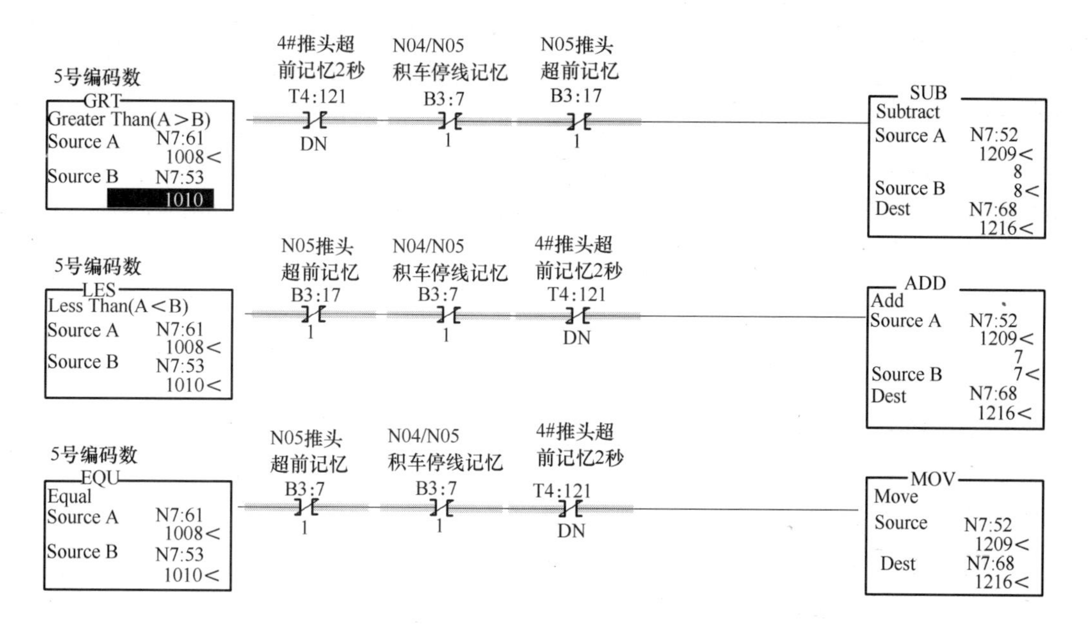

图6-11 微调程序图

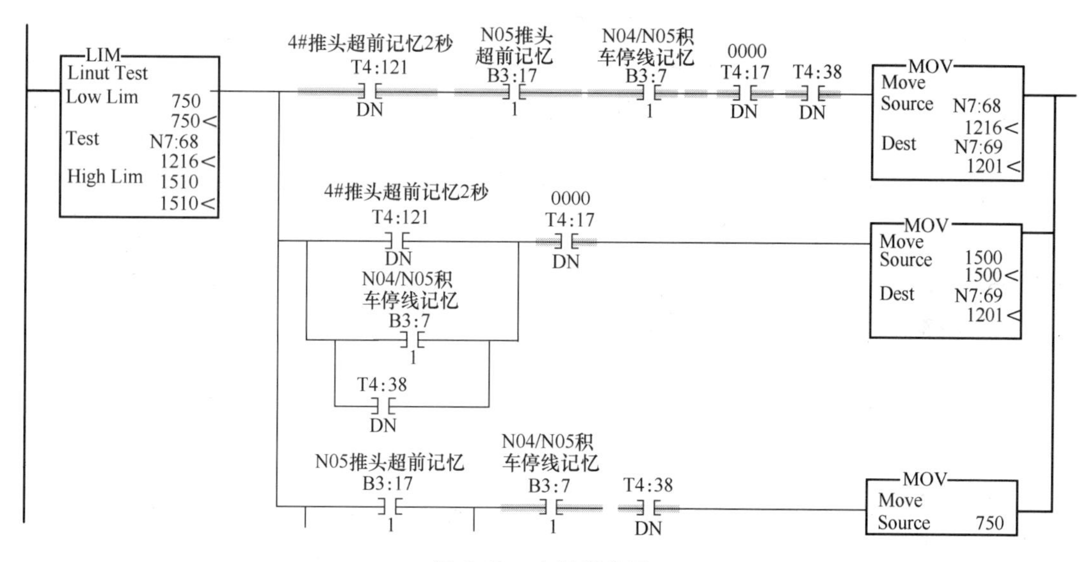

图6-12 中调程序图

当4号链推头检测TSQ42先于5号链推头检测TSQ51触发，那么认定为4号链超前，将5号链运行频率由控制面板通过PLC程序升为50Hz运行，一直运行到5号链检测开关TSQ51触发，5号链运行频率恢复原有设定频率。

当4号链推头检测TSQ42与5号链推头检测TSQ51同时触发，那么认定为4号链5号链同步，5号链运行频率保持不变。

当5号链推头检测TSQ51先于4号链推头检测TSQ42触发，那么认定为5号链超前，将5号链运行频率由控制面板通过PLC程序降为25Hz运行，一直运行到4号链检测开关TSQ41触发，5号链运行频率恢复原有设定频率。

通过上述三种情况调整频率来控制两链条同步，达到中调目的。

3）当4号链与5号链同步差异 >1/3S（节距）时，影响前小车转挂的情况下的急调。

如图6-10、图6-13所示，当第一辆工艺小车前小车在SQS08与SQS10开关之间停止未挂上推头，而第二辆工艺小车前小车达到SQS07开关处时，该现象称为积车。将5号链条调整频率升至40Hz运行，并停止4号链条，直到5号链下一个推头到达SQS08与SQS10开关之间带走该处工艺小车，并按顺序触发TSQ51、SQS10及SQS09三个开关后，积车现象就会解除，两条输送链恢复原有设定频率运行。

图6-13　积车与脱钩程序图

当5号输送链推头挂上工艺小车，并且该工艺小车的后小车还处于SQS07与SQS08两开关之间的时候，这时4号链上的工艺小车前小车与5号链上工艺小车后小车积放，该现象称为脱钩。对5号链调整频率升至40Hz运行，并停止4号链条，直到5号链下一个推头到达SQS08与SQS10开关之间带走该处工艺小车，并按顺序触发TSQ51、SQS10及SQS09三个开关后，积车现象就会解除，两条输送链恢复原有设定频率运行。4号链运行带走第二辆工艺小车触发SQS07后，按积车现象处理。

通过上述改变驱动电动机运行频率的方法来调整同步的三种方式，有效解决了涂装一车间的输送链系统工艺链之间同步的难题，保证了自动机喷涂工艺的实施，保证了生产线连续稳定运行。机械化输送链链条同步、滑橇同步、自行小车同步还有更多更好的方式等待我们去学习、挖掘、创造，我们相信技术永无止境，望各位能够相互交流共同进步。

6.5　工艺改进降低涂装生产线的通风能耗

肖忠来　李志良　华云　李强（长城汽车股份有限公司　河北省汽车工程技术研究中心）

6.5.1　前言

涂装生产工艺作为汽车整车制造业四大工艺中投资与能耗最高的生产过程，在整车制造中占有重要的意义，而在整体涂装车间生产运行成本中，空调通风方面的能耗成本占有很大一部分的比重，如在工艺设计中引进先进的工艺技术，降低空调通风方面的运行能耗，可显著降低涂装生产线运行动能成本，并降低设备投资，提高工厂的运营效益。涂装车间中，大量使用空调通风能源的主要包括喷漆室、各类作业室以及整体厂房的通风换气，下文拟从工艺改进的角度，就几种人工线作业室降低通风能耗的解决方案进行探讨。

6.5.2 打磨线通风工艺的改善

在传统打磨线的设计规范当中，由于早前的涂层质量普遍较差，传统打磨工艺是通过大面积的干打磨对涂层缺陷进行全面的修整，为除去作业产生的大量的打磨尘，需要比较多的换气次数与较高的下降风速，在传统的标准规范中，打磨线的下降风速一般设定为0.15~0.2m/s。随着汽车工业技术的整体进步，各道涂层的整体质量也越来越高，打磨修整的实际作业也越来越少，部分进口/合资品牌的汽车生产线当中，甚至已经取消了打磨作业。虽然目前国内的整体工业水平参差不齐，完全取消打磨作业还不可能，但是打磨作业工艺方法的改进势在必行。近些年新建涂装厂规划设计中，很多工厂的打磨线作业方式已经改为了局点湿打磨，进而通风量也进行了调整，基本上按照一般岗位作业送风标准（$800\sim1000\mathrm{m^3/m\cdot h}$）进行设定，每个打磨工位的通风量可降低70%左右，每个工位按6m计算，约降低通风量1.56万$\mathrm{m^3/h}$。

降低的通风量计算过程是：

$$V_{降}=(V_{旧}-V_{新})t=(线长\times线宽\times下降风速-线长\times下降风速)\times时间$$
$$=(6\mathrm{m}\times5\mathrm{m}\times0.2\mathrm{m/s}\times3600-6\mathrm{m}\times1000\mathrm{m^3/m\cdot h})\times1\mathrm{h}=15600\mathrm{m^3}(每小时)$$

6.5.3 涂胶线通风工艺的改善

涂胶线主要包括焊缝密封线与车底涂胶线，其中车底涂胶线通常由上遮蔽、车底焊缝密封、车底防石击涂料喷涂、下遮蔽四道工序组成。传统的车底涂胶线一般将上下遮蔽做成敞开工位，而将车底密封与车底喷胶工序统一做成一个整体封闭室体，且规划时并不将车底密封与车底喷胶的各个工位进行细分，整个室体均按照车底喷胶的工艺要求进行设计，其中下降风速一般设定为0.15~0.2m/s，而这对于车底密封工位来说是功能过剩的。随着工业设计理念及手段的发展，过程开发中同步工程的技术逐渐进步，在生产线工艺规划阶段已经能够对各个工位的工艺内容进行准确的细分，如此就可以将车底密封工位与车底喷胶工位分隔开来。对车底密封工位的通风要求可按照一般岗位作业送风标准（$800\sim1000\mathrm{m^3/m\cdot h}$）进行设定，并可取消排风，送风量通过工位后溢入车间，每个车底密封工位的通风量可降低约70%，排风量降低100%，每个工位按5.5m计算，约可降低通风量1.54万$\mathrm{m^3/h}$。

计算过程：

$$V_{降}=(V_{旧}-V_{新})t=(线长\times线宽\times下降风速-线长\times下降风速)\times时间$$
$$=(5.5\mathrm{m}\times5\mathrm{m}\times0.2\mathrm{m/s}\times3600-5.5\mathrm{m}\times800\mathrm{m^3/m\cdot h})\times1\mathrm{h}=15400\mathrm{m^3}$$

6.5.4 修补线通风工艺的改善

传统修补线一般都由若干个点修补室并联组成，每个点修补室都是多功能一体工位，能够在其中先后进行打磨、准备、喷漆、烘烤、检查、抛光等一系列作业内容，此种工艺规划虽然对修补生产对应性更强，但设备投入与运行成本均较高，因为每个工位都需要配置全套的硬件设施，而且无论是在进行抛磨、喷漆还是烘烤时，操作间内的通风都需要按照最高要求的补漆工艺标准运行，这就造成了在烘烤与抛磨作业时不必要的成本浪费。通过工艺作业分析，将点补工艺过程各个阶段步骤进行分解，根据作业时间与作业环境要求，将每台小修室分解为三个不同的工位，分别进行准备与喷漆、烘烤以及检查抛光三个步骤的流水线作业。每个工位作业时间约为原单独点修补室的1/3左右，根据不同的作业工艺要求配置相关的资源设施，如此只有补漆工位仍需要按照最高的通风标准设计（下降风速0.15～0.2m/s），其他两个工位仅需按照一般岗位作业送风标准（800～1000m^3/m·h）设定即可。通风风量总共可降低50%以上，以原设计3台点修补室计算，现在仅需规划1条三工位小修线，每个工位按6m计算，可降低通风量3.36万m^3/h。

计算过程：

$$V_{降}=(V_{旧}-V_{新})t=(线长\times线宽\times下降风速-线长\times下降风速)\times时间$$
$$=(6m\times5m\times0.2m/s\times3600-6m\times800m^3/m\cdot h)\times2\times1h=33600m^3$$

6.5.5 作业室排风的重复利用

传统涂装线中各作业室的排风通常都直接排向环境中，但作业室环境通风中一般都有一定的温湿度要求，其中蕴含着大量的能量，这样无疑存在很大的浪费。在新的生产线规划中，各作业室排风的重复利用也是重点探讨的课题，目前主要有3种应用方案：对于打磨类线体的排风，由于其中只有一些灰尘是有害的，故其排风可以经过过滤后直接重复利用，重新导入到空调送风装置中分送至生产线各处；对于密封涂胶类线体的排风，由于其作业过程几乎不使环境排风造成污染，故而其可不设置单独的排风装置，环境送风可通过室体后直接泻入车间中，并使此部分风量纳入到车间整体通风换气的通风量中，计算厂房空调通风量时可减去此区域部分的通风量；而对于补漆室与喷胶室，由于其排风中会含有一些特殊的物质（漆粒、溶剂蒸气等），故不能直接回用，但可通过换热装置将其排风中蕴含的能量部分提取出来，用于新风的参数预调；以上这些措施可使各人工线作业室的总体通风成本再次降低50%以上。某汽车厂涂装车间（58JPH）人工线作业室体送排风管理表见表6-12。

表6-12 某汽车厂涂装车间（58JPH）人工线作业室体送排风管理表

<table>
<tr><th>送风空调</th><th>采　风</th><th colspan="3">送风区域</th><th>排风机</th><th>排风去向</th></tr>
<tr><td rowspan="8">1台—1号
（冬季加热、加湿，夏季制冷，其他季节加湿或自然风，26℃ > T > 18℃，>50% RH）</td><td rowspan="8">混风室</td><td rowspan="4">电泳打磨</td><td>打磨1线</td><td>36m</td><td rowspan="3">2台</td><td rowspan="3">混风室</td></tr>
<tr><td>打磨2线</td><td>36m</td></tr>
<tr><td>离线打磨</td><td>6m</td></tr>
<tr><td>钣金修整</td><td>6m</td><td>—</td><td>泄至车间</td></tr>
<tr><td rowspan="4">PVC喷胶</td><td>上遮蔽</td><td>11m</td><td>—</td><td>泄至车间</td></tr>
<tr><td>底部密封</td><td>16.5m</td><td>—</td><td>泄至车间</td></tr>
<tr><td>底部喷胶</td><td>12m</td><td rowspan="2">1台</td><td>高空排放</td></tr>
<tr><td>下遮蔽</td><td>9.5m</td><td>泄至车间</td></tr>
<tr><td rowspan="4">1台—2号
（其他条件同1号）</td><td rowspan="4">混风室</td><td rowspan="2">焊缝密封</td><td>1线、2线</td><td>58m×2</td><td>—</td><td>泄至车间</td></tr>
<tr><td>喷裙边胶</td><td>6m</td><td>—</td><td>泄至车间</td></tr>
<tr><td rowspan="2">中涂打磨</td><td>1线、2线</td><td>36m×2</td><td rowspan="2">2台</td><td rowspan="2">混风室</td></tr>
<tr><td>离线打磨与大返修打磨</td><td>6m×2</td></tr>
</table>

（续）

送风空调	采风	送风区域			排风机	排风去向
1台—3号（其他条件同1号）	混风室	检查精修	1线、2线	56m×2	2台	车间三层
		贴膜报交	—	40m	—	泄至车间
		Audit室	—	6m×2	—	泄至车间
		治具交换	—	12m	—	泄至车间
		喷蜡	—	40m	1台	高空排放
1台—4号（其他条件同1号）	混风室	小修区	1～4号补漆室	6m×4	2台	高空排放
			1～4号烤漆室	6m×4		
			1～4号检查室	6m×4	—	泄至车间

6.5.6 经济性分析

以本文为例，采用新的通风工艺设计，1号空调可降低风量24.9万m^3/h，2号空调可降低风量21.84万m^3/h，3号空调可降低风量29.12万m^3/h，4号空调可降低风量13.44万m^3/h，合计约减少风量为90万m^3/h的通风空调以及相关送排风设备与配套动力设施（约120万元），降低用电功率1700kW·h，加热功率15000kW·h，制冷功率2600kW·h，同时也减少了加湿软水、通风滤材、设备折旧与维护保养等其他相关费用若干（按36万元/年计）。若按照每年运行300天双班16h 90%的开动率计算（加热器、表冷器按每年各使用100天，平均耗量按最大耗量的50%计算），每年共计可节约成本约920万元，单车成本降低36.8元。

若再将排风进行回用，仍以本文为例，打磨线的排风（42万m^3/h）回用可100%重复使用能量，每小时可回收的能量约为3500kW加热量或600kW制冷量（平均）；打胶线的通风泻入车间（10.6万m^3/h）可减少一半的排风电功率与一半的车间通风（加热量、电量，全年24h运行）；其他排风（14万m^3/h）通过换热装置还可回收其20%的能量，总计约可再节约通风成本300万/年。

6.5.7 结束语

涂装车间是能耗大户，涂装工艺技术的改进是降低整车生产成本的重要途径，以上几项工艺通风改进可显著地降低涂装车间的运行成本。

6.6 浅谈新车型开发过程中如何预防漏水问题

刘启军 谢传勇（奇瑞汽车股份公司）

为了保证整车具有良好的密封性能，使得轿车能在雨天顺利行驶，不让驾驶员、乘客受到雨水的侵袭，因此轿车装车完成后，都会有一道工序检查整车的密封性能，通常此工序称为淋雨检测。淋雨工艺是指汽车生产厂，在整车装配完成后，在一个相对密闭的空间和规定的时间内采用有一定流量和压力的水柱（或雾）对整车进行喷淋，然后检查车内有无进水（水珠或潮湿现象），以判断整车的密封性能。若出现有水珠、积水或潮湿现象，则说明车身密封性能不好，导致漏水；若没有，则说明该车达到密封要求。通常所说的漏水问题都是在淋雨工艺过程中发现的局部进水现象，多发生在车身的后备仓等部位。

若发现有漏水现象，就要查找漏水的点，从水量的多少、水流痕迹分析是什么部位、什么原因导致漏水，并制订纠正和预防措施，以达到防止漏水解决问题的目的。通过下面几个例子，谈谈如何预防漏水问题。

案例一：关于X车型后仓定位孔漏水问题点的分析

问题描述：在新车型开发阶段，分析结构时发现X车型的后围板上有个焊装夹具定位孔如图6-14所示。显然这个工艺孔（区域1）位于焊点（黑色圆点）的内侧，即工艺孔位于车身的后备胎内。这样就存在从工艺孔向后备胎仓进水的质量隐患。

原因分析：

1）由于堵件靠员工装配，就存在员工错装、漏装的问题。

2）由于是夹具定位孔，存在孔变形，这样即使堵件装配正确，也不能与钢板贴合紧密，可能存在隙缝，导致进水。

3）堵件不合格也有导致漏水的可能。

4）即使以上三种情况均不发生，装配一个堵件也需要员工操作，浪费人工及材料成本。

基于以上分析，迫切要求将工艺孔位置进行改变。

解决措施：从图6-14上看，这个定位孔距离焊点非常近，如果能将定位孔移出车仓，就能解决以上质量隐患，于是，对夹具定位、模具冲头进行更改，达到定位孔移出车仓的目的。

改进效果：改善后定位孔移出车后备胎仓外（图6-15），不但完全消除了漏水的隐患，而且节省了人工与材料成本。

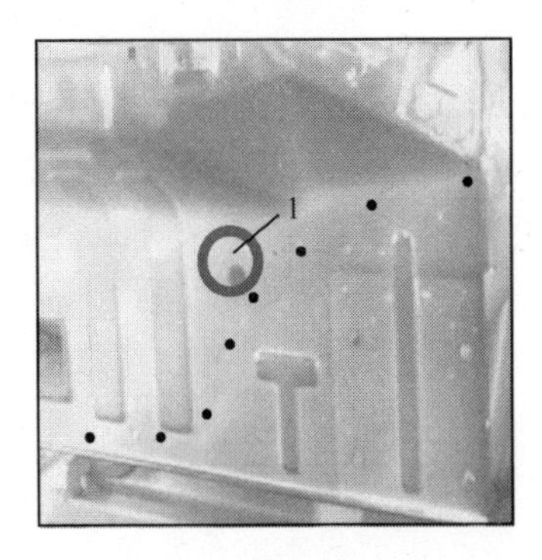

图6-14 焊装夹具定位孔
1—定位孔

图6-15 改造后的夹具定位孔

案例二：关于Z车型尾灯安装板进水的分析

问题描述：在Z车型后尾灯室各有两个工艺孔（见图6-16），即焊接定位孔（区域1）和尾灯线束孔（区域2）；尾灯线束孔是必不可少的，焊接定位孔是焊装车间焊接时定位用的。但焊接定位孔使用后就没有用途了，需安装堵件，防止向车后备仓内漏水，但若靠安装堵件是不能完全避免漏水的。

原因分析同案例一。

解决措施：将原有的焊接定位孔取消，直接用尾灯线束孔定位！

改进效果：经过改进，取消了定位孔，保留尾灯线束孔（图6-17中区域1中的孔），直接采用尾灯线束孔定位。这样做有以下优点：

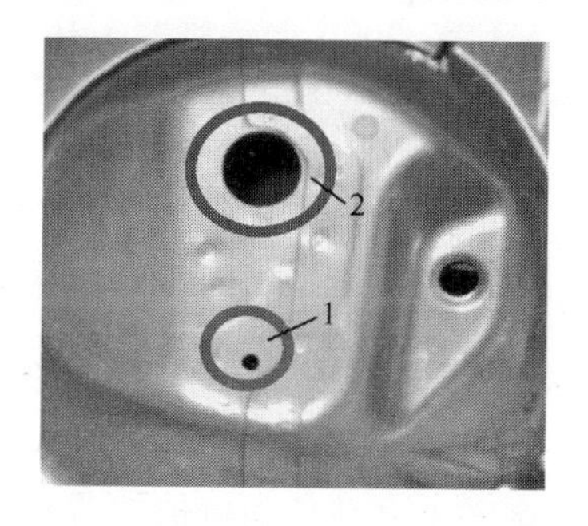

图6-16 后尾灯室的两个工艺孔

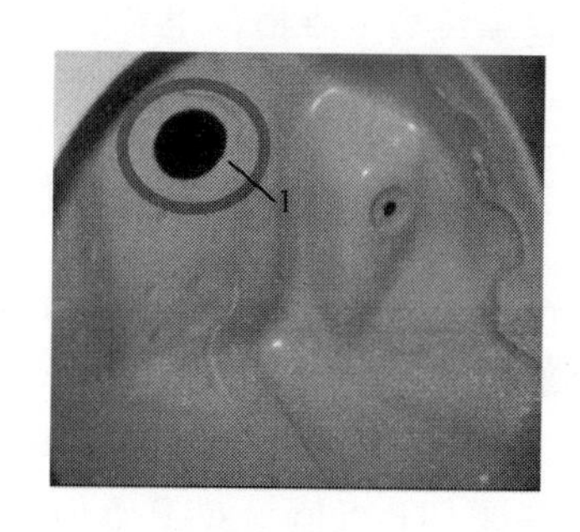

图6-17 取消焊接定位孔后的后尾灯室

1）彻底杜绝了此处的漏水问题。

2）节约了成本（每台车2个堵件）。

3）减少了员工的工作量。

案例一和案例二只是两个以工艺孔为例进行说明，采取的措施分别是工艺孔移位和工艺孔合并（实现一孔多用）。除了工艺孔存在的漏水隐患之外，还有后仓压边漏水、轮罩焊缝渗水及前挡板焊缝或工艺孔漏水隐患等，这些隐患，在新产品设计之初，设计人员就要对这类问题进行预防。首先要对现有批量生产车型的淋雨质量问题进行统计、分析，查出最终产生漏水的原因及采取防漏措施；其次，再反过来将这些车型的钣金结构与新产品的钣金结构进行对比，如果存在漏水隐患，就要借鉴批量生产车型的措施，制订切实可行的整改方案，将漏水的隐患消除在萌芽之中。

总体来说，在新产品开发过程中对漏水问题的预防至关重要，必须在新车型开发过程中对已批量生产车型的问题进行研究，并运用到新产品的开发中，对问题加以预防。只有这样，才能在新产品批量生产时减少由于大量返工、返修而造成的人工、材料的浪费，导致效率低下，真正体现“质量=90%的设计+10%的制造”观念，这更是全面质量管理思想的重要内容。

以上只是本人在日常工作中的一些工作经验的总结，可能还有更好的解决方案，仅以此文与同行进行交流，起到抛砖引玉的作用，如有不妥之处，敬请各位业内人士给予指正。希望以上工作经验能给轿车设计者带来启发，在设计工作中，能尽可能地运用防错思想，将问题消灭在萌芽状态，只有这样，我们才能设计出“一代更比一代强”的好车，才能达到企业设计新车型的目的。

6.7 EPX-2900机器人仿形试教误区探讨

杨菁靖（海马轿车有限公司）

6.7.1 前言

仿形试教工作是汽车厂研发新车型后必须要做的工作，喷涂机器人的仿形试教难度比较大。喷涂机器人和焊接机器人仿形试教的共同点是：①保证仿形试教动作的连贯、流畅、动作经济；②仿形精度高。不同点是：喷涂机器人不但涉及机器人本身的参数要求，如机器人的移动速度、加速度、工件移动速度等，更要考虑其他参数要求，如油漆参数、温湿度参数等。

仿形试教工作易学难精，笔者通过对安川 YASKAWA EPX-2900 六轴机器人仿形试教长时间的研究，总结了初学者在仿形试教工作中容易混淆的几种错误。

6.7.2 STP 点和 CTP 点的区别

STP 点和 CTP 点对于初学者来说，是难理解的概念，STP（Synchronization start position）是同步的起始位置，CTP（convyer teaching point）是试教中心点（相对双链）。这两者之间既存在联系，又相互独立，因此，很多初学者在做仿形试教时总是处理不好两者之间的关系，总想要保证 STP 点值与 CTP 点值相同，为此付出了很多不存在任何价值的劳动。

STP 点是保证喷涂工件和承载的载体同时运动，两者之间存在等同关系。由此可知，如果设置 STP 点和工件运动速度一致时，喷涂机器人便可以完成工件表面的所有喷涂动作。CTP 点是试教中心点，是喷枪中心点与工件上某一点对应的点，只要保证喷枪与工件表面有点接触，那么，试教位置便能确定。

编程有两种方式：一种方式是现场编程，通常的做法是把工件实际导入到工作现场，首先设置好试教轨迹，然后在工件表面贴试教轨迹条，仿形试教工程师手持编程器按设置程序沿着工件外表面做合理运动完成最终编程（图 6-18）；另一种方式是采用仿形试教软件编程，编程人员把工件导入编程软件（导入比例为实际工件尺寸/导入工件尺寸 = 1000/1），采用软件完成离线编程（图 6-19）；并模拟运行。

图 6-18　现场编程

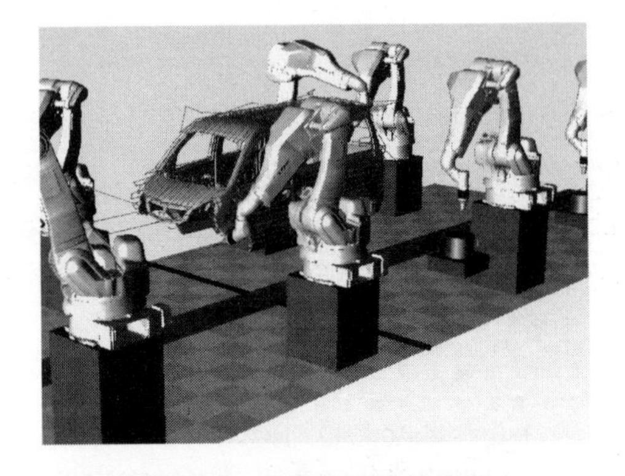

图 6-19　采用仿形软件编程

这两种方式所做出来的程序 STP 点和 CTP 点始终都是相同的，如设置 STP 等于 1000，那么 CTP 也等于 1000，因此，给初学者造成的印象是 STP 点值和 CTP 点是相同的。如果发现现场程序中 STP 点和 CTP 点值不相同，则千方百计地把两者值设置一样，唯恐错误。

实际编程时采用两种方式混合使用，既采用编程软件试教方式，又采用现场试教方式，因此，两者是不可能保持相同的。EPX-2900 型机器人是六轴机器人，其底座体积庞大，工作半径相对较小，因此，在程序设置时，无法采用一个 STP 点完成工件所有面的喷涂工作，在程序设置时，我们会设置多个 STP 点保证工件喷涂工作的完成，以下是笔者编写的某工件编喷涂程序：

```
NOP
MOVJ C00000 VJ=50.00
```

```
SYSTART CV#(1)STP=1.000
DOUT OT#(44)ON
SPYON
SYMOVL C00003 V=1000.0 CV#(1)CTP=1.000
……
  SYSTART CV#(1)STP=500.000
  SYMOVL C00032 V=1401.0 CV#(1)CTP=521.821
……
SYSTART CV#(1)STP=2800.000
……
SPYOF
DOUT OT#(44)OFF
SYMOVL C00145 V=1401.0 CV#(1)CTP=2800.000
SPYOF
MOVJ C00146 VJ=80.00
END
```

为了完成某工件的喷涂动作，我采用了多个STP点，把工件在承载体上区分为多个区域，当工件运行到所设置的区域之后，机器人便开始工作，在该区域内完成所设定的喷涂动作。

程序中显示STP等于500时，CTP等于521.821，这种情况是合理的，先用试教软件做完程序，然后在现场实际工件模拟运行，并作修改。因为操作人员控制工件载体运行的双链PLC程序无法做到MM误差，因此，会出现实际位置CTP等于521.821与设置位置STP等于500不同的情况。

当然，我们控制的某一区域的CTP值一定要大于STP值，在多个STP值区分工作区域后，程序各步会相互干涉。

6.7.3 双链点动引起仿形试教STP点位置偏移

在仿形试教时，为了保证STP点设定值在实际手动试教时的准确性，操作员一般会采用点动双链的方式使得操作盘上显示的工件实际位置数据与程序中设定的STP值无限接近或者相同，因此OP柜操作人员会采用多次手动停止双链的方式，因而造成精度偏差。

程序如下：

```
NOP
MOVJ C00000 VJ=50.00
SYSTART CV#(1)STP=1.000
DOUT OT#(44)ON
SPYON
SYMOVL C00003 V=1000.0 CV#(1)CTP=1.000
……
SYSTART CV#(1)STP=500.000
SYMOVL C00032 V=1401.0 CV#(1)CTP=521.821
```

……

SPYOF

END

STP = 500mm 时，我们在实际操作时可能停止位置在试教盘上显示的是 485mm，为了接近 500mm，试教人员一般采用点动双链的方式，先停止到 490mm，再停止到 495mm，再停止到 500mm，因此在试教盘上显示的位置值为 500mm，但是真正的实际值小于 500mm，也就是说工件相对双链的位置并不是最初设置的 500mm。因为，双链有一定的长度（35～50m），且具有弹性或者张紧度，当我们给了双链使能信号之后，双链上的工件开始随双链运动，从静止开始状态至运动状态存在惯性。因为点动距离小（点动 5mm 相对于 50m 而言），当双链频繁采用点动时会产生误差，工件并没有移动但是试教盘计数位开始计数。

造成误差原因有两方面：①电信号与机械运动信号不同步造成工件未移动；②双链弹性或者张紧尺度造成工件未移动。

直观而言，机器人接收到互锁的双链前进信号并开始计数，计数到 STP = 500mm，实际的工件位置并没有到 500mm，因此给试教人员以假象显示，实际值与理论值不相符，工件在双链上靠后，试教程序相对靠前，与最初设计的试教程序相差甚远，笔者曾经遇到过一个 STP 点相差 3cm。并且，这样点动的误差会累加。一般落地式喷涂机器人喷涂一个车至少要把车身分为 4～5 个 STP 点来完成喷涂动作。因此，这样累加的结果到最后的 STP 点值是非常大的，可以达到 10cm 左右，那么试教的程序就完全不准确了，尤其对与喷涂面积相对窄的立柱或者边缘而言，喷涂效果将会非常不理想。

6.7.4 仿形试教过程中不同造型面仿形连续性问题

机器人仿形试教时，一般会用到关节、直角（圆柱）、工具、用户坐标系，按试教盘坐标键，每按一次此键，坐标系按关节、直角（圆柱）、工具用户坐标顺序变化，通过状态区的显示来确认。

实现不同功能的机器人采用的仿形试教方式不一样，EPX-2900 六轴伺服防爆机器人仿形试教时通常采用直角坐标插补、关节坐标插补方式。

直角坐标系规定，不论机器人处于什么位置，机器人均可沿着设定的 X、Y、Z 轴平行移动（工具坐标和用户坐标与直角坐标运动原理相同），在选择直角坐标系时机器人运动方式见表 6-13。

表 6-13　直角坐标系的轴动作

轴名称		轴操作键（1）	动作	轴操作键（2）	动作
基本轴	X 轴	X- S- / X+ S+	沿 X 轴平行移动	X- R- / X+ R+	沿 X 轴转动
	Y 轴	Y- L- / Y+ L+	沿 Y 轴平行移动	Y- B- / Y+ B+	沿 Y 轴转动
	Z 轴	Z- U- / Z+ U+	沿 Z 轴平行移动	Z- T- / Z+ T+	沿 Z 轴转动

关节坐标系，机器人各轴单独动作，称为关节坐标系，关节坐标系下机器人运动方式见表 6-14。

表6-14 关节坐标系轴动作

轴名称		轴操作键	动作
基本轴	*S*轴	X- S- X+ S+	本体左右回旋
	*L*轴	Y- L- Y+ L+	下臂前后运动
	*U*轴	Z- U- Z+ U+	上臂上下运动
腕部轴	*R*轴	X- R- X+ R+	上臂带手腕回旋
	*B*轴	Y- B- Y+ B+	手腕上下运动
	*T*轴	Z- T- Z+ T+	手臂回旋

通过表6-13和表6-14对比可以得到两个结论：

1）选择直角坐标系，机器人从一个指定点移动到另一个指定点的运动是六轴联动，机器人绕着某一个轴旋转时也是六轴联动，六个轴的运动相互关联不可分割。

2）选择关节坐标系，机器人从一个点移动到另一个点时各个轴之间不存在必然联系，各个轴控制电动机只要接收到移动到下一点的指令，各轴之间完全独立地向下一个点移动。

在实际仿形试教时常遇到这样问题：如果图6-20所示左侧机器人试教位置需要过渡到图6-21左侧机器人试教位置，在直角、用户、工具坐标系下我们很难做到自然过渡。因为机器人在自动运动状态下各轴相互关联，因此相对运动速度较高，从一个造型面以2~3个试教点大跨度地过渡到另一个造型面，各个电动机间来不及数据的计算，因此会产生各轴运动干涉报警，无法应用到实际试教中来。

在上述情况下，便可以采用关节坐标系解决发生的问题。关节坐标系下各轴运动相对独立，没有相互干涉，当机器人TCP点从一点移动到另一点时，各轴伺服电动机独立计算移动点并导引各轴独自运动，减少了干涉发生，从而使试教工作顺利进行。

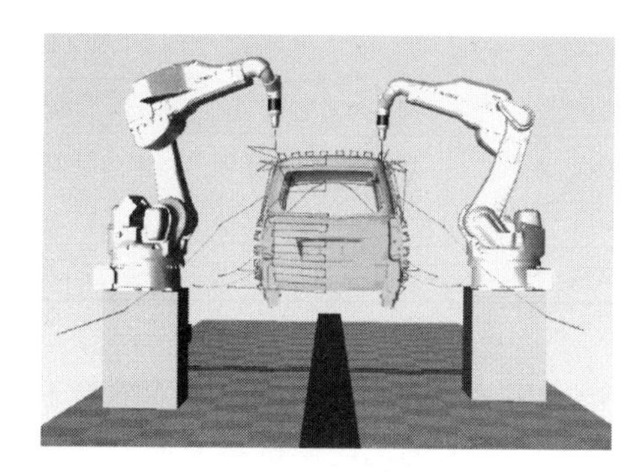

图6-20 顶喷

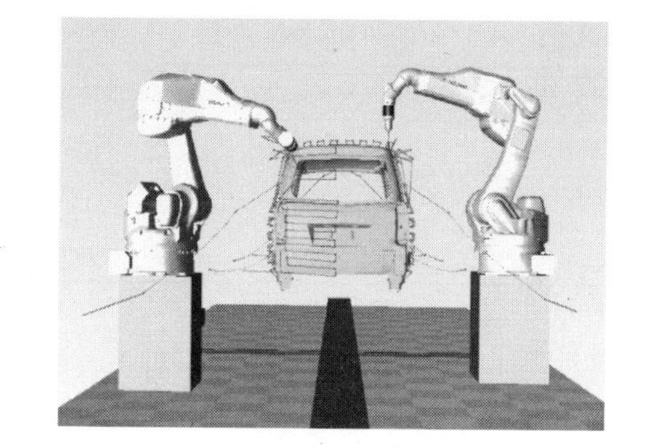

图6-21 背喷

6.7.5 SPYON和SPYOF的使用技巧

在机器人仿形试教完成后，我们可能发现机器人开关枪时间与设定的开关枪时间不相符，造成某些平面喷涂质量达不到要求，我们需要喷涂一块灰色板，定点非同步喷涂，通过设置11（1点和11点重合）个点可以编写11步来喷涂完成，如图6-22所示运行轨迹。

当机器人运动到点3时应该开枪喷涂，运动到点10时关闭喷枪，完成喷涂。

图6-22　仿形示教模拟路线板

但实际状态却不是这样，我们发现点3附近白色区域没有达到喷涂要求，同样，点10附近白色区域也没有达到喷涂要求，经过检查仿形试教动作符合工艺要求，也符合仿形试教要求。这样的问题在现场实际是存在的，而且会经常发生，那么，有没有解决办法?

通过仔细研究，不更换硬件的前提下，通过修改原始程序可以解决，原始程序见表6-15，修改程序见表6-16。

表6-15　原始程序

行　号	步　骤	程序内容
000		NOP
001	1	MOVJ　VJ＝25．00
002	2	MOVL　V＝50
003	3	MOVL　V＝50
004		SPYON（开枪指令）
005	4	MOVL　V＝100
006	5	MOVL　V＝100
007	6	MOVL　V＝100
012		SPYOF（关枪指令）
013	11	MOVL　V＝50
014		END

表6-16　修改程序

行　号	步　骤	程序内容
000		NOP
001	1	MOVJ　VJ＝25．00
002	2	MOVL　V＝50
003	3	MOVL　V＝50
004		SPYON ANT＝－0.5（开枪延时指令）
005	4	MOVL　V＝100
006	5	MOVL　V＝100
007	6	MOVL　V＝100
012		SPYOF　ANT＝0．5（关枪延时指令）
013	11	MOVL　V＝50
014		END

对比两组程序，我们可以发现，只有开关枪指令发生了变化，指令SPYON等于负值（单位为s），提前开枪，ANT等于正值（单位为s），延迟关枪，使得机器人通过提前或者延迟喷涂时间来提高工件外表面喷涂质量，具体提前或者延迟作用可用梯形图表示，如图6-23所示。

当然，通过提前开枪和关枪程序指令可以解决部分喷涂质量问题，然而，开关枪指令解决的问题非常有限，要从根本解决，还需要从硬件下手，寻找解决问题的突破口。

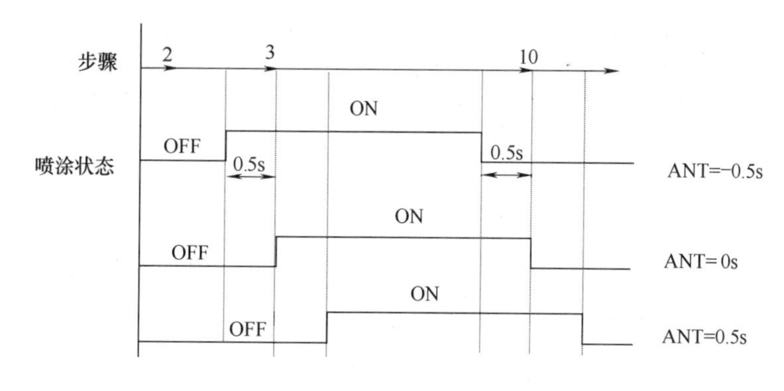

图6-23 梯形图

6.7.6 结束语

机器人仿形试教是一项细致工作，需要经过长时间探索，做很多外形不同的工件仿形试教，且长时间在现场观察机器人喷涂状态，才有可能编写出一套完美的喷涂程序，而所有的工作最终只有一个目的，即提高机器人喷涂质量。

6.8 涂装有机废气纳米光催化降解技术及应用

王一建 李翀 骆剑 陆国建（杭州五源公司）

6.8.1 前言

1. 涂装中的有机废气（VOC）发生源

涂装有机废气主要发生源是喷漆室、流平室和烘干室，如图6-24所示。

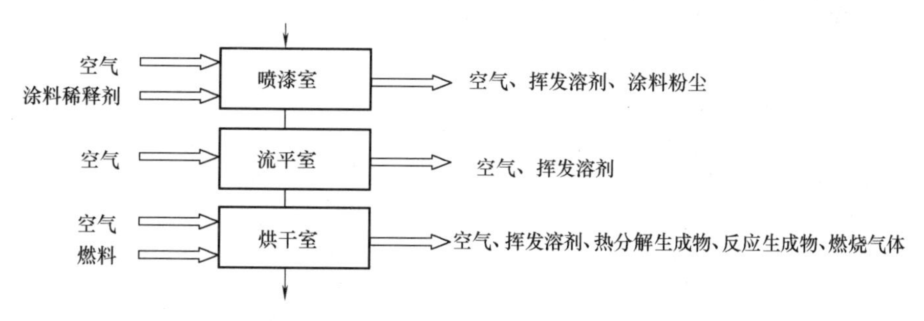

图6-24 涂装废气发生源

喷漆室、流平室和烘干室排出废气的特点见表6-17。

表6-17 喷漆室、流平室和烘干室排出废气的特点

工序（排气）	特 点
喷漆室	为符合劳动安全卫生标准，喷漆室换气速度为0.25～1.0m/s，排风量大，排气中溶剂蒸气的含量极低，为（20～200）$\times 10^{-6}$，含有过喷漆雾，其粒径为20～200μm
流平室	涂膜在流平阶段，挥发出有机溶剂的蒸气

（续）

工序（排气）	特　点
烘干室	含有前两道工序未挥发的残留有机溶剂 含有固化过程中的热分解产物和反应生成物 油、气体作热源时，排气中还含有燃料产生的气体（SO_2 等）

由喷漆室、流平室和烘干室排出废气的成分和浓度，根据涂料种类和施工工艺等不同而有差异。以热固性丙烯酸为例，喷漆室、烘干室、流平室中废气成分和浓度见表6-18。

表6-18　各工序废气中溶剂的成分和浓度

工　序	废气中溶剂的成分及浓度/10^{-6}					
	二甲苯	其他芳香族有机物	乙醇	酯	醚	合计
喷漆室	61	6	35	9	6	117
烘干室（液化气直热式）	4	11	48	0	1	64
流平室（强制换气）	6	4	67	0	1	78

其次，涂装废气中臭气成为污染邻近地区的主要问题，一般嗅觉能觉出的极限浓度（所谓临界值）是极低的，在技术上不可能测出来，但还是以嗅觉为基准，与涂装有关的恶臭物质及它们的临界值和主要发生源见表6-19。

表6-19　与涂装有关的恶臭物质及它们的临界值和主要发生源

臭气物质的名称	临界值/10^{-6}	主要发生源	臭气物质的名称	临界值/10^{-6}	主要发生源
甲苯	0.48	喷漆室	甲醛	1.0	烘干室
二甲苯	0.17	喷漆室	丙烯醛	0.21	烘干室
甲酮、乙酮	10.0	喷漆室、流平室、烘干室	酪酸	0.00006	电泳槽、水洗槽

2. 常规涂装有机废气处理方法

表6-20摘录列举了我国《工业企业设计卫生标准》中车间空气中有害物质的最高允许浓度。从喷漆室、流平室和烘干室排出的废气，都对人体和环境造成危害，需要进行处理，清除废气的方法有多种，应根据污染源的种类、规模选择技术上可行和经济效果最佳的废气处理方法。具有代表性的污染处理方法有直接燃烧法、催化燃烧法、活性炭吸附法和吸收法，其特点见表6-21。涂装废气的处理主要采用前三种方法，而吸收法主要处理含有水溶性的或与某种化学药品起反应的有害气体。涂装废气的处理主要是针对烘干室和流平室，喷漆室废气由于排气量大，有机溶剂含量低，一般直接排入大气中。

表6-20　车间空气中有害物质的最高允许浓度

物质名称	最高允许浓度/10^{-6}	物质名称	最高允许浓度/10^{-6}
二甲苯	100	三氯乙烯	30
丙酮	4100	溶剂汽油	350

（续）

物质名称	最高允许浓度/10^{-6}	物质名称	最高允许浓度/10^{-6}
丙烯醛	0.3	乙酸乙酯	300
甲苯	100	乙酸丁酯	300
苯	40	甲醇	50
松节油	300	丙醇	200
氯化氢	15	丁醇	200
二氯乙烷	25	戊醇	100

表6-21　各种废气处理方法及其特点

方法	原理	优点	缺点
直接燃烧法	废气引入燃烧室与火焰直接接触，使有害物燃烧生成 CO_2 和 H_2O，使废气净化	1）燃烧效率高，管理容易 2）仅烧嘴需经常维护，维护简单 3）不稳定因素少，可靠性高	1）处理温度高，需燃烧费高 2）燃烧装置、燃烧室、热回收装置等设备造价高 3）处理像喷漆室浓度低、风量大的废气不经济
催化燃烧法	废气在催化剂作用下，使有机物废气在引燃点温度以下燃烧生成 CO_2 和 H_2O 而被净化	1）与直接燃烧法相比，能在低温下氧化分解，燃料费可省1/2 2）装置占地面积小 3）NO_2 生成少	1）催化剂价格高，必须考虑催化剂中毒和催化剂寿命 2）必须进行前处理，除去尘埃、漆雾等 3）催化剂和设备价格高
活性炭吸附法	废气的分子扩散到固体吸附剂表面，有害气体被吸附而达到净化的目的	1）可处理碳氢化合物含量低的低温废气 2）溶剂可回收，进行有效利用 3）处理程度可以控制 4）效率高，其费用低	1）活性炭的再生和补充需要花费的费用多 2）处理烘干废气时需先除尘冷却 3）处理喷漆室废气时，应预先除漆雾
吸收法	液体作为吸收剂，使废气中有害气体被吸收剂所吸收，从而达到净化的目的	仅以水作为吸收剂，处理亲水性溶剂场合有效，设备费用低，运转费用少，无爆炸、火灾等危险，安全性高	1）需要对产生的废气进行二次处理 2）对涂料品种有限制 3）适宜处理漆室和挥发室排出废气

6.8.2 技术原理

1. 纳米光催化技术原理

上述四种处理方法都存在处理设备投资大，运行成本高的问题。纳米氧化钛光催化技术（简称纳米光催化技术）应用于涂装生产中可降解有机废气，具有降解快速、节能环保、无附加产物的优点，可以满足相关国家标准。

紫外线在电磁波谱中波长为0.01～0.40μm，其能量与波长直接有关，波长越短，能量越大。紫外光灯会发射出不同波长的紫外线，若要使废气中的VOC借紫外光直接通过自由基链锁反应降解，则VOC也必须能吸收这类波长的紫外线，即紫外光灯的最大发射要与VOC的最大吸收相一致。这种借紫外光进行降解的反应称为光氧化或光解。光解作用不是净化VOC污染的唯一效应。紫外光发射的强度越大，则空气中的氧越容易分解为臭氧，产生的臭氧也易分解为自由基，从而加剧光解过程。此外，空气中的水分在紫外光作用下也可分解为OH^-，同样也参与VOC的氧化。因此，在紫外光的作用下，通过上述几种效应的叠加可以产生大量的活性自由基，从而高效地降解VOC。如果后续有催化反应，即光催化氧化，则VOC的净化效果更佳。

光催化氧化法是借催化剂具有光催化的性能，将吸附在催化剂表面上的VOC氧化为CO_2和H_2O。通常用于一些比较容易氧化的有机化合物。如前所述，在紫外光的照射下不断产生大量的活性自由基，使大部分VOC降解；而光催化剂可加速化学反应，有助于有机物的降解；紫外光同时还有消毒、杀菌的作用。经典的光催化剂都是半导体，其中最有效的光催化剂是TiO_2，还有ZnO、SnO_2、Fe_2O_3、CdS、ZnS、WO_3、PbS等。由于TiO_2对紫外光线有很高的吸收率，还具有较高的催化活性和化学稳定性，以及无毒而价廉等优点，所以应用最广。

光催化氧化法的反应机理如下：根据半导体的电子结构理论，光催化性能取决于晶粒内的能带结构，能带结构由一个充满电子的低能价带和一个空的高能导带所构成，两者由禁带分开，其能差即为带隙能。在光照射半导体光催化剂的情况下，当吸收一个能量大于或等于其带隙能的光子时，电子会从充满的价带跃迁到空的导带，而在价带留下带正电的空穴。光致空穴具有很强的氧化性，并能夺取吸附在催化剂颗粒表面的有机物中的电子，使本来不吸收光而无法被光子直接氧化的物质，经光催化而被活化、氧化。TiO_2经光激发后产生高活性光生空穴和光生电子，并经一系列反应后生成大量高活性的自由基，因而TiO_2表面的羟基化是光催化氧化VOC的必要条件。此外，VOC光催化降解的速率主要取决于催化剂吸附VOC的性能和光催化反应速率，因此寻求对VOC具有高的吸附效率和较快降解速率的光催化剂是极为重要的。

通常紫外光发射器分低压和高压两类。前者产生离散的紫外线，波长在185～254nm，这种灯主要用于消毒，一般功率为10～400W；后者产生拟连续发射光谱，功率为1000～32000W。

21世纪初在日本，应用光氧化和催化氧化技术的组合（例如与活性炭吸附相结合）已开发了相应的产品，并成功获得应用。例如，2003年用于德国Krauss公司的工厂溶剂排放处理，室外机的处理量达30000m^3/h；而2004年同样也是用于德国SRI Radio System的空调脱臭，室内机两个系统处理量分别为40000m^3/h和50000m^3/h。德国IBL Umwelt und Bio-technik GmbH公司开发的紫外线反应器已用于：①喷漆车间的废气处理，废气处理量为55000Nm^3/h，废气中VOC的成分主要是丁酮、苯和甲苯，总有机碳浓度为150mg/Nm^3；②橡胶生产过程的排放气，废气处理量为12000Nm^3/h，废气中VOC的成分主要是丁酮、苯和甲苯，总有机碳浓度为750mg/Nm^3；③处理含氯苯的废气，废气处理量为2000Nm^3/h，总有机碳浓度为225mg/Nm^3。

2. 技术特性

（1）UV功能　波长越短的紫外线其光子能量越强，如波长为184.9nm的紫外线，其光子能量为647kJ/mol；波长为253.7nm的紫外线，其光子能量为472kJ/mol；波长为365nm的紫外线，其光子能量328kJ/mol。这些波长的紫外线它们能量级都比大多数废气物质的分子结合能强，所以可将污染物分子键裂解为呈游离状态的离子，且波长在200nm以下的短波长紫外线能分解 O_2 分子，生成的O*与 O_2 结合可生成臭氧 O_3。呈游离状态的污染物离子极易与 O_3 产生氧化反应，生成简单、低害或无害的物质，如 CO_2、H_2O 等，以达到净化废气的目的。部分化学分子的结合能见表6-22。

表6-22 部分化学分子的结合能

结合键	结合能/(kJ/mol)	结合键	结合能/(kJ/mol)
H—H	436.2	C—H	413.6
H—C	347.9	C—F	441.2
C=C	607.0	C—N	291.2
C≡C	828.8	C≡N	791.2
N—N	160.7	C—0	351.6
0—0	139.0	C=0	724.2
0=0	490.6	0—H	463.0

用UV光解方式获得的臭氧，因获得复合离子光子的能量后，能极为迅速地分解，分解后产生氧化性更强的自由基·O、·OH等。·O、·OH等自由基与恶臭气体发生一系列协同、联锁反应，恶臭气体最终被氧化降解为低分子物质、水和二氧化碳，达到最终的除臭目的。恶臭气体去除率的高低与紫外线能量、臭氧产生量及废气浓度有关，并受到恶臭气体的成分及杂质等因子的影响。

（2）综合特性

1）应用紫外线光解技术处理废气物质，其化学反应过程是极其复杂的，可通过分子结构相对简单的气体（以 H_2S 为例）的分解反应模型来初步了解，如图6-25所示。

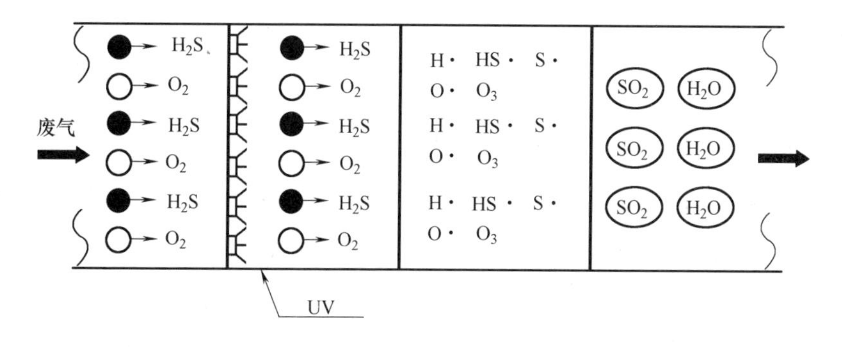

图6-25 分解反应模型

由图6-33中的反应模型可见，高能紫外线光能将恶臭化学物质，拆解为独立的原子，再通过分解空气中的氧气，产生性质活跃的正负氧离子，继而产生臭氧，同时将拆解为独立原子的化学物质通过臭氧的氧化反应，重新组合成低分子的化合物，如水，二氧化碳等。这是一个协同、联锁复杂的反应过程，在很短的时间内（2~3s）就可完成。

2）在研究过程中，我们进一步发现，当恶臭气体的相对分子质量越大时，UV 光解氧化效果就越明显。

3）在特种能量当级的紫外线作用下，大多数化学物质都能得到高效分解。

4）表 6-23 列出部分适用于 UV 光解氧化法的恶臭物质的相对分子质量。表 6-24 列出了常见的废气化学性质及其主要化学键键能。

表 6-23　恶臭物质的相对分子质量

名　称	相对分子质量	名　称	相对分子质量
硫化氢	34.08	甲硫醇	48.13
甲硫醚	62.13	二甲基二硫醚	94.20
甲苯	92.14	甲胺	31.06
乙二胺	60.10	乙醇	46.07

表 6-24　常见的废气化学性质及其主要化学键键能

序号	名　称	分子式	相对分子质量	气味特征	主要化学键	对应化学键键能/(kJ/mol)	光化学反应最终产物
1	氨	NH_3	17	强刺激气味，无色气体	H—N	389	H_2O、N_2
2	硫化氢	H_2S	34	有臭鸡蛋气味，无色气体	H—S	339	H_2O、SO_4^{2-}
3	三甲胺	C_3H_9N	59	无色气体，有鱼腥恶臭	C—H、C—N	414、305	H_2O、N_2、CO_2
4	苯酚	C_6H_5OH	94	常温下为一种无色或白色晶体，有特殊芳香气味	C＝C、C—H、C—O	611、414、326	H_2O、CO_2
5	苯	C_6H_6	78	常温下为一种无色、有甜味的透明液体，并具有强烈的芳香气味	C＝C、C—H	611、414	H_2O、CO_2
6	甲苯	C_7H_8	92	常温下为清澈的无色液体，具有类似苯的芳香气味	C＝C、C—H、C—C	611、414、332	H_2O、CO_2
7	二甲苯	$C_6H_4(CH_3)_2$	106	常温下为无色液体，具有类似苯的芳香气味	C＝C、C—H、C—C	611、414、332	H_2O、CO_2
8	苯乙烯	C_8H_8	104	无色、有特殊香气的油状液体	C＝C、C—C、C—H	611、332、414	H_2O、CO_2
9	乙酸乙酯	$C_4H_8O_2$	88	无色透明有芳香气味的液	C—H、C—O、C＝O、C—C	414、326、728、332	H_2O、CO_2
10	甲硫醚	C_2H_6S	62	有难闻的气味	C—C、C—H、C—S	332、414、272	H_2O、CO_2、SO_4^{2-}
11	甲硫醇	CH_4S	48	无色气体，有不愉快的气味	C—S、C—H、H—S	272、414、339	H_2O、CO_2、SO_4^{2-}
12	二甲二硫	$C_2H_6S_2$	94	淡黄色透明液体，有恶臭气味	S—S、H—S、S—C、C—H	268、339、268、414	H_2O、CO_2、SO_4^{2-}

（续）

序号	名称	分子式	相对分子质量	气味特征	主要化学键	对应化学键键能/(kJ/mol)	光化学反应最终产物
13	乙醛	C_2H_4O	44	无色易流动液体，有刺激性气味	C＝C、C—O、C—H	611、326、414	H_2O、CO_2
14	甲醇	CH_3OH	32	无色有酒精气味易挥发的液体，有毒	C—H、C—O、H—O	414、326、464	H_2O、CO_2
15	丙烯醛	C_3H_4O	56	无色或淡黄色液体，有恶臭气味	C＝C、C—O、C—H	611、326、414	H_2O、CO_2
16	苯胺	$C_6H_5NH_2$	93	无色油状液体，有特殊气味	C＝C、C—H、N—H、C—C	611、414、389、332	H_2O、CO_2、N_2

（3）技术特征

1）高效除恶臭。能高效去除挥发性有机物（VOC）、无机物、硫化氢、氨气、硫醇类等主要污染物，以及各种恶臭气味，脱臭净化效率最高可达99%以上，脱臭效果大大超过我国1993年颁布的《恶臭污染物排放标准》(GB/T 14554—1993)。

2）无需添加任何物质。UV光解净化设备运行过程中，无需添加任何物质参与化学反应，只需要设置相应的排风管道和排风动力，使恶臭气体通过本设备后，即可完成彻底的脱臭净化处理。

3）净化设备适应性强。可适应高浓度、大气量、不同恶臭气体物质的脱臭净化处理，可每天24h连续工作，运行稳定可靠。

6.8.3 典型工程案例

1）装饰铝幕板表面喷涂氟碳涂料过程中产生的聚偏氟乙烯、氟碳漆、苯、甲苯、二甲苯、甲基异丁基（甲）酮等废气。

2）光降解/氧化工艺技术：有机废气→废气初滤→光降解设备→风机排放。

3）有机气体净化处理量：1500m^3/h，4000m^3/h。

4）测试：达到《大气污染物综合排放标准》（GB/T 16297—1996）、《恶臭污染物排放标准》（GB/T 14554—1993）和《环境空气质量标准》（GB/T 3095—2012）质量一级排放标准。

5）现场情况：光降解设备如图6-26所示。

图6-26 光降解设备

6.8.4 结论

1）纳米光催化降解涂装有机废气具有快速功能，一般在2~3s内完成。

2）纳米二氧化钛催化剂与UV波长要求匹配，并能有效降解有机废气。

3）如何延长紫外灯管的寿命及提高催化剂的稳定性还将于下一步研究。

参考文献

[1] 盛洪兴，景试岗．快干型硬膜水基防锈剂的研制和应用［J］．表面技术，1997，26（5）：37-38.

[2] 高国，梁成浩．气相缓蚀剂的研究现状及发展趋势［J］．中国腐蚀与防护学报，2007，27（4）：252-256.

[3] 黄福川，钟立杰，等．防锈剂的添加量对防锈油膜电化学不均匀性的影响［J］．腐蚀科学与防护技术，2011，23（1）：45-48.

[4] 王一建，钟金环，等．金属件涂装前纳米级转化膜处理工艺技术［J］．现代涂料与涂装，2012，15（4）：58-62.

[5] Mathieu Mentaa，Jérôme Frayreta，Christine Gleyzes，etc. Development of an analytical method to monitor industrial degreasing and rinsing baths［J］. Journal of Cleaner Production，2012，20（1）：161-169.

[6] 王锡春．汽车涂装的环保绿化工艺技术，王锡春文集［M］，中国汽车工程学会涂装技术分会，2011.

[7] 佐藤靖．防锈、防蚀涂装技术［M］．陈桂富，黄世督，译．北京：化学工业出版社，1981.

[8] 杨立红，韩恩厚，余家康．腐蚀性介质在涂层中的传输行为［J］．腐蚀科学与防护技术，2004，16：304-308.

[9] 王一建，钟金环，黄乐，等．金属工件涂装前处理技术的现状与展望［J］．涂料工业，2009，39：24-27.

[10] 董素芳．绿色环保纳米镜面喷镀技术［J］．表面工程资讯，2008，3：4-5.

[11] 蔡伟民，龙明策．环境光催化材料与光催化净化技术［M］．上海：上海交通大学出版社，2011.

[12] 王锡春．最新汽车涂装技术［M］．北京：机械工业出版社，1999.

[13] 阚卫东．高红外技术在粉末涂料固化中的应用［J］．现代涂料与涂装，2007，10（12）：17-18.

[14] 李工一，葛世名．高红外快速加热技术及应用［J］．上海节能，2006，(01).

[15] 贾伟，谢奇峰，钟金环，等．高红外快速固化技术在涂装工程中的应用［C］//第十三届全国红外加热暨红外医学发展研讨会论文及论文摘要集，2011.

[16] 杨学岩．白杨轿车车身与外饰颜色件涂装色差管理［C］//中国汽车工程学会涂装技术分会成立大会暨第一届汽车涂装技术交流会论文集，307-310.

[17] 王锡春．汽车涂装工艺技术［M］．北京：化学工业出版社，2004.

[18] 王民信，王丽君．汽车涂料［M］．北京：化学工业出版社，2005.

[19] 郭清泉，黎永津，陈焕钦．漆膜的耐沾污性及影响因素［J］．化学建材，2003（05）.

[20] 武利民．涂料技术基础［M］．北京：化学工业出版社，2007.

[21] 叶扬祥，潘肇基．涂装技术实用手册［M］．北京：机械工业出版社，2001.

[22] 赵光麟．涂装设备简明设计手册［M］．北京：化学工业出版社，2012.

[23] 吉学刚，苑立建，苏金忠．客车整车电泳线的规划与筹备［J］．商用汽车，2012（13）.

[24] 刘守新，刘鸿．光催化及光电催化基础与应用［M］．北京：化学工业出版社，2007.

[26] 唐运雪．有机废气处理技术及前景展望［J］．湖南有色金属，2005，21（5）31-32.

[26] 王梦晔，孙岚，吴奇，等．Ti 基 TiO_2 纳米管阵列的改性及其光催化降解有机污染物［J］．中国科学：化学，2011（04）.

[27] 桥本和仁，藤岛昭．图解光催化技术大全［M］．邱建荣，朱从善，译．北京：科学出版社，2007.

[28] 蔡伟民，龙明策．环境光催化材料与光催化净化技术［M］．上海：上海交通大学出版社，2011.